高等学校宝石及材料工艺学系列教材

首饰生产质量检验及缺陷分析

SHOUSHI SHENGCHAN ZHILIANG JIANYAN JI QUEXIAN FENXI

袁军平　王昶　著

中国地质大学出版社
ZHONGGUO DIZHI DAXUE CHUBANSHE

内容简介

本书结合珠宝首饰企业生产实践,介绍了首饰生产质量检验机构设置、检验人员的素质要求、检验手段与方法,以及 QC 工具在首饰生产质量检验中的应用。书中列举了大量首饰生产过程中,在生产原辅材料、原版、倒模、执模、镶石、电金等工序遇到的缺陷,分析了它们的成因,并提出了相应的解决措施。

全书内容丰富,图文并茂,实用性强,可作为珠宝首饰企业专业技术人员的参考书,也可作为大专院校珠宝类专业学生相关课程的教材或教学参考书。

图书在版编目(CIP)数据

首饰生产质量检验及缺陷分析/袁军平,王昶著. 武汉:中国地质大学出版社, 2015.1

ISBN 978 - 7 - 5625 - 3590 - 4

Ⅰ.①首…

Ⅱ.①袁…②王…

Ⅲ.①首饰-质量检验

Ⅳ.①TS934.3

中国版本图书馆 CIP 数据核字(2015)第 015707 号

首饰生产质量检验及缺陷分析		袁军平　王　昶著
责任编辑:段连秀	策划编辑:段连秀	责任校对:张咏梅
出版发行:中国地质大学出版社(武汉市洪山区鲁磨路388号)		邮政编码:430074
电　　话:(027)67883511	传真:67883580	E - mail:cbb @ cug.edu.cn
经　　销:全国新华书店		http://www.cugp.cug.edu.cn
开本:787 毫米×960 毫米 1/16		字数:370 千字　印张:18.75
版次:2015 年 1 月第 1 版		印次:2015 年 1 月第 1 次印刷
印刷:武汉教文印刷厂		印数:1—2 000 册
ISBN 978 - 7 - 5625 - 3590 - 4		定价:98.00 元

如有印装质量问题请与印刷厂联系调换

编者的话

 2001年11月趁在武汉召开新世纪首次宝石学术年会和中国地质大学（武汉）珠宝学院院庆10周年之机，国内20多所设有宝石系或珠宝首饰专业的全日制高校、高等职业学院和成人高校的代表召开了宝石高等教育的研讨会，共商国内宝石学和珠宝首饰专业的发展大计。与会代表一致呼吁近期内抓紧编写、出版一批符合教学要求、20~40学时必修或选修课需要的教材以满足教学急需，并在此基础上逐步完成系列教材的编写。中国地质大学出版社在会上表示要为这套教材的编辑、出版提供全力的支持。会议商定先期出版的教材有《珠宝首饰营销》、《首饰设计基础》、《珠宝首饰系统评估导论》、《首饰制造工艺学》等。一年来在各有关院校老师的大力支持和配合协作下，编写、编辑和出版工作进展顺利，首批教材将陆续面市。我们希望这些教材能得到各院校宝石或珠宝首饰专业师生的喜爱，并希望能将使用过程中发现的问题或改进意见反馈给我们，以便再版时补充、修改，使这批教材日益完善、成熟。也希望尽快确定下一批大家共同希望的新的教材书目。

 我们感谢各校宝石或珠宝首饰专业领导和老师们对出版这套教材的支持，感谢中国地质大学（武汉）珠宝学院所提供的支持和帮助，感谢一贯关心我国宝石学教育的中国地质大学（武汉）原常务副校长陈钟惠教授在倡议、组织编写本套教材以及审阅书稿中所做出的贡献。

丛书编写委员会
2002年10月

前　言

现代首饰生产涉及材料、工艺、设备、艺术、管理等多方面专业知识,影响产品质量的因素众多。目前首饰企业使用的管理系统中,大部分没有专门的质量管理模块,使得企业的生产质量管理游离于管理系统之外,经验型、工匠型、传统型的传统管理模式较普遍,一些工厂甚至连基本的质量记录和统计分析都没有;许多工序还是主要依靠手工技艺,产品质量与员工的操作技能密切相关,不可避免会出现各种各样的质量缺陷。产生缺陷以后不能准确地找出产生的部门和工序,以至于长时间不能解决,出厂的产品经常因产品质量或交货期问题被客户投诉甚至整批退货,在不同程度上影响了企业的声誉和效益。要进行有效的质量控制,必须在全面质量管理和 ISO9000 族国际标准的思想指导下,对生产过程的每一个工艺环节进行严格管理和控制,这是保证整个生产系统的稳定、提高产品质量的必要条件。质量控制在很大程度上是对产品缺陷的分析和控制,由于产品缺陷的成因涉及到多个学科的综合知识,需要借助各种现代化的检验设备和手段,运用现代质量管理工具进行深入分析。

本书在收集大量生产案例的基础上,按照首饰生产过程中质量检验的常见组织方式撰写而成。全书共分十章,第一章主要阐述首饰质量的含义、影响因素、检验目的、主要内容及存在的问题;第二章对质量检验工作进行了简要概述,介绍了首饰企业的质量检验机构设置方式、检验人员的素质和技术考核要求;第三章介绍了首饰生产质量检验的主要仪器设备及使用方法;第四章介绍了原辅材料及外协外购件的进货质量检验;第五章介绍了原版的检验内容及常见的原版缺陷;第六章介绍了倒模工序的质量检验内容及常见的倒模缺陷;第七章介绍了执模工序的质量检验内容及常见的执模缺陷;第八章介绍了镶石工序的质量检验内容及常见的镶嵌缺陷;第九章介绍了电金工序的质量检验内容及常见的电金缺陷;第十章介绍了QC七大工具在首饰质量检验中的应用。书中的缺陷案例主要集中在首饰的工艺质量和金质等方面,有关宝玉石鉴定方面的知识已有许多专著介绍,本书不再赘述。

在本书准备和撰写过程中,作者得到了广州番禺云光首饰有限公司、广州亿钻珠宝有限公司、广东皇庭珠宝股份有限公司等珠宝企业的大力协助,书中许多素材来自它们及其他企业的无私提供,并为本书的撰写提出了很好的意见和建议,在此深表感谢!作者也要感谢广州番禺职业技术学院珠宝学院的其他老师,他们为收集整理素材、试验验证解决方案付出了辛勤的劳动。

由于作者水平有限,书中难免有错漏谬误,敬请读者批评指正。

作 者
2014年10月

目　录

第一章　绪　论 …………………………………………………………… (1)
第一节　首饰产品质量特性 ………………………………………………… (1)
第二节　影响首饰生产质量的主要因素 …………………………………… (3)
第三节　首饰生产质量检验的目的和意义 ………………………………… (5)
第四节　开展首饰生产质量检验需要的基础条件 ………………………… (10)
第五节　首饰生产质量检验中存在的问题 ………………………………… (14)

第二章　首饰生产质量检验类别与检验机构 …………………………… (19)
第一节　首饰生产质量检验的分类 ………………………………………… (19)
第二节　产品质量检验的主要工作内容 …………………………………… (26)
第三节　质量检验机构 ……………………………………………………… (31)
第四节　首饰企业生产质量控制流程 ……………………………………… (39)
第五节　质量检验人员 ……………………………………………………… (41)

第三章　首饰生产质量检验的主要工具仪器设备 ……………………… (48)
第一节　常用的成色检验仪器设备 ………………………………………… (48)
第二节　常用的宝石质量检验仪器设备 …………………………………… (55)
第三节　常用的重量检验设备 ……………………………………………… (55)
第四节　常用的外观质量检验仪器设备 …………………………………… (57)
第五节　常用的尺寸检验仪器设备 ………………………………………… (65)
第六节　常用的物理性能检验仪器设备 …………………………………… (70)
第七节　常用的化学性能检验仪器设备 …………………………………… (73)
第八节　常用的力学性能检验仪器设备 …………………………………… (77)
第九节　常用的首饰安全性检验手段 ……………………………………… (81)
第十节　首饰生产质量检验常用的小工具 ………………………………… (83)

第四章　首饰生产原辅材料检验及常见缺陷 …………………………… (85)
第一节　贵金属原材料质量检验 …………………………………………… (85)

第二节　补口材料质量检验……………………………………………（100）
　　第三节　辅助材料质量检验……………………………………………（109）
第五章　原版质量检验及常见缺陷……………………………………（118）
　　第一节　原版质量检验内容……………………………………………（118）
　　第二节　原版质量检验人员及方法……………………………………（122）
　　第三节　常见的原版缺陷………………………………………………（122）
第六章　倒模质量检验及缺陷分析……………………………………（138）
　　第一节　胶模质量检验及常见缺陷……………………………………（138）
　　第二节　蜡模质量检验及常见缺陷……………………………………（145）
　　第三节　倒模坯件质量检验及常见缺陷………………………………（151）
第七章　执模质量检验及常见缺陷分析………………………………（171）
　　第一节　执模质量检验内容……………………………………………（171）
　　第二节　常见的执模缺陷………………………………………………（173）
第八章　镶嵌质量检验及常见缺陷分析………………………………（190）
　　第一节　镶嵌质量检验内容及质量要求………………………………（190）
　　第二节　常见的镶嵌问题………………………………………………（191）
第九章　电金生产质量检验及缺陷分析………………………………（219）
　　第一节　电金质量检验内容及方法……………………………………（219）
　　第二节　常见的电金缺陷………………………………………………（221）
第十章　QC七大手法在首饰生产质量检验中的应用…………………（253）
　　第一节　特性要因图……………………………………………………（253）
　　第二节　查检表…………………………………………………………（259）
　　第三节　层别法…………………………………………………………（263）
　　第四节　柏拉图…………………………………………………………（265）
　　第五节　散布图…………………………………………………………（268）
　　第六节　管制图…………………………………………………………（271）
　　第七节　直方图…………………………………………………………（278）
附录　已颁布的珠宝首饰相关标准……………………………………（283）
参考文献…………………………………………………………………（288）

第一章 绪 论

第一节 首饰产品质量特性

一、产品质量的含义

不同的人对质量有不同的理解,有人认为质量就是优质,即产品设计有多好,制作有多好。有人认为产品质量就是由品牌制造商制造,或通过品牌销售商销售,例如 Cartier 和 Tiffany 就是众所周知的首饰品牌,许多消费者都相信品牌就是优质。还有人认为产品质量就是按照一致的可追溯的标准进行生产和销售,例如执行 ISO9000 族质量保证体系标准,这种看法中的首饰产品质量不一定是高质量,但是它很稳定,具有可追溯性,因此质量也是有保证的。

《工业产品质量责任条例》第 2 条规定:"产品质量是指国家的有关法规、质量标准以及合同规定的对产品适用、安全和其他特性的要求。"简言之,产品质量就是我们通常所说的产品能够满足人们物质、文化生活需要的特性,不同的产品具有不同的特征和特性,其总和便构成了产品质量的内涵。

二、首饰产品质量的主要特性

首饰作为一种特殊的产品,其质量要求大致可以归结为保值增值、装饰美化、佩戴使用、象征纪念、保健实用等方面的特性。

1. 保值增值特性

珠宝首饰的这个特性在很多消费者心里形成了固有观念,在他们看来,珠宝首饰与其他消费品不同,它不会随着时间的流逝而"老化"——原来是黄金的,十年后仍是黄金;原来是天然宝石的,十年后还是宝石。而且资源是不可再生的,随着时间的推移,珠宝不仅具有原来的大部分价值,而且还会增值。就算款式过时了,可取下宝石重新镶嵌,损失的仅仅是一些手工费和磨损费。因此,保值增值是贵重材料制作的珠宝首饰的一个重要特性,包括宝玉石和贵金属两个方面。

宝玉石及由此加工而成的珠宝首饰,是人类文明的象征和文化精粹。对于宝玉石及镶嵌首饰,消费者很关注宝玉石的质量,包括其真假、价值,但限于自身的专业知识欠缺,不知如何鉴别检验,往往对其质量心存疑虑,生怕受骗上当。目前市场上也确实广泛存在以次充好、以假当真、标识不规范、定价随意等问题,需要专业的鉴定检测机构来检验。对贵金属首饰来说,贵金属的含量(即成色)一直是消费者关注的重点。不同国家和地区都已制定贵金属首饰成色方面的法律规定,要求某种成色的首饰,必须保证相应的最低含量标准。

需要指出的是,随着时代的发展,新观念和新事物不断涌现,人们越来越在意自身的装扮是否跟得上时尚潮流,珠宝首饰传统的保值增值观念逐渐淡化,而更多地关注其装饰美化特性。时下流行的时尚饰品没有保值功能,就算是天然宝石首饰,重量轻、有瑕疵的材料,也几乎不具有保值功能。

2. 装饰美化特性

随着人们生活水平的提高,首饰从主流上讲是以装饰为主,它与传统昂贵的珠宝首饰不同,更强调首饰自身的装饰性和时尚性,因此装饰美化特性是首饰产品的重要质量特性之一。概略来说,首饰的装饰美化特性主要从外形款式和外观质量等方面进行评价。

首饰的外形款式在很大程度上反映了设计质量,决定了首饰产品对装饰美化功能的响应状况,也在一定程度上影响了首饰的制作工艺性。

首饰的外观质量包括颜色、光洁度、光亮度等。颜色是首饰装饰性的重要元素,表现方式多种多样,如彩色宝石、彩色金属或材料表面彩色化处理。人的眼睛对颜色的细小差别也是非常敏感的,对颜色的判断具有主观性,不同的人对同一件产品的颜色描述可以迥然不同,需要借助客观的检验方法来准确描述。首饰的光洁度和光亮度在很大程度上影响了其档次,一件优质的首饰,没有夹杂物、孔洞、凹坑、裂纹等表面瑕疵,抛光亮洁。一件廉价的低档首饰,经常出现抛光质量差、棱边不顺等问题。

3. 佩戴使用特性

产品的使用性能是指产品在一定条件下,实现预定目的或者规定用途的能力。任何产品都具有其特定的使用目的或者用途。首饰的使用性能体现在佩戴使用特性上,它包括很多方面,例如佩戴的难易、扣接是否顺畅、耐磨损的时间、耳拍链扣弹簧的失效时间、耳针的弯曲、首饰品局部的断裂、由于镶工差引起的宝石丢失、由于焊接不好引起的断链,等等。这些方面的特性可以归结为可靠性、可维修性等指标。可靠性是指首饰满足佩戴功能的程度和能力,可用平均寿命、失效率等参量进行评定。可维修性是指首饰在出现佩戴问题以后,能迅速维修恢复其功能的能力。

首饰销售时主要注重材料或外形款式,佩戴使用特性则往往是人们较容易忽视的质量要素。

4. 象征纪念特性

首饰的象征意义由来已久,例如,在阶级社会里,珠宝首饰文化被扭曲,名贵珠宝黄金首饰成为统治阶级的权力象征物,官位高低、身份贫富的标记物、社会地位阶层的指示物。时至今日,这种象征意义还在某种程度上存在,但更多的是具有表现个性的作用;通过选购和佩戴的首饰,能反映出一个人的气质和风度;判断出一个人的兴趣、爱好、文化素质、职业、年龄和经济状况等。而各种首饰材料被赋予了更广的象征意义,如金银首饰象征富贵、典雅;钻石首饰象征坚定、纯洁;紫水晶首饰象征健康、长寿等。

首饰在某些活动中具有纪念意义,人们的活动是多方面的,纪念活动也是多种多样,传统意义上的订婚戒指、结婚戒指,就主要体现了象征纪念特性,校庆、厂庆、同学会、单位、某事某人的纪念等,都可做成首饰来表示纪念。

5. 保健实用特性

作为佩戴在人体上的装饰物,特别是直接长期接触人体的首饰,必须安全可靠,不产生毒副作用,也要保证生产过程的安全性,不对生产工人的健康产生危害。在此基础上,首饰具有某些保健功效也为人们所关注。

实用特性是指首饰在满足基本的装饰特性外,还具有某些实用功能,例如戒指U盘可以记忆、保存重要的照片、音乐等;戒指表将指上的戒指与腕上的手表合二为一,既起到美化手指与简化腕上过多装饰的双重效果,又兼具钟表的功能;领带夹、皮带扣、袖扣等都是具有实用特性的装饰品。

必须指出,不同的历史时期,不同的地区和文化,对首饰质量的理解会有所差别。因此对产品质量的要求往往随时间而变化,与科学技术的不断进步有着密切的关系。在经济水平和科学文化较落后的时代,消费者视首饰为奢侈品,关注更多的是首饰的保值功能,材料本身的价值,如首饰是不是真的贵金属和宝石,成色是怎样的,成为评价首饰质量的主要因素,例如有些地区的首饰定价是按照重量来计,就是这种观念的体现。随着经济的不断发展,首饰的装饰美化特性、佩戴使用特性等要求越来越突出,消费者也比过去更多地关注首饰的外观质量、工艺质量、使用功能等方面。

第二节 影响首饰生产质量的主要因素

首饰的上述质量特性中,可以从艺术和生产两个方面来评价,艺术质量和艺术价值评价通常从审美、历史、社会等多个角度进行，首饰生产则是一个涉及多工序、多因素的复杂过程，影响首饰生产质量的因素众多，主要体现在以下方面。

一、质量保证体系

首饰产品的保值增值特性、装饰美化特性和佩戴使用特性等方面的质量问题基本源自生产过程，加强生产过程的质量管理是保证和提高首饰质量的关键，是质量管理的中心环节。它要求建立能够稳定生产合格品和优质品的生产系统，抓好每个生产环节的质量管理，严格执行技术标准，保证产品质量全面达到或超过技术标准的要求，努力生产优质产品，尽量减少不合格品。标准化是质量管理的基础，世界各国对产品质量管理的认证制度，就是贯彻质量标准的一个重要方法和制度。

二、生产技术手段

由于长期将首饰业视为劳动力密集型产业，重视个体操作，一些企业长期以来不重视设备投资，也不改进操作工艺，几十年一贯制把手工工具当作首饰生产的主要手段，由此造成产品结构单一，生产效率低下，产品更新换代缓慢，产品质量停留在较低层次，质量的稳定性不够，难于取得产品竞争上的优势。需要企业积极引进新技术、新工艺，最大限度地利用高科技的设备和手段，来提高产品质量和生产效益，逐步摆脱劳动力密集型、手工操作为主的生产技术手段所带来的种种弊端。

三、人员素质和操作技能

提高首饰生产和管理人员的素质，提高操作技能，是改进首饰生产质量的重要途径之一。目前首饰生产仍以手工作业为主，生产效率不佳，绝大部分人员受教育程度低，未经过正规职业培训，生产中追求精益求精的思想淡薄，解决生产质量问题的能力不足。为此，需要加强从业人员的素质培养，提高操作技能，提高对产品质量新要求的适应能力。

四、客户对质量的要求

客户对产品的质量要求是首饰企业进行质量控制的标准，不言而喻，质量要求越高，生产过程中出现质量问题的机会就越多。随着市场越来越国际化，竞争日趋激烈，为获得更多的市场份额，提高边际利润，质量越来越成为产品差异化的焦点，消费者对质量概念也日趋重视，提出了更多的要求，使首饰质量的概念也在不断地变化，要求越来越高。

五、成本及效益的要求

企业经营的目的就是要实现利润,利润来自于降低生产成本、提高生产效率等诸多方面。生产成本中,质量成本是一个重要组成部分,它是为了保持和提高产品质量而支出的一切费用和由于未达质量标准而发生的一切损失之和,质量要求直接影响到质量成本和生产效率。从长远看,严格质量管理、提高产品质量有利于企业的发展,但是相当一部分企业还存在这样的观念,以客户不投诉不退货,作为产品质量控制的标准,以实现眼前利益。

第三节 首饰生产质量检验的目的和意义

一、首饰生产质量检验的概念

产品质量检验是通过观察和判断,适时结合测量、试验所进行的符合性评价。对首饰生产而言,是指根据首饰产品标准或检验规程对原材料、半成品、成品进行观察,适时进行测量或试验,并将所得到的质量特性值(测定值)与规定要求相比较,判定出首饰产品合格与不合格的一种技术性检查活动。

二、加强首饰生产质量检验的必要性

改革开放以来,我国经济发展迅速,人民生活质量不断提高,对珠宝首饰的需求旺盛,珠宝首饰市场呈现出一派欣欣向荣的景象。然而,在取得快速进步的同时,当前首饰行业存在许多质量问题,不管是珠宝市场的质量状况,还是首饰生产企业内部的质量状况,都反映出很多突出的问题。

1. 珠宝市场质量问题频发,消费者投诉增多

近年来,通过质量技术监督部门、消费者协会、新闻媒体等途径,揭露的珠宝首饰质量问题五花八门,一批有名的品牌企业也名列其中。这些问题主要集中在毒害人体、以假乱真、以次充好、偷工减料、标识混淆或缺失、工艺质量差等方面。不断曝出的"质量门"事件,既影响了消费者对珠宝首饰行业和企业的信心,也给企业带来了不可估量的损失。

【案例1-1】 "毒首饰"含镉、铅等致癌物质。据美联社的调查,一批中国生产的迪斯尼"公主与青蛙"和"小仙女"系列儿童饰品,相继因为含镉和含铅而被召回。医学专家已发现,含铅、含镉合金对人类健康和环境卫生构成了一定的威胁。铅会对人体血液和神经系统造成不可逆转的损伤,镉会对人体骨骼造成

严重的损伤,更是一种致癌物质。儿童经常舔咬镉、铅含量很高的首饰,会使儿童持续摄入低剂量的镉或铅。欧盟、美国、日本相继提出了对含铅、含镉合金应用的政府限令,并予以严格执行。然而,目前国内对首饰市场的监管远未达到欧美国家那样成熟的阶段,一些不良商家为牟取暴利,漠视消费者的健康,在饰品包装上印着"无铅"字样,而产品实际含铅量却超高。

【案例1-2】 限售促销首饰常常偷工减料。据报道,国内某知名钻石品牌在圣诞节期间推出一款优惠对戒,事后遭到不少消费者投诉。一位消费者买了优惠对戒一周左右,对戒上的2颗小钻石就都脱落了。类似这种促销活动很多公司都在搞,特别是金融危机以来,原本承诺"一口价"的一些知名品牌也开始打起折来。促销商品在生产过程中很容易偷工减料,比如戒指的中间是掏空的,这样重量就轻了很多,光看外表是很难看出门道的,而镶在对戒上的碎钻其实价格极低。另外,由于优惠商品在促销期间出现卖断货的情况,工厂会为了赶工而难以精工细作,这些钻石的镶嵌工艺都很差,非常容易出现碎钻脱落等质量问题。

【案例1-3】 产品标识问题多,存在虚假宣传现象。例如,一般黄金饰品中都含有不同比例的其他物质,国家标准明确规定,商家销售的每件黄金制品必须标明其成色,即含金量,但不得使用"千足纯金""纯金"以及实际上并不存在的"24K金"等不规范的标注方法。但在黄金饰品市场上,类似"纯金""24K金"这样的虚假标识仍不少见。相类似的是利用消费者缺乏专业知识的空子,将电镀18K的廉价首饰当成18K金饰,将镀铑的白银、白色K金当成"白金(铂金)",这样的问题也屡见不鲜。

【案例1-4】 存在成色不足、以次充好、以假乱真、偷梁换柱等问题。例如,一些产品标明"千足金",实际上纯度达不到;以人造宝石冒充天然宝石;故意夸大钻石净度和颜色来提升钻石等级;展品样品为真,实际销售货品却为假等,不一而足。

2. 首饰生产企业遇到的质量问题多

首饰企业在制品生产过程中的质量控制手段、技术水平、管理方法存在问题,解决问题的能力低,废品率高,返修率高,质量成本高。

【案例1-5】 某首饰厂承接了欧洲客户的18K白金首饰生产订单,在全力以赴完成了生产任务,将产品发到客户手上后,客户全部退货,并要求支付违约金,理由是首饰镍释放率严重超标。经查,客户在订单上已有控制镍释放率的说明,但是工厂的业务人员、生产管理人员和质检人员并没有给予足够重视,最终导致此问题发生。背景:镍广泛应用于首饰生产中,但它对人体皮肤存在潜在的过敏及危害,已经成为最常见的皮肤接触过敏的原因之一,即俗称的"首饰病"。症状较轻的患者仅表现在首饰与皮肤接触的部位,如耳部、颈部、手腕、手指处有过敏症状；而症状较重的患者则会出现全身过敏反应，先是皮肤红肿，接着开始起小丘疹、水疱。一旦某人出现了镍过敏，可能还会终生有过敏反应。欧洲是镍过敏问题全球最严重的地区之一，先后制定了严格的镍指令，来限制首饰品的镍释放率，而国内出口到欧洲的首饰出现镍释放率超标问题的案例屡屡出现。国内虽然也沿用了欧洲的镍释放率指令，但是没有严格执行它的要求，业内对此问题也不够重视。据统计，我国皮肤病患者中因戴首饰而引起的皮炎比例处于不断上升趋势，必须予以重视并严格执行相关法令。

【案例1-6】 某工厂在组织生产时，将半成品QC直接配置到各生产工序，由工序主管直接管理。由于货期短，前面的工序在安排生产时，为避免承担拖延货期的责任，非常强调通货的速度，只要不是非常严重的质量问题，主管指示直接放行。由于前工序质量把关不严，导致许多产品积压在电金工序，需要花费大量的人力物力，对这些问题产品进行修理，有些产品虽经通宵达旦地返工修理，产品质量依然达不到客户要求，最后不得不报废重做，不仅延误了交货时间，也显著地增加了生产成本。

【案例1-7】 许多品牌珠宝公司为降低生产成本，将部分加工任务外发给成本更具优势的中小工厂。由于目前在首饰加工环节，还存在着一定的法律监管漏洞，首先是加工的门槛较低，只要申请到营业执照，就能进行加工。而在一些城乡接合部，这样的加工点甚至连营业执照都不需要具备；其次是珠宝首饰的加工缺乏系统的法律规范。因此，品牌公司必须对外协工厂的质量控制手段、技术水平、管理方法等方面，进行严格的资质审核，并加强过程监管。如果它们对工厂的加工环节做不到全程监控，就可能导致"珠宝门"事件频出。

三、首饰生产质量检验的职能

首饰生产质量检验具有以下几方面的职能。

1. 鉴别的职能

鉴别的职能是根据技术标准、产品图样、工艺规程和订货合同（协议）的规定检验方法，观察、试验、测量产品的质量特性，判定产品质量是否符合规定的要求。鉴别的职能是其他各项职能的前提，鉴别的职能如未实现，就不能确定产品的质量状况，就难以实现其他各项职能。

2. 把关的职能

质量"把关"是质量检验最重要、最基本的职能。产品实现的过程，往往是一个复杂的过程，影响产品质量的人、机、料、法、环诸因素都会在这过程中发生变化和波动，各过程（工序）不可能始终处于等同的技术状态，质量波动是客观存在的、不可避免的。因此,应通过严格的检验来剔除不合格品,并予以"隔离",实现不合格原材料不准投产、不合格半成品不准转序、不合格成品不准出厂,强化质量的"把关"职能。

3. 预防的职能

现代质量检验不是单纯的事后把关,还同时起到预防的作用。检验的预防作用主要体现在以下几个方面:

(1)通过测定制程能力和运用控制图起到预防的作用。无论是制程能力测定还是控制图的应用,都需要通过产品检验取得质量数据,但这种检验的目的不是为了判定产品合格与否,而是为了计算制程能力的大小或反映过程的状态是否受控。如果发现制程能力达不到要求,或者通过控制图表明制程出现了异常(或异常先兆),都需要及时调整或采取技术措施,提高制程能力或消除异常因素,使制程恢复稳定受控状态。

(2)通过制程作业的首检与巡检起到预防作用。当一批产品开始加工时,首先需进行首件检验,只有当首件检验合格并得到认可时,才能正式投产。此外,当生产工艺方法进行了调整时,也需进行首件检验,其目的都是为了防止出现成批不合格产品。

(3)正式投产后为了及时发现生产过程中的异常变化,还要定时或不定时到生产现场进行巡回抽检,一旦发现问题可以及时采取措施纠正。

(4)广义的预防作用。例如,对原材料和外购件的进货检验、对半成品转序或入库前的检验,既起到把关的作用,又起到预防的作用。实际上,对前工序进行把关,对后工序来说就是预防。特别是应用现代数理统计方法,对检验数据进行分析,就能找到或发现质量变异的特征和规律。利用这些特征和规律,就能改善质量状况,预防不稳定生产状态的出现。

4. 报告的职能

为了使领导层和相关的管理部门及时掌握产品生产过程中的质量状况,评价和分析质量控制的有效性,需要把检验数据和相关信息,经汇总、整理、分析后写成报告,为质量控制、质量改进、质量考核以及质量管理决策提供重要信息和依据。质量报告通常包含以下主要内容:

(1)原材料、外购件、外协件进货验收的质量状况及合格率;

(2)过程检验、成品检验的合格率、返修率、报废率和等级品率,以及相应的质量损失金额;

(3)按产品组成部分或生产单位划分统计的合格率、返修率、报废率及相应的质量损失金额;

(4)产品不合格原因分析；

(5)重大质量问题的调查、分析和处理意见；

(6)提高产品质量和质量改进的建议。

5. 监督的职能

生产质量检验部门还担负着企业内部质量监督的职能,包括产品质量的监督、专职和兼职质量检验人员工作质量的监督、工艺技术执行情况的技术监督等。

四、首饰生产质量检验的意义

1. 产品质量是企业生存和发展的关键

全面质量管理提出企业必须以质量为中心,而是否以质量为中心并不是看企业提出的口号,必须遵循"实践是检验真理的唯一标准"这一原则,在产品质量产生、形成和实现的全过程中下功夫。有些企业在机构改革中首先改掉了质量检验部门,由于放松了质量检验,在生产过程中不能严格按标准组织生产,重数量轻质量,以致粗制滥造、以次充好、以假乱真、欺骗顾客等现象时有发生。这必然使企业名声扫地,产品被市场淘汰,最终使企业无法生存。

"以质量求生存,以品种求发展",向质量要效益,已成为企业生存和发展的必由之路。

2. 产品质量是进入市场的通行征

影响市场竞争的三个要素是:质量、价格和交货期,其中质量是第一位的。产品质量差,仅靠价格便宜是最低级的市场定位,没有长久的竞争能力。产品质量是进入市场的通行证,产品质量好,并根据顾客的要求不断改进、提高和完善,不仅可以打入市场,而且可以长期占领市场、扩大市场占有率。为企业创造巨大的经济效益,为企业的发展打下牢固的基础。

在国内,产品进入市场靠的是产品质量好,适销对路、顾客满意。国际市场也是同样的道理,我国加入世界贸易组织后,国内、国际市场将处于同样状况,必须靠一流的产品质量,作为进入国际市场的通行证。

3. 加强产品质量检验是解决质量问题的必然途径

鉴于首饰行业目前存在的质量问题,急需加强首饰生产过程的质量检验和质量管理,改进产品质量,降低生产过程中的质量成本;加强对珠宝首饰市场的监督检测和质量鉴定工作,保障消费者和诚实经营厂商的利益。

生产制造和质量检验是一个有机的整体,质量检验是生产制造中不可缺少的环节。特别是现代首饰企业组织生产大都具有分工明细、工序繁多的特点,检验工序是整个工艺流程中不可分割的环节,没有检验,生产制造过程就无法进行。

第四节　开展首饰生产质量检验需要的基础条件

要有效实施产品质量检验,首先需要建立一些基本条件,包括建立全面的检验标准,构建完善有效的质量检验体系,配备合格的检验人员,配备适用的检验手段,建立完整的质量信息数据库,等等。

一、建立全面的检验标准

1. 标准的定义

国家标准 GB3935.1《标准化基本术语　第一部分》对"标准"的定义是:"标准是对重复性的事物和概念所做的统一规定。它以科学、技术和实践经验的综合成果为基础,经有关方面协商一致,由主管机构批准,以特定形式发布,作为共同遵守的准则和依据。"

实际可以理解为,标准是经实践验证成功的科学技术成果(包括经验)经标准化所形成的文件。标准是规范人行为的文件,因此无论活动过程还是活动结果,都必须符合有关标准,所以标准就成为检验的依据。

2. 标准的类别

(1) 国外标准。国外标准包括国际标准、国外先进标准和国外一般标准。

国际标准是指国际标准化组织(ISO)及由其分布的其他国际组织所制定和发布的标准。各国对国际标准可以等同采用、等效采用和参照采用三种方式选择采用。

国外先进标准是指国际上有权威的区域性标准、世界主要经济发达国家的国家标准和通行的团体标准,以及其他国际公认的先进标准。

(2) 国内标准。我国《标准化法》规定,标准分为国家标准、行业标准、地方标准和企业标准四级。

国家标准是指对国家经济、技术有重大意义,需要在全国范围内统一技术要求而制定的标准(含标准样本的制作)。国家标准包括强制执行的国家标准(GB)和推荐性国家标准(GB/T)。

行业标准是指对没有国家标准而又需要在全国某个行业内统一的技术标准(含标准样品的制作)。

地方标准是指对没有国家标准和行业标准而又需要在省、自治区、直辖市范围内统一的技术要求,可以制定地方标准(含标准样品的制作)。

企业标准是企业组织生产、经营活动的依据。企业标准化工作的基本任务是,既要认真贯彻执行国家标准、行业标准和地方标准,又要对企业范围内需要协调统一的技术要求、管理要求和工作要求,制定企业标准。

上述各类标准中,凡是公开发布的标准,包括国家标准、行业标准、地方标准、企业标准,均属于验收标准。验收标准是供需双方交接产品进行验收时验证产品质量的依据,但企业自行检验时应制定内控标准作为验证产品质量的依据。内控标准的制定原则是在验收标准的基础上,扣除影响验证产品质量的差异,以避免供需双方的质量争议,其中包括因产品质量稳定性所造成的差异和因测量误差所造成的差异。内控标准严于验收标准,但严格程度必须恰如其分,过严则会错杀许多合格产品,过松则失去内控的意义。加严的幅度反映了企业的技术能力和管理水平,所以内控标准往往视为企业的机密。

3. 加强标准化工作的意义

标准化工作对于珠宝首饰行业的技术进步、企业发展、市场监督,都具有十分重要的作用。标准化工作规范了传统工艺,推动首饰技艺的提高和发展。特别是工艺标准,将历代艺人们丰富的实践经验加以标准化总结,规范首饰工艺技术,对于传统首饰技艺的继承和发展,对于年青一代的技术提高,都有着十分重要的作用。标准化工作也可促进行业的技术进步和产品的升级换代,它使首饰行业,从过去的以个人技术为主,向整体技术、综合技术能力的提高方向发展,加快了首饰行业技术进步和产品升级换代的步伐。新设备的引进、新技术的开发,带动了新产品的研制开发。通过标准化工作,可推动首饰行业专业化生产及产品质量的提高,它改变了传统的生产方式,为专业化生产提供了可靠保证,生产效率大大加快,工序管理更加有序,产品整体质量明显提高。同时,为规范首饰市场,加强市场监督和检查,促进首饰市场健康发展,提供了良好的条件。因此,标准化工作成为珠宝首饰行业,从传统工艺管理向现代管理的重要手段;标准化工作的实施,将有力地促进企业的技术管理、质量管理、工艺管理、产品开发管理等各项技术管理水平的提高,对企业的生产经营发挥积极的促进作用。

二、构建完善有效的质量检验体系

要建立完善有效的质量管理体系,就必须把质量检验作为体系建设的重要环节,十分重视质量检验体系的建设,包括建立质量检验组织机构,明确职责和权限;建立一套完善的质量体系文件及工作程序,保证质量检验的权威性,等等。要充分理解质量检验的重要性,澄清两个容易糊涂的观念:一是认为产品质量是设计和制造出来的,不是检验出来的,因而放松质量检验,甚至撤销质量检验机构,削弱检验职能和技术力量。显然,这一观念是极其错误的。朱兰的"质量螺旋"赋予企业所有部门的质量职能,产品验证在质量管理的各个阶段都是不可缺少的。其实,质量检验本身也可以看作属于制造的一个环节,是对制造的补充。生产制造和质量检验是一个有机的整体,质量检验是生产制造中不可缺少的环节。二是认为全面质量管理强调的是"预防",要求把不合格品消灭在过程之中,而检验工作只不过是"死后验尸"。有些企业对待检验工作,认为是可有可无,仅仅是一个辅助手段。这种观念也是极为错误的,预防为主是质量管理的指导思想,是相对于传统质量检验阶段的单纯把关的职能而言。预防为主与检验把关决不是对立的,而是相辅相成的、相互结合的。全面质量管理发展过程中,创造的"信息性检验"和"寻因性检验",本身就是生产过程中的质量控制手段,具有很强的预防功能。

不合格原材料不投产,不合格半成品不转序,不合格产品不出厂,是企业必须保证的生产条件。没有强有力的质量检验工作和完整的质量检验体系,这些是很难保证的。

三、配备合格的检验人员

质量检验人员在企业生产活动中,起着不可替代的重要作用。他们不仅要当好质量检验员,还要当好工人的质量宣传员和技术辅导员。他们肩负着质量检验的繁重任务,还要在生产第一线随时宣传质量第一的思想,指导、帮助生产工人进行质量分析、解决质量问题。因此,企业质量检验人员的思想素质、文化素质、技术业务素质和身体健康素质,都应当达到规定的条件,以适应质量检验工作的开展。为保证企业质量检验队伍建设,对质量检验人员的选择、培训和考核,必须制定明确的规范并严格执行。具体说来,一个合格的检验人员应该做到以下几点:

(1)认真参加培训学习,努力提高自身的综合素质。

(2)认真贯彻执行质量检验标准和检验规程,严格执法,不徇私情,正确判决,对检验结果的正确性负责。

(3)按时完成检验任务,防止漏检、少检和错检,确保生产顺利进行。

(4)认真填写质量检验记录,做到数字准确、字迹清晰、结论明确,并将检验记录分类建档保存。

(5)贯彻执行检验状态标识的规定,防止不同状态的物资、产品混淆。检查、监督生产过程中的状态标识执行情况,对不符合要求的予以纠正。

(6)做好质量状况的统计和分析工作,并提出改进的意见和建议。

(7)搞好首检,加强巡检,特别要加强关键点的巡检,发现问题及时纠正。

(8)发现重大质量问题立即向生产、技术质量部门反映,以便及时采取措施,减少损失。

(9)制止不合格品的交付和使用。

四、配备适用的检验手段

"工欲善其事,必先利其器",要准确判断产品质量状况,特别是要弄清产生质量问题的原因,必须借助一定的检验手段。首饰产品的检验包括宝玉石质量、金属质地、工艺质量、重量、使用功能、安全性等多个方面,仅靠人的感官是不能满足的,必须根据具体检测项目,配备相应的检测工具、量具或仪器设备。为保证检测器具的正常使用,满足生产需要,需要做好以下管理工作:

(1)对所有使用的质量检测仪器、量具分别编号,建立档案及仪器设备管理台账,完善仪器、量具使用申请流程并登记好台账,台账中填有仪器、量具借用及归还时间、借时状态及归时状态。

(2)建立健全检验设备和计量管理制度,建立检验仪器设备和计量器具的台账及档案,所有强制检定计量器具要及时送检,非强制检定的计量仪器,也应及时送检或定期校准。

(3)计量器具上应附有状态标识,标明合格,准用或停用字样,并标明检定日期和有效日期。未经检定校准或经检定校准不符合使用要求的以及超过核定周期的计量器具不准使用。所有计量检验设备都要受到控制,并处于检定或校准状态。

(4)仪器和量具使用人应掌握所用量具的操作方法,做到正确使用,轻拿轻放。每次使用完毕后,必须擦拭干净,并做好防锈处理。保管时应在指定位置单独摆放,不能与工具、刃具放在一起。

五、建立完整的质量信息数据库

近年来,我国珠宝首饰行业取得了长足的发展,但是首饰生产质量问题仍较普遍,一些企业在生产过程中经常因产品缺陷而大量返工、修理、补做,出现的问题得不到有效的解决,返修率和废品率高,出厂的产品经常因产品质量或交货期问题,被客户投诉甚至整批退货,充分反映了首饰企业在生产过程中的质量控制手段、技术水平、管理方法等方面存在问题。这与首饰企业普遍采用经验型、工匠型、传统型的管理模式有很大关系。许多企业质量管理不规范,有些工厂连基本的质量记录和统计分析都没有,或者都是靠手工来完成,质量分析也一直是用手工完成、凭经验判断,产生缺陷后不能准确地找出产生原因及解决办法,致使同样的质量问题重复出现。显然,如果没有先进的质量管理和控制手段,即使有现代化的生产设备,产品质量也不可能稳定,从而导致企业缺乏竞争力。

随着珠宝首饰行业竞争的日趋激烈,企业不仅要向客户提供优质的产品,还要提供专家级的服务,从制造者的角度,提出产品设计或加工工艺设计的优化方案。要进行有效的质量控制,必须对生产过程中的产品质量问题,进行深入细致的了解和研究,由于首饰生产过程是一个涉及多工序的复杂工艺过程,产品质量是生产过程影响产品质量的诸多因素的综合反映,是工艺过程网络有机结合的最终体现。在全面质量管理和ISO9000族国际标准的思想指导下,建立完整的质量信息数据库,对生产过程的每一个工艺环节进行严格管理和控制,是保证整个生产系统稳定、提高产品质量的必要条件和基础工程,它可以准确地把握企业的生产质量状况,从而了解出现的问题主要有哪些?产生的原因是什么?采取哪些措施来解决?这样有利于企业内部的知识管理,在后面的生产中可以借鉴相关的经验教训,快速有效地找到解决问题的途径,降低生产成本,加快新产品开发进度。

第五节 首饰生产质量检验中存在的问题

对照首饰生产质量检验所需的基础条件,目前国内首饰行业企业还存在较多的问题。

1. 质量标准不完善

不管是从行业宏观的角度,还是从企业微观的角度,普遍存在着质量检验标准不全的问题。

(1)行业对质量监管不全面,缺少工艺标准。传统的珠宝首饰行业具有以典型的手工制作为主、生产形式以个体或作坊式为主、传艺以师傅带徒弟方式进行、管理方法以经验为本、以口头指导为主等特点,这种模式决定了标准化工作的滞后,指导生产凭的是经验,判断产品质量凭的也是经验。毋庸置疑,经过长时间的发展,珠宝首饰行业形成了丰富的实践操作经验,这些经验至今对珠宝首饰行业的发展有着不可估量的指导作用。但是,随着科学技术的日新月异,传统的以经验为主的运作模式难以适应当前的形势和发展需要,必须加强和完善首饰行业标准化工作,才能规范和提升行业的竞争力。目前,首饰行业有钻石、宝石质量检验标准,有成色、重量、尺寸等方面的质量标准,但是缺乏明确统一的工艺质量标准。

近年来,随着我国经济的迅猛发展,珠宝首饰的消费量一路攀高,因珠宝首饰的质量问题引发的纠纷也不时出现。据有关媒体报道,在某省金银珠宝饰品质量监督检验鉴定站的消费投诉记录本上,几乎每天都能看到消费者对珠宝饰品的投诉,其中涉及做工粗糙、焊点单薄、抗拉力差等工艺质量问题的投诉占70%。以项链+钻石吊坠为例,出现项链断裂导致钻石吊坠丢失的问题屡屡见诸报端,消费者无法通过调解与商家达成一致意见时,可能会求助金银珠宝饰品质量监督检验部门,虽然国家对珠宝首饰的制造工艺方面有要求,但只是说外观要整齐,而对于饰品如项链能够承受的拉力、焊点的牢固程度等方面,目前还没有明确的工艺质量标准,也没有明确的行业标准。因此,即使是由以上原因造成的断裂,一般不会认定为质量问题,也无法向消费者出具"项链质量不合格"的报告。只有断口处有明确的金属缺欠、金属杂质或砂眼,才能被认定为质量问题。

由于国家标准的欠缺,生产商、消费者、行政监督机构都面临着十分尴尬的局面。对于生产商而言,标准欠缺是行业的一种损失。因为消费者发现问题后不能及时给厂家反馈信息,正规的生产厂家难以改进其产品质量,而制作工艺粗糙的小珠宝首饰生产商却可以钻空子,不但欺骗了消费者,还损害了正规厂家的声誉和利益。对于消费者而言,一旦遇到珠宝饰品出现质量问题想投诉时,标准缺失会使他们面临"投诉无门"的局面。《中华人民共和国产品质量法》中有明确要求,产品应该符合国家的有关标准。如果消费者想就自己遇到的珠宝首饰工艺质量问题进行投诉,首先,需提供因珠宝首饰做工不合格造成的财产损失的证据;其次,需鉴定珠宝首饰的损坏不是人为因素造成的。这就造成了消费者维权的艰难,当珠宝首饰发生纠纷后,消费者想投诉却拿不出证据,因为没有标准就没办法证明问题出在工艺质量上,商家一句"使用不当",就可以将责任推得一干二净。对行政监督机构而言,没有相关标准也是一件头疼事。没有相关标准,其直接后果就是无法为"有问题"的珠宝饰品出具"制作工艺质量不合格"的检验报告,对于镶爪、戒托、戒圈等断裂引起掉石、项链断裂等引起掉坠等工艺质量问题,也就无法判定责任归属。

(2)企业未建立完善的质量检验内控标准。为保证产品质量,首饰企业需接受国内国际的首饰质量标准,并对照国家和行业标准,相应地建立自己的内控标准,包括以下几个方面:

1)成色标准。不同国家或地区,成色标准有一定区别,企业必须根据产品对应的市场,建立相应的内控标准,既要保证产品的成色满足相应的强制标准要求,又要考虑企业的生产成本。

2)颜色标准。颜色是可以测量的,也是可以量化的指标,金饰区别于铂金、银饰,就是因为它有多种颜色,但是在一定成色范围,没有形成金饰颜色的国内或国际标准。企业必须确定各成色对应标准颜色的基本范围,这不是说首饰只可以按这些标准颜色生产,而是大多数首饰要接近这些标准颜色。采用CIELab颜色坐标系可以描述所有成色的颜色,它可以减少首饰生产企业、合金与配件供应商、销售商之间在颜色判定方面的分歧。

3)合金标准(包括成分、状态和处理方式)。对每种颜色,首饰企业可以采用多种合金成分获得相近的效果,但可能会带来合金性能的差异,有些合金可能具有较差的性能,例如抗变色性能差、弹性性能差、延伸性能和强度低、制造时出现缺陷的几率大。

4)产品制造和完整性标准。一件质量合格的产品,必须要满足最起码的制造标准,包括设计工程和制造、表面光洁度等,这些就是产品的完整性,它是产品规格的一个内在组成部分,也是艺术设计、成色、颜色和产品性能的一部分。

5)使用性能标准。这是工厂普遍忽视的问题,必须认真对待,它会使产品在质量和价格两方面产生差异。对每类产品,都需要有主要性能特征的最低标准。对每个特征,无论是耐磨性、耐撞凹性、弹性、持久性、链子强度、耐扭结性等,都受到合金成分、成色、产品尺寸、合金热处理及其他工程设计方面的影响,人们不能期望24K的耳针与硬化处理的18KY表现一样,也不能期望24K的耳钩与14K的一样。不能只看某一个性能标准,而是要看每个特征的指标,这样可以将产品分成1、2、3等级。

6)试验过程标准。如果要从事首饰性能标准化的工作,则需要在实验室采用一套评估成品首饰的试验方法。例如,在工程领域有一系列检测磨损和摩擦性能的试验方法,以及检验强度性能和硬度的方法,但是如何来检测电铸手镯或耳环的抗撞凹性能呢?或者人字形链子的抗扭结性能呢?这就需要建立一些可以反映首饰使用实际情况的标准试验方法。

(3)企业未严格执行标准要求。比如前面提到的首饰市场抽检结果中标识缺少或不规范的问题,其实早有标准,但企业没有认真执行。在英国,超过1g的首饰都强制性地要求打上检验印记,每件首饰都要经一家权威的中立检测机构进行检测,然后打上它的检验印记,一般包括四部分内容:成色字印、制造者字印、检验机构印记、日期。检测机构对检验印记进行担保,如果日后发现首饰的成色不足,则检验机构要承担相应法律责任,因此为消费者提供了首饰成色担保。在美国及其他一些国家,如意大利、印度、印度尼西亚,还没有在法律上强制规定由独立的权威检测机构打上检验印记,美国只是要求首饰生产商自己打上成色印记,并保证成色不低于负公差,对不遵守规定的进行严厉处罚,但是在其他国家则没有这么严格,处罚也没像美国这么严厉。

2. 从业人员的整体素质不高

一直以来,珠宝首饰生产人员平均受教育程度相对较低,缺少基本的理论知识指导,缺少逻辑思维和工程训练,整体素质相对较低。而在受过高等教育的专业人员中,大部分人才的专业背景是美术、财会、管理、IT、销售等专业,有工程技术背景的专业人员较少,这使得珠宝首饰生产技术创新受到了很大局限,技术的掌握主要靠从师傅那里学习来的操作技术和凭个人的经验积累。大部分人员秉持"师傅怎么教就怎么做""以前都是这么做的"等陈旧观念,一旦出现新问题就较难适应。检验人员未能履行好检验的职能,解决问题的能力低,导致制定的改进措施不当,使有质量问题的产品流入后工序,增加了改进产品质量的周期,浪费了大量的人力、物力,进一步提高了质量成本,影响了企业声誉。

3. 质量检验手段相对落后

首饰产品质量的评价,涵盖了质地、重量、外观、尺寸、功能、安全等多个方面,需要运用感官检验之外的多种理化检验方法,需要建立相应的理化实验室。但是许多企业,特别是一些中小企业,目前还基本上依靠检验人员的眼看、手摸的传统检验方法,难以满足多元化的检验要求,特别是在确定一些质量缺陷的成因时,由于缺乏必要的检测手段而不能"对症下药",导致问题重复出现。

4. 首饰质量信息数据库建设有待加强

20世纪90年代中期,一些有实力的首饰企业就引入了珠宝首饰企业管理软件,并很快普及到其他首饰企业,有效地提升了行业的管理水平。但是,到目前为止,已有的珠宝企业管理系统还存在一些薄弱环节,大部分系统突出进、销、存管理,其典型模块包括工厂模号系统管理、原材料管理、工序工耗工费管理、产品入库管理、分销销售管理、进销存统计分析、前线柜台POS系统、财务系统、辅助决策等。而对于生产管理系统,由于不同企业的工艺方法、生产流程、管理模式等有较大差别,要开发普遍适用的管理系统并非易事,而且主要是突出生产流程中计划、物料、工值等管理,以某常用首饰生产管理系统为例,其主要功能包括:

(1)基本资料。如公司基本信息、客户资料信息、员工信息、款式信息(基本资料、配石资料、配件信息、款式图片等)、金资料信息、石资料信息、系统代码规范(如部门、工序、镶法、形状等通用代码)、操作员权限等。

(2)生产跟单。反映出整个生产流程各个环节(起版、倒模、执模、出水、配石、镶石、执边、花链、车磨打、电金、QC、成品仓等)的生产情况、存货情况以及所遇到的问题。

(3)金管理。包括金仓、各部门、每个员工的存金情况、损耗情况以及整个工厂所有的金交收情况,员工计耗,盘点对账,报表分析,全厂存金。

(4)石管理。包括整个公司石仓库存,员工的存石、镶石、失烂情况,工单的来退石、失烂石、镶石情况,以及整个工厂所有石的交收情况,盘点对账,报表分析,产量分析,失烂跟踪。

(5)工具管理。包括整个公司工具仓库存、采购、出库等,员工工具领用、库存情况,以及整个工厂所有工具的交收情况。

(6)客户管理。包括交货管理,图样清单,客户金、石报表,交货发票,金对账单,石对账单,账款对账单。

(7)查询统计。包括生产单的生产流程,生产状况,生产单的物料分析,工厂、部门、员工的存货、做货情况,产量的分析与统计,金、石的分布情况,交货数据等。因此,目前首饰企业使用的管理系统中没有专门的质量管理模块,使得企业的生产质量管理,游离于管理系统之外,长期沿用被动落后的传统管理模式,不可避免地出现各种各样的质量问题。

上述问题如果得不到妥善解决,必然会阻碍国内珠宝首饰行业的健康有序发展。为此,近些年来,国家、地方、企业都加强了这方面的工作,相继成立了地方金银珠宝首饰行业协会质量检测与工艺标准专业委员会,针对工艺标准缺失的情况,部分地区或企业进行了积极探索,取得了一定的成效,但也暴露出一些亟待解决的问题。例如,针对千足金首饰镶嵌宝石易脱落、故意加长千足金手镯的弹簧片(纯度一般为18K金)等普遍问题,福建先后推出了《千足金镶嵌首饰牢度及测定》和《足金弹簧扣手镯中弹簧片长度的规定》两项地方标准,标准实施以来,对于控制千足金首饰的镶嵌牢度和弹簧片长度起到了积极作用。又如,针对国家尚没有相应工艺标准的现状,特别是对于戒齿、戒圈、项链断裂造成的掉石、掉坠等问题,无相应的责任判定办法,企业和消费者的利益得不到保护,发生质量投诉有关部门也无法仲裁解决。为保护企业和消费者的合法权益,倡导诚信经营,明确消费者、经营者、生产者对贵金属珠宝首饰的责任和义务,一些地方金银珠宝首饰行业协会,拟定了贵金属珠宝首饰"三包"协定,推行"三包"服务。这是一项很好的举措,但是在执行上出现了问题,许多珠宝店都依据公司自己的规定来做售后服务,没有统一的标准规范,基本沿用"只售不退""换大不换小"的"行规"。在一些规模较大的连锁品牌店可凭购物小票得到终身免费维修服务,但维修周期都比较长,一般都在2~3个月。而规模小的珠宝店一般规定保修期3个月,逾期就需要付维修手工费,低则几十元,高则两三百元。这种"三包"服务损害了消费者的利益,必须从国家和法律层面提出明确规定。再如,针对行业内尚无统一的手镯扣使用寿命检测方法的状况,一些首饰企业已建立了自己的内部试验方法,用于检验首饰某些性能指标。例如,在检验手镯扣的疲劳试验中,可以有一系列的性能水平,如1级达到15 000次,2级达到15 000~25 000次,3级达到25 000~35 000次,4级达到35 000次以上。这样,产品在质量方面的差异就有了依据。但是不同企业一般都把这类试验方法当成商业秘密,不同企业之间的试验方法没有可比性,必须进一步建立大家都接受的方法,一旦行业认可这种试验方法,那么就可以建立相应的性能标准。

第二章 首饰生产质量检验类别与检验机构

第一节 首饰生产质量检验的分类

一、按生产过程的顺序分类

首饰产品是从原材料投入,经过一系列生产环节的加工而形成的,这些环节均在不同程度上对首饰生产质量造成影响。为减少或避免质量问题的积累,生产时需要按生产过程的顺序进行检验和控制,其目的是为了保证"三不准"规定的实施,即不合格原材料不准投产,不合格半成品不准转序,不合格产品不准出厂。

1. 进货检验

进货检验是企业对所采购的原材料、外购件、外协件、配套件、辅助材料、配套产品以及半成品等在入库之前所进行的检验。进货检验的目的是为了防止不合格品进入仓库,防止由于使用不合格品而影响产品质量,影响企业信誉或打乱正常的生产秩序。这对于把好质量关、减少企业不必要的经济损失,起着至关重要的作用。进货检验应由企业专职检验员,严格按照技术文件认真检验。它包括首(件)批样品检验和成批进货检验两种。

首(件)批样品检验是指对供应方的样品进行检验,其目的在于掌握样品的质量水平和审核供应方的质量保证能力,并为今后成批进货提供质量水平的依据。因此,必须认真地对首(件)批样品进行检验,必要时进行破坏性试验、解剖分析等。首(件)批样品检验一般应用于以下情况:首次交货;在执行合同中产品设计有较大的改变;制造过程有较大的变化,如采用新工艺、新技术或停产;对产品质量有新的要求。

成批进货检验是指对供应方正常交货的成批货物进行的检验。目的是为了防止不符合质量要求的原材料、外协件等成批进入生产过程,影响产品质量。利用进货检验数据作控制图,控制供货质量及选择合格供方。根据外购货品的质量要求,应按其对产品质量的影响程度分成 A、B、C 三类,检验时应区别对待。

A类(关键)品必须进行严格的检验;B类(重要)品可以进行抽检;C类(一般)品可以采用无试验检验,但必须有符合要求的合格标志和说明书等。通过A、B、C分类检验,可以使检验工作分清主次,集中力量对关键品进行检验,确保产品质量。其中A类原材料、外购件的检验应全项目检验,无条件检验时可采用工艺验证的方式检验。

2. 过程检验

过程检验也称工序检验,是在产品形成过程中对各加工工序之间进行的检验。其目的在于保证各工序的不合格半成品,不得流入下道工序,防止对不合格半成品的继续加工,而导致成批半成品不合格,以确保正常的生产秩序。由于过程检验是按生产工艺流程和操作规程进行检验,因而起到验证工艺和保证工艺规程贯彻执行的作用。过程检验不是单纯的质量把关,应与质量控制、质量分析、质量改进同步,质量控制点加工质量的主导要素的效果检查,通常有首件检验、巡回检验、完工检验、最终检验几种形式。

首件检验是在生产开始时(上班或换班)或工序因素调整后(调整工艺、工装、设备等)对制造的第一件或前几件产品进行的检验。目的是为了尽早发现过程中的系统因素,防止产品成批报废。在首件检验中,可实施"首件三检制",即操作工人自检、班组长检验和专职检验员检验。首件不合格时,应进行质量分析,采取纠正措施,直到再次首件检验合格后才能成批生产。检验员对检验合格的首件,应按规定进行标识,并保留到该批产品完工。

巡回检验也称为流动检验,是检验员在生产现场按一定的时间间隔,对有关工序的产品质量和加工工艺进行的监督检验。巡回检验的重点是关键工序,检验员应熟悉所负责检验范围内,工序质量控制点的质量要求、检测方法和加工工艺,并对加工后产品是否符合质量要求及检验指导书规定的要求,负有监督工艺执行情况的责任,在巡回检验中要做好合格品、不合格品(返修品)、废品的专门存放处理工作。

完工检验是对该工序一批完工的产品进行全面的检验。完工检验的目的是挑出不合格品,使合格品继续流入下道工序。

最终检验也称为成品检验,目的在于保证不合格产品不出厂。成品检验是在生产结束后,产品入库前对产品进行的全面检验,由企业质量检验机构负责,按成品检验指导书的规定进行。成品检验合格的产品,应由检验员签发合格证后,车间才能办理入库手续。凡检验不合格的成品,应全部退回车间作返工、返修、降级或报废处理。经返工、返修后的产品,必须再次进行全项目检验,检验员要作好返工、返修产品的检验记录,保证产品质量具有可追溯性。

二、按检验地点分类

1. 集中检验

在固定地点设置检验站,操作者将自己加工完了的产品送到检验站,由专职 QC 进行检验的方式。

2. 现场检验

现场检验也称为就地检验,是指在生产现场或产品存放地进行的检验,一般过程检验和大型产品的最终检验,采用现场检验的方式。

3. 流动检验(巡回检验)

巡回检验是对制造过程中,进行的定期或随机流动性的检验,目的是能及时发现质量问题。巡回检验是抽检的一种形式,它要求质检员熟悉产品的特点、加工过程、生产工艺要求以及必备的检验工具,还要求质检员有比较丰富的工作经验,较高的技术水平,才能及时发现质量问题,进而深入分析工艺、工艺装备及技术操作等多方面对产品质量的影响。在巡回检验中的注意事项包括:①深入现场,了解质量情况,仔细观察生产工人的操作及工具设备的情况,产品质量是否满足工艺要求、技术标准及产品图样。②发现生产工人加工的产品不合格时,QC 员应查明原因,做质量分析工作。③在巡回检验发现质量问题时,应及时进行处理,通知生产工人,以便迅速采取措施,并及时分析产生的原因,防止问题再次发生。

三、按检验方法分类

1. 理化检验

理化检验是指主要依靠量具检具、仪器、仪表、测量装置或化学方法,对产品进行检验,获得检验结果的方法。其特点是能测得具体的数值,人为的误差小,因而有条件时要尽可能采用理化检验。

2. 感官检验

感官检验也称为官能检验,是依靠人的感觉器官对产品的质量进行评价或判断。如对产品的形状、颜色、气味、伤痕、老化程度等,通常是依靠人的视觉、听觉、触觉或嗅觉等感觉器官进行检验,并判断产品质量的好坏或合格与否。

3. 试验性使用鉴别

试验性使用鉴别是指对产品进行实际使用效果的检验,通过对产品的实际使用或试用,观察产品使用特性的适用性情况。比如戒指、项链佩戴是否舒适,往往可通过由QC员试戴,进行试验性使用鉴别。

四、按被检验产品的数量分类

1. 全数检验

全数检验也称为百分之百检验,是对所提交检验的全部产品逐件按规定的标准全数检验。对于要求较高的珠宝首饰产品,均应采用全数检验,但是即使是全数检验,由于错验和漏验也不能保证百分之百合格,如果希望得到的产品百分之百都是合格产品,必须重复多次全数检验才能接近百分之百合格。

2. 抽样检验

抽样检验是按预先确定的抽样方案,从交验批次中抽取规定数量的样品构成一个样本,对样本的检验推断批次合格或批次不合格。对于生产批量大、自动化程度高、产品质量比较稳定的低档饰品,以及带有破坏性检验项目的产品,可以采用抽样检验。依据抽样检验方案的确定依据,抽样检验又可分为统计抽样检验和非统计抽样检验,生产中应优先采取统计抽样检验。

3. 免检

免检又称无试验检验,主要是对经国家权威部门产品质量认证合格的产品或信得过产品,在买入时执行的无试验检验,接收与否可以以供应方的合格证或检验数据为依据。

执行免检时,顾客往往要对供应方的生产过程进行监督。监督方式可采用派员进驻或索取生产过程的控制图等方式进行。

五、按质量特性的数据性质分类

1. 计量值检验

计量值检验需要测量和记录质量特性的具体值,取得计量值数据,并根据数据值与标准对比,判断产品是否合格。

计量值检验所取得的质量数据,可应用直方图、控制图等统计方法进行质量分析,可以获得较多的质量信息。

2. 计数值检验

在工业生产中为了提高生产效率,常采用界限量规(如塞规、卡规等)进行检验,所获得的质量数据为合格品数、不合格品数等计数值数据,而不能取得质量特性的具体数值。

六、按检验后样品的状况分类

1. 破坏性检验

破坏性检验指只有将被检验的样品破坏以后才能取得检验结果(如金属材料的强度等)。经破坏性检验后,被检验的样品完全丧失了原有的使用价值。因此,抽样的样本量小,检验的风险大。

2. 非破坏性检验

非破坏性检验是指检验过程中产品不受到破坏,产品质量不发生实质性变化的检验,如产品尺寸和重量的测量等大多数检验都属于非破坏性检验,随着无损探伤技术的发展,非破坏性检验的范围正在逐渐扩大。

七、按检验目的分类

1. 生产检验

生产检验指生产企业在产品形成的整个生产过程中的各个阶段所进行的检验,它执行内控标准,目的在于保证生产企业所生产的产品质量。

2. 验收检验

验收检验是顾客(需方)在验收生产企业(供方)提供的产品所进行的检验,它执行验收标准,目的是顾客为了保证验收产品的质量。

3. 监督检验

监督检验指经各级政府主管部门所授权的独立检验机构,按质量监督管理部门制订的计划,从市场抽取商品或直接从生产企业抽取产品,所进行的市场抽查监督检验,目的是为了对投入市场的产品质量进行宏观控制。

4. 验证检验

验证检验指各级政府主管部门所授权的独立检验机构,从企业生产的产品中抽取样品,通过检验验证企业所生产的产品,是否符合所执行的质量标准要求的检验。如产品质量认证中的型式试验就属于验证检验。

5. 仲裁检验

仲裁检验指当供需双方因产品质量发生争议时,由各级政府主管部门所授权的独立检验机构抽取样品进行检验,提供仲裁机构作为裁决的技术依据。

八、按供需关系分类

1. 第一方检验

生产方(供方)称为第一方。第一方检验指生产企业自己对自己所生产的产品进行的检验,第一方检验实际就是生产检验。

2. 第二方检验

使用方(顾客、需方)称为第二方。需方对采购的产品或原材料、外购件、外协件及配套产品等所进行的检验称为第二方检验。第二方检验实际就是进货检验(买入检验)和验收检验。

3. 第三方检验

由各级政府主管部门所授权的独立检验机构称为公正的第三方,第三方检验包括:监督检验、验证检验、仲裁检验等。

九、按检验人员分类

1. 自检

自检是指由操作工人自己对自己所加工的产品或零部件所进行的检验。通过自检可以有效地判断本道工序的质量与图样、工艺技术标准的符合程度,从而决定是否继续加工,工具夹具是否产生某种缺陷需要及时进行工艺分析。习惯上常说"合格的产品是制造出来的"意义也在于此。在自检工作中,操作工人应执行"三自一控","三自"即"自检""自分""自盖工号","一控"是控制自检的准确率。

2. 互检

互检是由同工种或上下道工序的操作者相互检验所加工的产品。习惯上常说:"下道工序就是用户","下检上"就是下道工序检验上道工序的质量,即属于互检的范围。互检的目的在于通过检验及时发现不符合工艺规程规定的质量问题,以便及时采取纠正措施,从而保证加工产品的质量。

3. 专检

专检是指由企业质量检验机构直接领导,由专职质检 QC 进行的检验。由于检验部门直属厂长或经理领导,检验员具有较高的技术水平并掌握相关技术标准、资料和检测仪器量具,工作不受干扰,所以专检具有判定产品质量的权威性。

十、按检验系统组成部分分类

1. 逐批检验

逐批检验是指对生产过程所生产的每一批产品,逐批进行的检验。逐批检验的目的在于判断批次产品的合格与否。

2. 周期检验

周期检验是从逐批检验合格的某批次或若干批次中,按确定的时间间隔(季或月)所进行的检验。周期检验的目的在于判断周期内的生产过程是否稳定。

周期检验和逐批检验,构成企业的完整检验体系。周期检验是为了判定生产过程中系统因素作用的检验,而逐批检验是为了判定随机因素作用的检验,两者是投产和维持生产的完整的检验体系。周期检验是逐批检验的前提,没有周期检验或周期检验不合格的生产系统不存在逐批检验。逐批检验是周期检验的补充,逐批检验是在经周期检验杜绝系统因素作用的基础上,而进行的控制随机因素作用的检验。

十一、按检验的效果分类

1. 判定性检验

判定性检验是依据产品的质量标准,通过检验判断产品合格与否的符合性判断。其主要职能是把关,预防职能的体现是非常微弱的。判定性检验包括:测量、比较、判定几个环节。

测量就是按确定采用的测量装置或理化分析仪器,对产品的一项或多项特性进行定量(或定性)的测量、检查、试验或度量。测量时应保证所用的测量装置或理化分析仪器,处于受控状态。这一点在 ISO9000 标准中明确规定为:测量和监控装置的使用和控制,应确保测量能力与测量要求相一致。

比较就是把检验结果与规定要求(质量标准)相比较,然后观察每一个质量特性是否符合规定要求。需要特别注意的是,企业对所生产的产品自行检验时,必须严格执行内控标准,以避免与顾客发生质量争议,影响企业的声誉。

对检验产品质量的判定分为符合性判断和适用性判断。符合性判断就是根据比较的结果,判定被检验的产品合格或不合格,这是检验部门的职能。适用性判断就是对经符合性判断被判定为不合格的产品或原材料进一步确认能否适用的判断,它不是检验部门的职能,对原材料的适用性判断是企业技术部门的职能。在进行适用性判断之前,必须进行必要的试验,只有在确认该项不合格的质量特性不影响产品的最终质量时,才能作出适用性判断。对产品的适用性判断只能由顾客判断。

2. 信息性检验

信息性检验是利用检验所获得的信息进行质量控制的一种现代检验方法。因为信息检验既是检验又是质量控制,所以具有很强的预防功能。它具有100%的全自动检验、快速的信息返馈、要求立即采取纠正措施等特征。

3. 寻因性检验

寻因性检验是在产品的设计阶段,通过充分的预测,寻找可能产生不合格的原因(寻因),有针对性地设计和制造防差错装置,用于产品的生产制造过程,杜绝不合格品的产生。因此,寻因性检验具有很强的预防功能。

第二节 产品质量检验的主要工作内容

质量检验的具体工作内容包括:取样、测定、检验数据的处理和表示、检验依据、检验状态及标识、不合格品的控制等。

一、检验样本的抽取

检验样本是质量检验工作的具体对象,是质量检验工作的首要环节,是一项重要的基础工作。抽取的样本必须保证抽样的随机性,所谓随机抽样是以统计理论为基础的科学抽样方法,应保证批次中每一件产品被抽取的概率完全相同,即保证所抽取的样本在批次中的代表性,应避免有人为的意识所造成的误差。

二、检验样品的测定

准确测定检验样品的质量特性值是保证测量效果的前提。准确测定的硬件保证是测量设备的受控,应根据测量要求选择适宜的装置,对装置是否保持适宜的准确度并符合验收标准和测量要求进行确认,以及识别装置状态的手段。在实施测量任务时,必须保持测量装置的准确度,即实施测量装置(如电子磅、卡尺等)的计量周期检定。

1. 周期检定

周期检定是对使用中的测量装置必须进行定期检定,以证实测量装置确实能保持适宜的准确度,并符合验收标准和测量要求。周期检定应按检定规程的规定,通过检查和提供证据来证实规定的要求已经得到满足。我国计量法明确规定:企业使用的最高计量标准器具以及用于贸易结算、安全防护、医疗卫生、环境监测等方面的测量装置,列入强制检定目录,实行强制检定。非强制检定的其他计量标准、工作计量器具及测量装置,由使用单位自行定期检定,或送其他计量检定机构检定。

2.检定周期的确定

检定周期是测量装置相邻两次检定的时间间隔。检定周期在计量检定规程中都有规定。但所给定的检定周期是相邻两次检定时间间隔的最大期限,实际执行时应实行动态管理。一般对周期检定频繁出现不合格或抽检不合格的测量装置,应根据实际情况缩短检定周期,以保证使用不合格的测量装置的风险尽可能最小。

3.周期检定的实施

企业应编制周期检定计划,经审核批准后由计量管理部门周密组织,切实按计划实施。要求做到检定按周期、传递要准确,实现受检率达到100%。企业通常采取的做法为:计量管理人员按月计划下达在用测量装置周期检定送检通知单,督促使用单位按时送检,并签字反馈存查。未经周期检定或超过检定周期的测量装置应停止使用。实施周期检定的工作人员应做好记录,填好周期检定计划表,如表2-1,及时出具周期检定证书或通知书,填写并粘贴周期检定标志。有条件的企业应将测量设备总台账、分台账、分布表、周期检定计划表和汇总统计等,建立计算机软件数据库,并对数据库进行动态管理。

表2-1 企业周期检定送检计划表

类别	序号	名称	规格型号	准确度等级	编号	检定单位	周期	送检日期			备注
								年 月	年 月	年 月	

三、检验数据的处理和表示

数据处理就是运用数学方法,对测量、检查、试验、度量所取得的数据,进行归纳、分析、计算等处理,以找出被测量(被检查量、被试验量或被度量量)、影响量和干扰量的相互关系,从而给出正确的被测量(检查、试验或度量)结果及其评价。

产品标准、客户合同要求或检验方法标准中,对读取数值的位数有具体规定的,读取数值的位数与要求一致;没有具体规定的,可按显示的数据读取并记录。产品标准、客户合同要求或检验方法标准中,有规定检验数据的运算和修约要求的,按规定对检验数据进行运算和修约;没有规定的,按有效数字运算规则进行运算,按 GB8170《数字修约规则》进行修约。产品标准、客户合同要求或检验方法标准中,有规定对异常值的判定与处理,则按规定进行判定处理;没有规定的,按 GB4883 的规定判定与处理。检验数据的处理与判定的记录是检验原始记录的重要内容,应进行严格的管理控制。

四、检验依据

质量检验的主要任务是鉴别、验证产品、零部件、外协外购件及原材料等是否符合设计要求及规定的技术要求,起到符合性判断的作用。质量检验的依据是标准(包括技术标准和管理标准)、产品图样、工艺文件、购销合同以及顾客的特殊要求。

1. 标准

标准是开展检验工作的依据,按照标准化的性质,一般以物、事和人为对象,分为技术标准、管理标准和工作标准。

技术标准是指标准化领域中需要协调统一的技术事项所制定的标准。技术标准又包括:基础标准、产品标准(产品验收标准和产品内控标准)、方法标准、安全卫生与环境保护标准等。

管理标准是指对企业标准化领域中需要协调统一的管理事项所制定的标准。与质量检验相关的管理标准较多,如设计和开发管理、采购管理、生产管理、设备管理、产品验证管理、测量和测试设备管理、不合格及纠正措施管理、科技档案管理、安全管理、环境卫生管理、质量成本管理等诸多方面的管理标准。

工作标准是指企业标准化领域中需要协调统一的工作事项所制定的标准。工作标准是以人为对象,按岗位制定的标准,因此涉及面很宽,范围十分广泛。涉及到企业决策层领导及生产车间的各类科技、工艺、管理干部、班组长(工段长)和操作工人等,都需要分别制定通用工作标准和岗位作业标准。

2. 产品图样

产品图样是指根据几何投影的方法绘制的用于产品制造或工程施工的工程图样。

产品图样是表达技术思想、设计构思的重要工具,是现代化生产的重要技术文件,同时也是质量检验的最基本的依据。要求产品图样既要符合有关标准和法规,又要表达产品组成的结构、零部件的配合关系和完整的轮廓,要达到完整、齐全、清晰和准确无误、协调统一的要求。

产品图样既包括相关标准,又是相关标准的反映,产品图样与标准都是检验的依据。产品图样中标注的尺寸、重量、表面质量等技术要求是进货检验、过程(工序)检验、零部件检验、成品检验及供需双方验收产品的重要依据。

3.工艺文件

在工业生产过程中,将各种原材料、半成品加工成产品的方法和过程称为工艺,所形成的技术性资料称为工艺文件。工艺文件包括工艺规程和基准。

工艺规程是指规定产品或零件制造工艺过程和操作方法的工艺文件。工艺规程包括工艺流程、工序卡片、检验卡片、工艺装备图样以及铸造、冲压毛坯图样等。在生产过程中,操作者应严格按工艺规程生产,检验人员应认真按工艺规程进行检验,才能生产出符合设计要求和工艺规程要求的合格产品。

基准是指零件上用来确定其他点、线、面位置的那些点、线、面。基准是进行检测的基础,只有找准基准,才能得出准确可靠的检验结果。

4.购销合同及顾客的特殊要求

凡在购销合同等文件中规定的超出企业技术、质量标准要求的各项条款,均属于外部质量保证的内容,应作为质量检验的依据。

五、检验状态及标识

企业必须正确区分和管理产品所处的检验状态,并以恰当的方式标识,以标明产品是否经过检验,检验结果是合格还是不合格。要按质量计划或程序文件的规定,对产品生产、安装和服务过程中的产品检验状态标识妥善保护,确保合格产品才能交付顾客。

1.检验状态的类别及含义

对于判定性检验而言,产品的检验状态有四种,即产品未经检验(待检)、产品检验合格、产品检验不合格和产品已经检验但尚待判定。

产品未经检验(待检)状态指所生产的产品尚未经过质量检验的状态。

产品经过检验合格的状态指所生产的产品已经过质量检验,处于完全满足全部规定的质量要求的状态。

产品经过检验判定为不合格的状态指所生产的产品已经过质量检验,但处于不能满足某个规定的质量要求的状态。产品有很多项质量特性要求,只要有一项质量特性不能满足规定的质量要求,即应判为不合格。不合格状态还包括返工、返修、降等级使用、报废、让步接收、修改文件(或质量要求等)状态。

产品已经检验但尚待判定的状态指所生产的产品虽然已经过质量检验,但由于某种原因尚未判定合格与否的状态。

2. 检验标识

检验标识一般可分为验证状态标识和产品标识两个方面。

验证状态标识是标注产品所处的符合性状态的标识。为保证企业有一个正常的生产秩序,防止将未经检验或经检验不合格及尚未认定的原材料、零部件流入下道工序,必须对生产过程中的原材料、零部件的检验状态进行标识,以明确是否已经过检验合格。根据检验状态的类别,验证状态标识也相应有待检、已检合格和不合格三种。对处在各种检验状态的实物,应通过存放区域(定置管理)及检验标识予以区别,以便能有效追溯有关的质量记录及责任者。验证状态的标识可以应用标记、印章、标签、标牌、路线卡、检验记录、存放容器及存放地点等方法区别。验证状态的标识应明确由企业的哪个部门负责,在生产过程中的哪一段实施以及应在产品的哪一部位上作标识。实行验证状态标识既可以有效防止产品混批和不合格品的非正常转序,又便于追溯责任者。所以,实施验证状态标识是质量体系中实施实物控制的主要环节,是保证检验工作有效性的重要措施。要特别注意标识的识别和保护,防止涂改、消失而造成以不同状态产品的误用、混用,对标识印章、标签等应严格管理。

产品标识是用于每件或每批产品形成过程中识别记录的标识,可以通过在产品上作出标记或挂上标签,或用随行文件加以标识。产品标识的目的在于区分不同类别、规格、批次等的产品,既能有效识别从投料到成品全过程中的产品,防止混用,又可实现产品加工过程的可追溯性,追溯到产品(或批)的原始状态、生产过程和使用情况的能力,以便查找不合格的原因,采取相应的纠正和预防措施。

六、不合格品的控制

不合格的产品不能计算产值和产量,并严格控制避免错用、误用。不合格品的控制包括对不合格品的评审和处置,目的在于对生产过程各环节所产生的不合格品能及时地验证、确认、隔离和处置,以确保不合格原材料(含零部件、外购外协件)不投产;不合格半成品不转序;不合格产品不出厂。

1. 不合格品的控制程序

企业应制定处理不合格品的工作程序,并在管理标准中明确规定在生产过程中一旦发现不合格品时,应立即采取标识、鉴别、隔离、处置、评审、处理及预防其再发生的各项措施。

（1）在生产过程中，一旦发现可能出现不合格品或不合格批时，应立即进行鉴别和记录，在条件允许时应对以前生产的批次进行复检。对确认为不合格品或不合格批次，应按规定作出标识、隔离，确实保证不得误用或误装。

（2）企业应指定有关部门人员对不合格品进行评定，以确定能否回用、返工、返修、降级使用或报废，并按规定立即进行处置。

（3）一旦发现不合格品后应立即进行质量分析，采取纠正和预防措施，防止再发生。

（4）建立健全不合格品管理制度和档案，定期进行质量统计分析，掌握产生不合格品的原因和规律，以便采取预防措施加以控制。

2. 不合格品的纠正和预防措施

纠正是指返工、返修或调整和涉及现有的不合格项目所进行的处置。吸取教训，"举一反三"，采取预防措施杜绝类似不合格项目的再次发生。一般所采取的措施内容包括：

（1）对产生的不合格项目进行调查，找出产生原因，研究防止再发生而采取的措施。

（2）为保证措施的有效实施，应有必要的控制手段。

（3）对生产过程的质量记录和用户的申诉进行分析，查明和消除产生不合格品的潜在原因。

（4）执行纠正和预防措施，若涉及质量体系文件（如程序文件、作业指导书）的更改，应按文件控制程序办理，并作好记录。

（5）对生产过程中产生的不合格品，应立即采取补救措施，预防再发生。进行质量改进以减少返工、返修、报废所造成的损失。

（6）对产生不合格品的责任部门及个人实行质量否决权，按规定进行处罚。

第三节 质量检验机构

一、质量检验机构的性质

设置质量检验机构是科学技术、管理技术及生产力发展的必然，是提高生产效率、降低成本的需要，是企业建立正常生产秩序，确保产品质量的需要。

质量检验机构是质量体系的重要组成部分，其职能具有两重性。在企业内部，质量检验机构是独立行使质量检验职权的专职部门，在质量体系中处于既不能缺少、也不能削弱的地位。独立行使质量检验职能时，不受企业内外部任何方面的干扰；在企业外部，质量检验机构代表企业向用户、消费者、法定检验机构及质量监督部门提供质量证据，实现质量保证，是维护国家利益和人民利益的部门。其工作应受到法律保护，任何干扰和阻止质量检验人员行使职权的行为都是违法的，应受到法律制裁。

二、质量检验机构的主要工作范围

质量检验机构负责宣传、贯彻产品质量的法令、法规、方针、政策，决定或编制质量管理体系文件中有关质量检验方面的程序文件，准备并管理好质量检验用的各类文件。

1. 设计部门应提供的文件

主要包括：产品标准、产品图样、产品制造与验收的技术条件、关键件与易损件清单、产品装箱单中有关备品备件的品种与数量清单等。

2. 工艺技术部门应提供的文件

主要包括：工艺规程和检验规程、工艺装备图样、工序质量控制点的有关文件等。

3. 销售部门应提供的文件

主要包括：订货合同（协议）中有关对产品的技术与质量要求、用户的特殊要求等。

4. 标准化工作部门应提供的文件

主要包括：有关的国家标准、行业标准、地区标准、企业标准；有关标准化方面的资料；检验设备的配备和管理；检验工作的组织与实施等。

三、质量检验机构的权限和责任

企业法人是质量第一负责人，质量检验机构代表法人负责质量保证工作。

1. 质量检验机构的权限

(1) 有权在企业内认真贯彻有关质量的方针、政策，执行检验标准或有关技术标准。

(2) 有权决定产品、零部件及原材料、外购件、外协件及配套产品的合格与否。对缺少标准或相关技术文件的情况，有权拒绝检验。

(3) 对忽视产品质量、以次充好、弄虚作假的行为，有权制止、限期改进，必要时建议厂长给予处分。

(4) 针对产品质量事故，有权追查产生的原因和责任者，视其情节严重情况提出处分建议。

(5)对生产过程中的质量状况,有权如实进行统计、分析,提出改进建议。

(6)对国家明令淘汰的产品、以假充真的产品,有权拒绝检验。

2. 质量检验机构的责任

(1)对因未认真贯彻有关质量的方针、政策、标准或规定,而导致的产品质量问题负责。

(2)对因错检、漏检、误检而造成的质量损失负责。

(3)对因组织管理不善而造成压检,影响生产进度负责。

(4)对因未执行首件检验及流动检验,造成成批质量事故负责。

(5)对因检验状态及标识管理不善,对不合格品未及时隔离,造成生产混乱和影响产品质量负责。

(6)对质量统计及报表、质量信息的正确性、及时性负责。

(7)对忽视质量的行为或质量事故不反映、不上报,甚至参与弄虚作假而造成的损失负责。

(8)对明知是不合格品或假冒伪劣产品,还给予检验并签发检验合格证书的行为负责。

四、质量检验机构设置的典型模式

1. 质量检验机构的设置原则

在设置质量检验机构时,其原则是技术、生产、检验三权独立,相互间又存在制约关系。必须切实保证技术、生产和检验三方中的技术部门是立法机构,负责制定生产工艺规程和检验规程。生产部门是执法机构,必须严格执行技术部门所制定的工艺规程,确保工艺执行率在一般情况下达到95%以上,在关键工序达到100%。生产部门所生产的半成品、成品,应提交检验部门进行质量检验。检验部门是执法机构,必须严格按技术部门所制定的检验规程,对生产部门所提交的半成品、成品进行质量检验,判定其合格与否。

企业规模、行业性质、产品结构以及生产经营方式不同,质量检验机构的设置不会完全相同,但都应在产品质量产生、形成和实现的全过程实施严格的检验,实现鉴别、把关、预防、报告和监督的五项职能。衡量一个企业的质量检验机构是否健全和有效、质量检验机构的设置是否合理,应满足以下基本要求:

(1)专职质量检验机构受企业法人直接领导。厂长应支持和保证质量检验机构能独立行使职权,并为质量检验机构提供必要的工作环境和工作条件。对质量检验机构负责人的任免,应按德才兼备的标准配备、衡量和考核。

(2)在质量体系文件及职能分配中,应明确界定质量检验机构的职责、权限和接口,编制质量检验机构的职责条例。

(3)质量检验机构的内部设置要科学、合理,建立完善的检验工作系统,根据检验工作量配备符合要求的专职质量检验人员。

(4)配备符合要求、能满足质量检验工作所需的检测装备及有关物质资源。

(5)制定和完善质量检验的工作程序、工作标准和规章制度,确保质量检验工作有序进行。

2.质量检验机构的典型类型

由于企业规模、产品结构以及生产经营方式的不同,企业质量检验机构的设置也不完全一样,一般有以下几种类型。

(1)分散领导型质检机构。图2-1是首饰企业采用的分散领导型质检机构,这种机构没有设置专门的质检部门,质检员直接归属各生产部门,行政和业务均归车间主管领导,具体各工序质量仲裁协调由厂长负责。

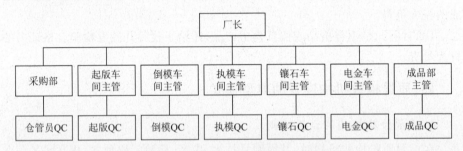

图2-1 首饰企业的分散型质检机构

这种质检机构的优点是便于车间内部的安排与调度,对本工序通货有利。但是也存在明显的缺点:一是对产品质量的决策权力分散,处理产品质量问题缺乏全面、系统的分析与考虑;二是不利于质量检验工作的协调性与统一性,工序间易出现质量扯皮;三是检验人员归车间领导,受完成任务和奖励等的影响,容易产生本位主义,造成把关不严,难于全面实现质量检验的五项基本职能;四是不利于质量检验人员技术业务素质的提高。

(2)集中领导型质量检验机构。这种质量检验机构是设置质量检验的职能部门,在法人代表、厂长的直接领导下,全部专职检验人员统归质检部领导(图2-2),负责从原材料、外购件、外协件、配套产品入厂开始,整个生产过程的质量检验工作。

集中领导的质量检验机构内部设置还有两种形式:一种是按职能划分;另一种是按产品划分。

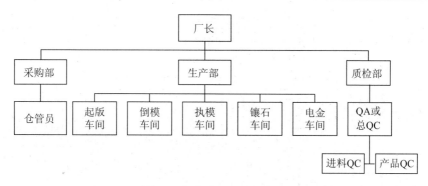

图 2-2 首饰企业的集中领导类型的质量检验机构

按职能划分的集中领导型检验机构,其内部设置可分为进货 QC、半成品 QC 和成品 QC、计量室等(图 2-3)。

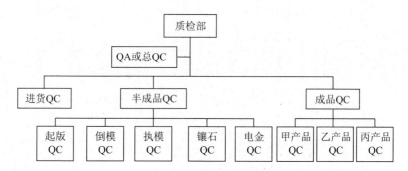

图 2-3 按职能划分的集中领导型质量检验机构

按产品划分的集中领导型质量检验机构,其内部设置根据企业设置独立出产品的封闭车间或分厂,检验机构的设置则按产品划分内部机构。例如,进货 QC、甲产品 QC 组、乙产品 QC 组、丙产品 QC 组、QA 等(图 2-4)。

集中领导类型的质量检验机构容易出现以下问题:一是易形成"你把关""我闯关"的状态;二是易发生一些矛盾或冲突。部分忽视产品质量的某些生产管理人员或生产工人,常常把专职检验人员严格执行标准,看成是妨碍完成生产任务的阻力,往往由于产品质量问题,发生一些矛盾或冲突。

(3)集中与分散相结合的质量检验机构。这种类型的质量检验的工作范围,是负责原材料、外购件、外协件、配套产品的入厂检验,其架构如图 2-5 所示。

在集中与分散相结合的质检机构中,质检人员在行政上受部门领导,在业务上接受品管部指导和监督,从理论上讲可以在生产安排和质量控制上达到一个较好的平衡,有利于保持质量标准的一致性和贯彻执行,促进生产车间领导者的

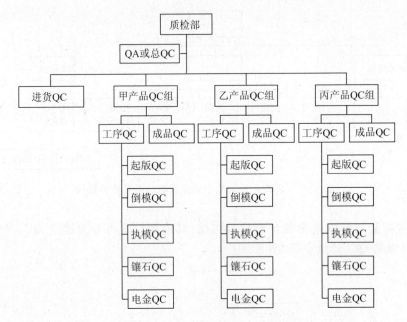

图 2-4 按产品划分的集中领导类型质量检验机构

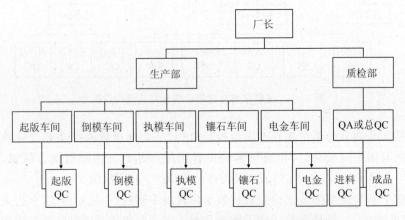

图 2-5 集中与分散相结合类型的质量检验机构

质量意识和改进质量的积极性,又有利于生产车间顺利组织生产和加快货物转序进程。

五、质量检验机构与有关方面的关系

企业质量检验部门同企业各职能部门、生产车间的关系,应在企业质量手册、有关程序文件、质量责任制等质量文件中予以明文规定。

正确处理质量检验部门与企业内、外各方面的关系,既有利于质量检验部门职能作用的发挥,有效地行使检验职权,又有利于增强企业内部各部门的协调一致,提高工作效率,共同把好质量关。

1. 质量检验部门与企业内部有关方面的关系

(1)与企业厂级领导的关系。企业行政正职(厂长或总经理)直接领导质量检验部门,检验部门作出的产品质量检验结论,应对厂长或总经理负责。许多首饰企业都作出规定,质量检验部门有权就重大质量分歧向上级主管机构报告,唯有厂长(总经理)有权以书面的形式,对质量检验部门的检验结论作出裁决。

分管生产的副厂长(或副总经理)在指挥生产的同时,对产品质量负有较大的责任,应指导车间(部门)保证产品质量。质量检验部门职能作用的发挥,需要生产副厂长的支持;生产副厂长在产品质量的具体问题上与质量检验部门发生分歧时,往往需要请示厂长(或总经理)作出最后的决定。

企业设有技术副厂长或总工程师,一般由技术副厂长(或总工程师)协助厂长分管质量检验部门的技术工作,负责组织解决与攻克全厂关键质量问题,主持处理质量检验中发现的技术与质量问题,并有权作出决定。

质量检验机构应定期与不定期向厂长或有关厂级领导汇报产品质量情况,并针对存在的质量问题提出改进措施意见,以取得厂级领导对产品质量的重视与支持。

(2)与设计开发部门的关系。设计部门为质量检验部门提供产品图样、有关产品标准、验收技术条件,以及产品内控标准等标准或资料,讲解产品结构、性能及主要精度要求,作为质量检验的依据。质量检验部门发现产品图样与产品标准不合理之处,及时向设计部门反馈,将质量分析报告、达不到设计要求的产品加工质量情况及时提供设计部门,从设计部门取得有关产品修改通知单,及时修改现行的产品图样等技术文件,以保证使用图样的正确性。

(3)与工艺技术部门的关系。工艺部门及时提供质量检验部门工艺装备图样、工艺规程、产品加工定额,以及有关工序控制点分布情况等资料,以便质量检验部门进行工艺装备检验、加工过程检验,以及计算废品率之用。

质量检验部门发现加工过程中,属于工艺编制或工装设计不合理的问题,及时撰写质量分析报告,并将报告及有关质量统计资料及时转给工艺部门。参加工艺部门组织的新设计工艺装备的生产验证工作,对加工完成的产品进行认真检查,得出合格与否的结论。

(4)与供应部门的关系。供应部门负责企业生产用各种原材料、外购件的订货与采购工作,为质量检验部门提供原生产厂家出厂合格证或质量保证资料。质量检验部门对采购的原辅材料、配件等进行检验,经检验合格,方准验收入库;

检验确定不合格的原材料、外购件应及时办理退货手续,并将有关问题及时提交供应部门。

(5) 与生产管理部门的关系。生产管理部门在布署生产准备计划时,应着重考虑在保证产品质量的前提下做好各项准备工作,为质量检验部门提供企业及各生产车间年、季、月生产计划、新产品及重复生产产品的技术装备图表、出口产品明细表、外协加工任务及图样标准等资料。质量检验部门向生产管理部门提供企业及各生产车间年、季、月产品质量情况总结、产品质量事故分析报告、各项产品质量指标完成情况。生产管理部门在检查企业及各车间生产计划完成情况的同时,应检查产品质量情况,发现影响产品质量问题或隐患,应及时与质量检验部门联系。

(6) 与生产车间的关系。生产加工是产品质量形成最重要的环节,生产车间的主要质量职责是:用经济的方法,按规定的要求组织均衡生产和文明生产,严格贯彻产品技术要求和工艺文件,实施质量控制,按计划要求的数量和时间,生产出质量符合图样和标准要求的产品。

质量检验工作的重点是生产过程的质量检验,质量检验机构与生产车间关系最为密切,每时每刻都直接发生接触和联系。因此,必须做好两者间的相互配合和密切协作。

对生产车间而言,要支持质量检验机构的工作,必须做好以下各项工作:在努力完成产品的同时,要抓好产品质量,确保生产的产品质量符合规定的质量要求;应按规定主动、及时地交验产品,未经检验或检验不合格的零件或产品,不得转入下道工序,更不能擅自放行;要主动配合专职检验人员的工作,并组织生产工人广泛开展自检、互检活动,做到自盖工号,及时隔离废、次品,确保出厂产品的质量;不得干涉质量检验机构的正常检验活动和检验结果的判定。凡未经检验合格的产品或零件不得入库和计算产值、产量;未完成质量考核指标的,应与未完成生产计划指标一样进行严格考核与处罚。

对质量检验机构而言,应做好以下几点:严格贯彻执行"五不准"规定,坚持按产品标准、产品图样、工艺文件、订货合同等质量检验依据进行检验;按生产计划进度要求,按期完成交检的零件或产品,保证生产进度不受影响;配合与指导生产车间搞好自检和互检,做到专群结合,共同把好产品质量关。充分发挥专职质量检验人员的作用,做到既是质量检查员、质量宣传员,又是技术辅导员;协助车间和工艺部门检查工艺纪律,有权督促生产工人执行"三按"(指按标准、按图样、按工艺)生产,发现违反工艺纪律而产生废品时,应及时提出制止意见,并立即报告有关领导采取纠正措施;应主动及时地向生产车间反馈各种质量信息;参加车间质量分析会,解决产品质量存在的问题,做到把关和预防相结合。

(7)与销售部门的关系。销售部门为质量检验机构提供月、季、年质量考核计划指标;企业长远发展规划;企业月、季、年生产计划;用户产品质量的意见和要求等资料。质量检验机构将各项质量指标完成情况报给销售部门,为销售部门实行"三包"的产品进行鉴别。

2.质量检验机构与企业外部有关方面的关系

(1)与用户的关系。当合同规定用户对供货企业生产过程进行监督,以及产品进行检查验收时,由质量检验部门负责向用户代表进行接洽,提供有关证据、交验产品,接受用户有关质量方面的评价意见,并及时通知生产车间采取措施改进。当合同规定用户对采购物资进行验证时,质量检验部门派员陪同用户代表赴物资生产企业进行验证。

(2)与分承包方的关系。在合同有规定时,质量检验部门代表企业赴分承包方对原材料或产品进行监制和验收;分承包方作为受检方,应按规定项目进行交验,并负责处理在交验中发现的质量问题。

企业在使用分承包方生产的产品,若发现质量问题,质量检验部门应协助供应部门负责与分承包方联系解决,包括返修、退换或接受分承包方让步申请等事项。

当分承包方生产的产品质量低劣,难以达到合同中规定有关质量要求时,由质量检验部门提出质量检验报告,提交与分承包方签订协议的部门办理终止合同手续。

(3)与法定或公正检验机构的关系。当企业生产法规规定需由法定检验机构或合同规定经公正检验机构检验的产品时,质量检验部门将代表企业按规定检验项目,向这些机构的代表提交产品检验,提供质量证据,并接受其意见,若发现质量问题,通知生产车间(部门)及时纠正。

对于出口产品,若合同中规定需经国外的一些检验机构检验或验收时,质量检验部门代表企业覆行上述职责,与国外的这些机构建立工作联系。

(4)与质量监督部门的关系。当国家、省或市等的质量监督管理部门或质量监督检验机构,赴企业进行质量监督时,质量检验部门代表企业接受质量监督;提供各种方便,并负责与质量监督管理部门或质量监督检验机构的联系。

第四节 首饰企业生产质量控制流程

对于一个以倒模工艺为成型基础的首饰生产企业,要获得满意的产品质量,需要使整个生产过程处于受控状态,特别是一些关键工序环节要加强监督检查和控制。图2-6是首饰生产流程中的质量控制环节。

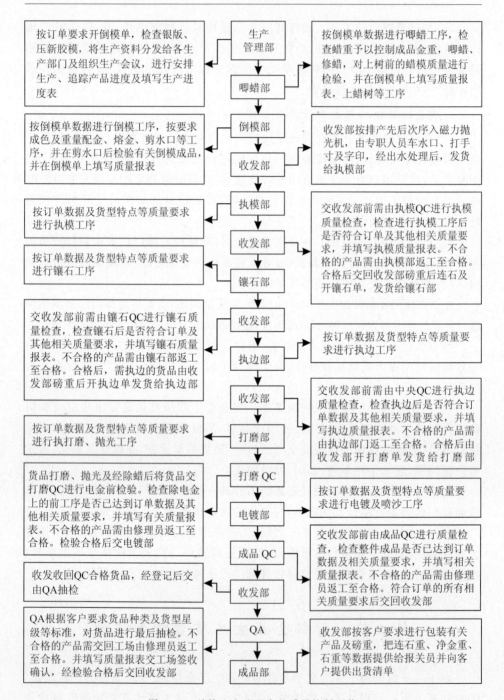

图 2-6　首饰生产流程中的质量控制环节

第五节　质量检验人员

质量检验人员是工作在质量检验工作第一线的直接责任者,其工作质量的优劣将直接影响企业的生产活动、质量信誉和经济效益。因此,企业对质量检验人员的配备、培训和管理,必须予以高度重视。质量检验人员的类别、数量和素质必须合理配置,与生产发展相适应。

一、质量检验人员的类别

1. 按工作性质划分

质量检验人员按工作性质可以划分为以下几类。

(1)技术管理人员(从事质量检验的管理工作):包括主管检验工作的负责人、检验的组织调度、检验技术、质量统计和质量信息管理等人员。

(2)检验工作人员(从事质量检验的具体工作):包括检验技术(质量分析)和检验工人。

(3)企业的质量检验机构若兼管计量工作,还应建立计量站,配置专职计量检定和计量器具修理人员。

2. 质量检验人员配置的基本原则

质量检验人员配置时,需遵循以下基本原则:

(1)质量检验人员的类别应与质量检验计划相一致。

(2)质量检验人员数量的配置应与生产规模相一致。对生产过程稳定、工艺先进的企业,质量检验人员的配置一般占职工总数的2%~4%;对生产产品品种较多,工艺技术水平较低,质量不太稳定的企业,应视实际情况配置更多的质量检验人员。

(3)质量检验人员的技术等级,一般应高于所检验产品同工种技术工人的平均等级。

二、质量检验人员的培训与考核

质量检验人员在企业生产活动中,起着不可替代的重要作用。他们不仅要当好质量检验员,还要当好工人的质量宣传员和技术辅导员。他们肩负着质量检验的繁重任务,还要在生产第一线随时宣传质量第一的思想,指导、帮助生产工人进行质量分析,解决质量问题。因此,企业质量检验人员的思想素质、文化素质、技术业务素质和身体健康素质,都应当具备规定的条件,以适应质量检验工作的开展。为保证企业质量检验队伍建设,对质量检验人员的选择、培训和考核必须制定明确的规范并严格执行。

1. 质量检验人员的培训

对质量检验人员开展的培训,与培训其他职工的一样,要求有明确的目的性和针对性,要有计划、有步骤地进行系统培训。应当本着理论联系实际,干什么学什么,缺什么补什么,学以致用的原则,不仅要开展技术业务培训,而且要注意思想教育和职业道德教育。

培训内容应包括:产品质量法律、法规、方针、政策及有关规定;ISO9000族标准;企业的质量管理体系文件、技术标准、管理标准和有关规章制度;质量检验技术,包括原材料、外购件、外协件、零部件、半成品、成品;数理统计技术;检验、试验设备、仪器仪表、各种量具的基本原理及操作。

培训方式多种多样,主要有如下几种。

(1)岗位培训:上岗前的培训及上岗后的补充培训,主要针对岗位应知应会的内容。

(2)经验交流:经常性地开展师傅带徒弟的岗位练兵、经验交流、技术表演、技术讲座等。

(3)课堂培训:可以采用走出去或请进来的方式,聘请有关专家系统地组织质量检验方面的基础理论教育。

(4)电化教育:采用电视、网络等多种现代技术教育手段,组织各种类型的培训。

2. 质量检验人员的考核

为了不断提高质量检验人员的素质,保证质量检验的工作质量,企业应建立质量检验人员的工作考核制度。质量检验人员上岗前应经过培训、考核合格持资格证书上岗,发给检验印章,方能独立从事质量检验工作。对质量检验人员工作业绩的考核,应当依据其检验任务完成情况和检验工作质量。将企业的产品质量指标承包给质量检验机构,或者将检验人员的工作绩效同企业的产品质量指标挂钩的作法都是十分错误的,将质量检验人员的工资、奖金,同产品质量指标挂在一起更是不可取的。这些作法不利于调动质量检验人员的工作积极性,不利于质量检验人员发现质量问题,不利于质量检验实现把关的职能。

对于没有任何基础的 QC 员,经过一段时间的培训后,须达到一定的技术标准,需经考核后方能上岗。表2-2至表2-7是某首饰厂制定的各工序 QC 员培训考核标准。

表2-2 倒模坯件QC员技术考核标准

入职时间	技术标准(应知应会)	难度等级	合格率
1个月	先了解质量的重要性,先看蜡的钉位、爪位、边角位、底线位是否齐全		
2~3个月	学会看蜡的披锋、夹层等,金货坯件是否齐全、有无砂眼		
入职期	检验简单的蜡件,学会拿刀手势,修披锋、夹层等,还要学会滴蜡、补蜡、检验简单的金货	A	60%
半年	学会检验蜡是否变形,金货是否有缩水、披锋、夹层等	B	68%
1年	蜡的手寸及字印符合生产要求,学会改手寸和封字印,修改时要顺滑,不可变形,会看金货的形态和金枯现象	C	70%~78%
2年	改蜡的手寸准确,修蜡的手势娴熟,金枯现象的特征掌握得较透彻	E	80%~90%
3年	对各客户的要求了解清楚,对货品的要求熟悉,有一定的领会能力,对要求高的货品有一定的质量保证,在执模的货不要出现有金枯现象	E	95%~98%

注:A、B、C、D、E的划分代表产品检验的难度等级从低至高。

表2-3 足金部QC员技术考核标准

入职时间	技术标准(应知应会)	难度等级	合格率
1个月	了解QC的工作原则和目的;认识一个QC员应有的职责和基本要求;了解一件货是怎样做出来的及其要求标准;了解QC工作所需工具的使用方法		
2~3个月	学会磨打、火枪及其他工具的使用;学会车沙,以满足检验货修理时的需要;初步了解客户对货品的要求		
入职期	学会看单,清楚了解客户的要求;戒指手寸要准;字印要清;光沙资料要明确;是否石松或甩皮绳等	A	60%

续表 2-3

入职时间	技术标准(应知应会)	难度等级	合格率
半年	学会检验一些简单的货品,从耳环、吊坠或一些简单的手链开始,认识它们的焊法和扣法是否正确,耳环是否对俏,耳针长短或者有砂眼等	B	65%
1年	向高难度的货品挑战,对每一件货都要清楚它的形状或手寸要求	C	85%
2年	完全掌握客户的品质要求,懂得检验高难度的货品,例如手镯、胸针以及一些高难度的手链、颈链等	D	90%
3年	对所有的货品都全部熟悉,对每一件货品的形状、手寸要求了如指掌,除了新版之外的货品完全可以自行决定。不断提高检验技术,并保证货品的质量稳定	E	98%

表 2-4 蜡镶 QC 员技术考核标准

入职时间	技术标准(应知应会)	难度等级	合格率
1个月	会看单的要求,认识石质的类别:分晶石、宝石、真、假石,真石也分单翻、足翻石		
2~3个月	认识爪镶:爪要对称,爪要贴石,无扭石、无斜石,爪头要光滑	A	60%
入职期	会检验要求不高的迫镶	B	70%
半年	检验迫镶的时候,面金要留得合理,便于预执	C	80%
1年	检验迫镶时,会看石要跟货形镶,保证货形有层次感	D	85%
2年	迫镶、无边镶的石隙要检验得准,倒出的货不要有太多的烂石,会检验无边镶	E	90%
3年	完全掌握检验蜡镶货的技巧,倒出的货无迫烂石,甩石数量减至最低,甚至无甩石	F	95%~98%

表 2-5 执模 QC 员技术考核标准

入职时间	技术标准（应知应会）	难度等级	合格率
1 个月	能看懂客单要求，认识各种手寸尺的度法		
2～3 个月	认识客户的要求，清楚该单的字印、尺寸要求		
入职期	先检验简单、要求不高的货品及注意事项：戒指手寸要准；耳环、耳针垂直，耳迫针开凹位，针长度粗细一致，对俏正确	A	60%
半年	掌握客户要求，要懂得检验吊坠：瓜子耳灵活，同一款吊坠瓜子耳大小一致，吊坠不能反或侧	B	70%
1 年	会检验较高要求的手链（项链），长度要准，扣法准确，链松紧适度，不能反或扭，要平顺够直，无焊死，所有圈仔要够灵活	C	80%～85%
2 年	会检验较高要求的胸针、手镯，货品的形状掌握得较好，能马上识别货品是否变形，手镯手寸要准，较位松紧合适，无焊死，不能两边摆动，链、镯制功能要好	D	90%～95%
3 年	对所有货品都熟练掌握，检验货的技术不断提高，检验质量较稳定	E	95%～98%

表 2-6 镶石 QC 员技术考核标准

入职时间	技术标准（应知应会）	难度等级	合格率
1 个月	学会看单的要求，先认识石质的类别：分晶石、宝石，真、假石，真石也分单翻、足翻石		
2～3 个月	认识各种镶法，可以识别石质		
入职期	学会钉镶、窝镶、无边镶的特点： 钉镶：钉头够圆，不能太大或太小，钉不能花崩及扁，钉要贴石，不刮手； 窝镶：窝不能大小、深浅，窝要圆，无金屑，窝内无金花； 无边镶：钉头不能花，钉要对称，内圈要光滑，钉头均匀，会用索咀检验松石	A	60%

续表 2-6

入职时间	技术标准(应知应会)	难度等级	合格率
半年	可独立完成以上几种镶法的检验。镶色石的颜色要接近,识别石质(如真、假、单翻、足翻石)	B	68%
1年	会检验迫镶:迫镶圆钻时,石高度均匀,石隙疏密均匀,面金不能太薄,不能大小边,边要顺,不见石边;迫镶方钻时不能有空隙,石要平,不能有扭石	C	70%~78%
2年	懂得检验爪镶、无边镶:爪镶时爪要对称,爪头够圆且大小一致,无长短爪,爪要贴石,不刮手,无扭石,石不斜。无边镶时石要齐,担位成一直线,对石质问题有认识(如客来石崩或镶崩等)	D	80%~85%
3年	对各客户的要求熟悉了解,对所有货品熟悉掌握,并且对客户的要求懂得灵活变通,检验质量较稳定	E	95%~98%

表 2-7 电金 QC 员技术考核标准

入职时间	技术标准(应知应会)	难度等级	合格率
1个月	了解质量的重要性,清楚部门的工作程序:车磨打—除蜡—打磨检验—油油—喷沙—电金—成品检验—出货		
2~3个月	会看单,了解单上的要求,会用各种戒指尺的度法,认识石的类别:晶石、宝石、真、假石,足翻石、单翻石		
入职期	识别石质,检验简单货,磨打后的货品形态及镶石的注意事项都是以执模及镶石的标准为依据,确定货品是否车透,是否打磨过分(如字印车走欠清晰,爪尖、钉平等),货品应洗干净,无蜡屑、污渍,无明显的砂眼、金枯。学会用索咀来检验松石,用平铲压金固石	A	60%

续表 2-7

入职时间	技术标准(应知应会)	难度等级	合格率
半年	会检验要求不高的成品货,成品检验分三点掌握:电分色时不能过界或电不到位;喷沙时不能过界或喷不到位,沙不能有阴阳或起纹;电白货时不能出现阴阳面,灰、黑、黄及朦等。货品必须干净,无污渍,字印、成色准确	B	75%
1年	逐渐检验要求高的货,了解该客户的要求,完善检验货的技术水平	C	80%~85%
2年	对各客户的不同要求掌握得较清晰,对货品的质量关掌握得较准,对石质问题掌握得较准确	D	90%
3年	对所有货品都熟悉掌握,对客户的要求了解得透彻,对自己所检验的货品有信心,出厂产品客户投诉少	E	95%~98%

第三章　首饰生产质量检验的主要工具仪器设备

首饰生产质量检验过程中,需要借助各种仪器设备和工具等才能完成检验任务,熟练掌握这些检验手段,是质检员必须做到的。按照首饰质量的评价方式,首饰产品质量的主要检验内容包括以下几个方面。

(1)贵金属成色:即贵金属含量;

(2)宝玉石质量:包括宝玉石的真假及品级;

(3)重量:包括贵金属重量、宝玉石重量等;

(4)外形尺寸:包括首饰的尺寸、形状等;

(5)外观质量:包括字印、图案、光洁度、光亮度、颜色等;

(6)使用性能:如金属强度、塑性、耐磨性、镶嵌稳固性、抗碰凹性、抗扭结性、耐蚀性、抗变色性能等;

(7)安全性:如皮肤过敏、金属毒性、携带细菌等。

因此检验过程中使用的仪器设备,主要是围绕上述各检验内容来选择的。

第一节　常用的成色检验仪器设备

贵金属首饰生产中,成色控制是质量控制的重要方面,必须加强检验。常用的成色检验手段有灰皿法、X射线荧光光谱分析仪。

一、灰皿法

灰皿法是利用火试金法富集物料中的贵金属,然后分别测定其含量,是贵金属分析的经典方法。其原理是在待检样品中加入适量的银,用铅做扑收剂,放在多孔性灰皿内,在高温炉中进行氧化灰吹。铅氧化物及杂质被灰皿吸收,而金和银滞留在灰皿中熔炼为贵金属珠。将其锤扁轧成薄片并卷成小卷,置于硝酸中,将银分离后,获得金的质量。同时采用标准金进行分析对比,以消除分析过程中的系统误差。

灰皿法具有适应范围广、准确度高的特点,成为各种物料中贵金属测定的标准方法,也是当供需双方对成色出现异议,需要进行仲裁检验时采取的检验方法。但是灰皿法要经过配料熔融、灰吹和分金三步,才能完成金、银的分别测定,属于破坏性检验,不适合用于首饰成品的成色检测,而且还具有分析周期长、分析成本高等缺点。

利用灰皿法检测金含量,应按照"ISO11426：1997,Determination of gold in gold jewellery alloys – Cupellation method (Fire assay)"或者 GB/T 9288 – 2006 《金合金首饰　金含量的测定　灰吹法(火试金法)》的有关要求执行。

灰皿法试金使用的主要仪器设备,主要包括以下方面：

(1) 超微量天平。用于称量样品的质量,感量为 0.01mg,精度等级为二级,具体说明见本章的电子天平。

(2) 高温试金炉。主要用于熔样和烤钵试金,要求能提供连续的氧化气氛,最高温度 1 300℃,控温精度为±20℃。

(3) 粉碎机。主要用于破碎试样。

(4) 灰皿。灰皿的性能对样品和杂质的吸收率会有所不同,对灰皿法测定金银含量也会不同,使结果的准确性和可信性都大打折扣。生产时可选择骨灰材料灰皿或镁砂材料灰皿,灰皿的形状有多种,有桶状、板状等,前者在以往用得多,直径 22mm,能吸收 6g 铅,或者 26mm,能吸收 10g 铅;板状灰皿具有相似的吸收能力,现在欧美先进黄金检测机构,以及香港、澳门、台湾、新加坡等贵金属检测机构,都使用这种板状灰皿。

此外,灰皿法分析时还用到瓷坩埚、分金烧瓶、不锈钢钳、不锈钢镊子、铁砧、铁锤、压片机、尼龙刷等工具,以及硝酸、铅箔、银、标准金等试剂材料。材料的含金量可根据下式计算：

$$W_{Au} = \frac{m_2 + d}{m_1} \times 100 \qquad (3-1)$$

式中：W_{Au} 为样品含金量(%);d 为标准金灰化平均损耗(g);m_1 为样品灰化前质量(g);m_2 为样品灰化后质量(g)。

二、X 射线荧光光谱分析仪

对于每一元素,其 X 射线荧光都具有相对应的特征能量或特征波长。因而,只要测定 X 射线的能量或波长,就可以判断出原子的种类和元素的组成,根据该波长荧光 X 射线的强度,就能定量测定所属元素的含量。X 射线荧光是一种无损伤分析法,对分析的样品没有处理要求,不取样、不受状态、大小、形状的限制,同时分析速度快。一般一个样品几分钟内就可以测定出主要元素和次要元素,而且分析范围广,一次可将样品中所有的元素鉴别出来。

X射线荧光光谱分析仪分能量色散型ED-XRF和波长色散型WD-XRF两种,两种类型仪器产生信号的方法相同,得到的波谱也相似,但WD-XRF是用分光晶体将荧光光束色散后,测定各种元素的特征X射线波长和强度,从而测定各种元素的含量。而ED-XRF是借助高分辨率敏感半导体检查仪器与多道分析器将未色散的X射线荧光按光子能量分离X射线光谱线,根据各元素能量的高低来测定各元素的量。由于它们的检测原理不同,仪器结构和功能也有所区别。在珠宝首饰企业用于生产质量检验和控制一般采用ED-XRF可以满足生产需要。

1.珠宝行业中几种常见的国产X射线荧光光谱分析仪

随着国内制造技术的不断进步,涌现了一批X射线荧光光谱分析仪的制造企业,其产品应用于珠宝首饰行业相对较多的有:天津博智伟业科技有限公司生产的X-1600A、X-3000A、X-3680A、X-3600E等黄金检测仪;北京京国艺科技发展有限公司生产的GY-MARS/T系列贵金属分析仪;江苏天瑞仪器股份有限公司生产的EDX1800、EDX2800、EDX3000B等能量色散型荧光光谱分析仪;深圳市西凡科技有限公司生产的EXF9600S、EXF9600U、EXF9600、EXF9500、EXF8000S等型号的光谱测金仪。以博智伟业X-3680A型黄金检测仪为例,它采用低功率小型X光管为激发源,高分辨率数字一体化X-123半导体探测系统,结合多种准直器与滤波片,具有检测能力强、分辨率高、检测时间短等特点(图3-1)。

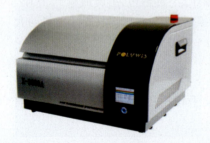 

图3-1 博智伟业X-3680A型黄金检测仪　　图3-2 美国热电QUANT'X荧光光谱仪

2.珠宝行业中几种常见的进口X射线荧光光谱分析仪

国外一些品牌公司研制生产的X射线荧光光谱分析仪被广泛引进到国内,包括美国热电、英国牛津、美国Xenemetrix、荷兰帕纳科、日本精工、美国阿美特克(Amptek)、德国斯派克、日本岛津、美国伊达克斯(EDAX)、美国伊诺斯、日本Horiba等。以美国热电公司生产的QUANT'X荧光光谱仪为例,它具有高灵敏度、高精密度、高稳定性等特点,是较理想的用于各种金属材料、非金属材料成分的检测手段,特别适合贵金属成分分析(图 3-2)。该设备是以 Si(Li)固体检测器为探测器的光谱仪,元素分析范围为 Na~U,分析元素的浓度范围为 ppm ~100%。

【案例 3-1】 利用美国热电 QUANT'X 荧光光谱仪检测 18K 黄的成分。用已知成分的 18K 黄标样作工作曲线,然后将待测样品表面擦拭干净,放在测试舱指定位置,关闭舱门。设定测试参数,激发采集谱图(图 3-3)。采集时间结束后,设备自动将结果分析出来,如表 3-1 所示。

表 3-1 测试样品的成分分析结果

元素	Au	Ag	Cu
含量(wt%)	75.07	12.45	12.48

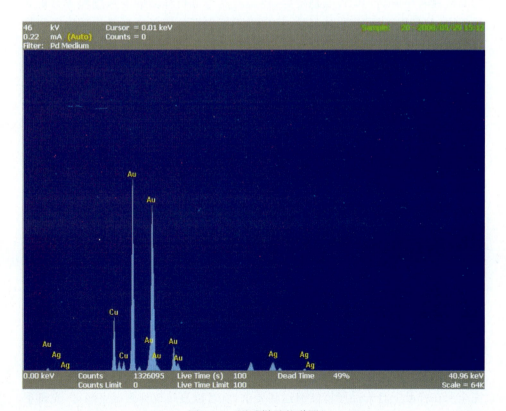

图 3-3 测试样品的谱图

3. 影响测量结果的因素

由于首饰产品的特殊情况,受检测方法原理的限制,在使用本方法时检测人员应了解和熟悉以下影响测试结果的因素,这些影响因素在不同情况下,将对特征谱线强度的采集产生很大的影响,甚至造成误判。

(1) 机器本身的性能。它是由所购买仪器的硬件设施决定的。

(2) 工作曲线。工作曲线简单说来就是元素的 X 射线强度与样品中所含元素的质量百分含量的关系曲线,通过工作曲线将测量得到的特征 X 射线强度转换为浓度。因此工作曲线对测量结果的影响非常大。它除了与待测元素的浓度、待测元素、仪器校正因子和元素间吸收增强效应的校正值有关以外,还与制作工作曲线的标准样品、工作曲线是否偏移、工作曲线的适用范围等有关。

1) 制作工作曲线的样品。X 荧光分析基本上是一种相对测量,需要有标准样品作为测量基准,因而标准样品与待测样品的几何条件需要保持一致。标准样品应具有足够的均匀性及稳定性,控制样品与分析样品的冶炼过程或分析方法不同,其量值不能溯源,均匀性、稳定性不能保证。所以应选择化学性质和物理性质与分析样品相近似的标准样品来制作相应的工作曲线。包括分析元素含量范围,并保持适当的梯度,分析元素的含量须用准确、可靠的方法定值。现在不少仪器厂商为了提高市场竞争力,往往在仪器出厂前按照用户要分析的材料类型预先绘制一些通用校准曲线,以减少现场分析时对标准样品的需求。可是毋庸讳言,既然是通用曲线,通用性强,而要同时达到"精"就很困难。因此,为了保证分析的精确性,还是一种基材对应一套标准样品为好。

2) 工作曲线的偏移。通用曲线在仪器出厂时或工作伊始就已制好,但在工作现场才能知道其是否与原始状态一致。不太可能每次分析时再重新绘制工作曲线,这就需要定期用可溯源的标准样品进行点检。以验证工作曲线是否发生偏移。如果发生了偏移且偏移量在规定的允许范围内,则需要对工作曲线进行校正。如果偏移量超出了规定的允许范围,则需要重新制作工作曲线。

3) 工作曲线的适用范围。选择工作曲线时应注意工作曲线的适用范围,一般使用范围应落在绘制曲线使用的标准样品的浓度范围内。如绘制曲线所使用的标样浓度是 500~1 000 $\mu g/g$ 的,就要测试样品中的待测元素含量应该在 500~1 000 $\mu g/g$,测试点落在了工作曲线外延部分,这样也会给测量结果带来误差。

(3) 测试样品情况。包括以下几个方面:

1) 测试样品的形态和大小。按 X 荧光光谱仪的光斑大小来区分,光斑能够完全照在样品上且样品厚度能够达到要求,就可以直接放到测试室测量;光斑不能够完全照在样品上,即样品比光斑小,则需要放在一个样品杯里,达到一定的量,再将其压紧,不留空隙,然后进行分析。薄的样品(X 射线能够穿透的样品)

应该堆在一起,以便能够达到最小的样品厚度限值,从而进行有效的分析。测试样品形态可多种,固体样品可以将其测试表面磨光滑,不要用手摸抛光的平面,以免表面沾了油污,影响测量的精度。粉末样品可以放在样品杯中或采用压片法。液体样品倒入特定的样品杯中,用特殊的密封材料密封好,然后将样品杯放入测试室中测量。

2)样品的均质性。非均质样品常常表现为表面有油污或重金属污染,表面有涂附层或电镀层。前者应将这些油污或重金属除掉后,再进行测量。后者应尽可能地将表面的镀层刮去后再测试。当首饰多处存在焊点时,也会对均质性产生影响。

3)样品表面的影响。样品表面暴露在空气中被氧化,而 X 荧光光谱仪为表面分析方法,可能会导致样品分析结果随时间增长呈不断增高的趋势。测量前应先将氧化膜磨掉,样品表面的光泽程度对分析结果的影响也较大,样品表面不光滑、凹凸不平,都会影响测量结果,所以应尽量将表面磨平整。

4)干扰元素的影响。由于干扰元素存在,进行分析样品时干扰元素的谱线与待测元素的谱线有重合,造成测得的强度偏大,给分析结果带来偏差。一般来说,看元素谱线的干扰并不是太困难的,首先要了解一些常见的、易干扰元素的谱线位置以及干扰的情况,在对样品的测试图谱进行判断时,很关键的一点是,如果有某种元素存在,那么它应该有多个位置的多条谱线同时存在。要克服干扰元素的影响,应选用无干扰的谱线作分析线,适当地选择仪器测量条件,提高仪器的分辨本领,并进行数字校正,降低 X 光管的管电压至干扰元素激发电压以下,以防产生干扰元素的谱线。

4. X 射线荧光分析测试方法及要求

利用本方法检测时,应按照国家标准 GB/T 18043－2008《贵金属含量的测定 X 射线荧光光谱法》的有关要求执行。

(1)仪器的校核:根据仪器的具体要求进行校核。

(2)测试条件:实验室的环境条件要求应满足相应仪器要求;仪器达到稳定状况方可进行测量。

(3)测试方法:选取测试点不得少于三点,测量值取各测量结果的平均值。

5. X 射线荧光光谱仪的选择

进口或国产的各种能量色散荧光光谱仪,技术水平虽有差别,但已够应对 RoHS 检测,用户应根据自己的能力来选购国产或进口的,可参考以下原则:满足要求、优良性能和低购入成本。

(1)满足使用要求是最基本的要素。要求能真正准确无误地将试样筛选出合格、不合格、不确定三种类型,而且能最大限度地缩小不确定的部分,在保证既定准确度的情况下尽可能快速检测。

(2)性能是评估光谱仪非常重要的指标。光谱仪的检测稳定性受到 X 光管老化、环境温度、电源波动等影响。性能优异的光谱仪,其检测精度高、准确度好。性能差的光谱仪,有的铅砷不分,镉的特征谱线与 X 光管铑电极的特征谱线重叠,容易造成错判、误判或无法判定等事件,其后果必然是成本显著提高、风险增加。有的光谱仪 X 射线泄漏严重,危及操作者安全。因此,在选购 X 射线荧光光谱仪时,需注意几个关键性能,包括:

1)X 光管的电极材料。目前 X 射线荧光光谱仪基本上采用铑靶 X 光管,个别有钨靶 X 光管的。铑(Rh)靶中铑的特征谱线与镉的特征谱线重叠;铑电极发射强度不够高,对于镉的检测不胜任。钨(W)靶中钨的特征谱线远离 RoHS 的 5 种元素特征谱线,无谱线重叠;发射强度高,能提高元素检测下限值。

2)检测器。早期的光谱仪使用液氮致冷探测器,每次使用要消耗液氮,也不方便。电制冷 Si-PIN 出现后,成为光谱仪探测器的主流,有些品牌的电致冷探测器几乎达到了 ppb 级水平,但是它们在检测轻金属元素时灵敏度都不理想,为此出现了 SDD 电致冷探测器,提高了对轻金属元素的灵敏度,还能检测硅等非金属元素,但是老款的 SSD 检测器属硅锂检测器,漂移大,检测灵敏度低,新型的 SDD 检测器则属高纯硅检测器,稳定性好,检测灵敏度高。

3)检测方法和软件。包括 FP 法、部分检量线法和带补正的相对检量线法,前两种方法的稳定性差,后一种方法可以自动补偿环境条件变化、X 光管老化、供电变化等对检测数据的影响。

4)X 线束光斑直径。目前光斑直径从 0.1mm 到 15mm 不等。光斑小不受试样面积限制,光斑大受材料不均匀性影响小。光斑大小间接反映 X 光束的能效。大光斑(几毫米到十几毫米)通常采用准直器整理光束,被遮挡部分白白浪费掉;1mm 以下小光斑采用导管整理光束,能量损失较少。光斑大小根据实际测量需要选择,光束能量损失通常制造商在软件、滤光片等方面做适当补偿。

(3)成本。购买者需对光谱仪进行深入细致的了解,不能光看报价,还应了解购入后的使用成本和维护费用。使用成本是隐含成本,往往被忽略,但可能远远超过报价。在光谱仪上体现的使用成本,表现在如下方面:

1)检测速度。体现工时、仪器折旧、工期进度等直接费用的经济性。

2)灵敏度。决定筛选范围,决定能否减少或免去理化分析。

3)使用寿命。例如,同样标定 5000 小时的设备寿命,每天工作 8 小时,X 射线有效激发时间约 2 小时,折合有效工作时间为 8 年。由于测量机制不同,使用寿命相去甚远。一个试样在这台光谱仪上检测只需激发一次 X 光管,而在那台光谱仪上检测却要激发三次,激发三次的那台光谱仪使用寿命只剩不到3年了。

4)操作成本。操作简单和操作复杂会带来操作成本的差异,包括操作者素质培训和工薪。

5)维护成本。有些光谱仪的检测器必须配备液氮冷却系统,有些则仅需要简单的珀尔帖冷却,再如有些光谱仪在工作中经常需要校准,有些则在每测一次之前自动校准一次。显然,它们之间的维护成本是不一样的。售后服务的及时和完备性是保证设备高效运转,发挥最大潜能的保障。误工的损失,可能会产生意想不到的成本增加。

(4)安全性。RoHS法规的最根本的出发点是环保和健康,无X射线漏泄的仪器才能有人身安全的保障。数据是检测的最终成果,数据保存、保真始终处于第一位。

(5)其他方面。体积小、重量轻,软件具有扩充用途,可以满足较大试样的测试。

第二节 常用的宝石质量检验仪器设备

对于宝石成品的鉴定,必须是在不破坏宝石完整性的前提下,鉴别所测定的宝石。对于生产企业而言,一般只配备常用的小型宝石鉴定仪器,如宝石夹、笔式聚光手电、放大镜、二色镜、折光仪、紫外荧光灯、查尔斯滤色镜、宝石显微镜、热导仪等。而对于专业检测机构而言,还经常使用到吸收光谱摄谱仪、红外光谱仪、X射线衍射仪、电子探针等。由于这方面的仪器设备,在珠宝鉴定类书籍中已有详细介绍,本书不再赘述。

第三节 常用的重量检验设备

珠宝首饰的重量一般都很轻微,又涉及到贵重宝石和金属,因此用于检测重量的仪器要求非常精密,且在生产过程中要快速可靠地取得所需结果,传统的机械式称量仪器不能满足要求,目前均使用电子天平来称重,俗称"电子磅",其典型外形如图3-4所示。

一、电子天平的原理

电子天平利用电磁力平衡物体重力的原理来称重,它是将称盘与通电线圈相连接,置于磁场中,当被称物置于称盘后,因重力向下,线圈上就会产生一个电磁力,与重力大小相等、方向相反。这时传感器输出电信号,经整流放大,改变线圈上的电流,直至线圈回位,其电流强度与被称物体的重力成正比。而这个重力正是物质的质量所产生的,由此产生的电信号通过模拟系统后,将被称物品的质量显示出来。与机械天平相比,电子天平具有称量速度快、分辨率高、可靠性好、操作简单、功能多样等特点。

图3-4 常见的首饰电子磅

二、电子天平的类别

电子天平一般按照精度和量程来分类,主要有分析天平和精密天平两类。

(1)分析天平。包括超微量电子天平、微量天平、半微量天平和常量电子天平,称重范围从几克至200g,分辨率可达$10^{-5} \sim 10^{-6}$。

(2)精密天平。它是准确度级别为Ⅱ级的电子天平的统称,称重范围可从几十克至几千克,分辨率可达$10^{-2} \sim 10^{-4}$。

三、电子天平的选择

选择电子天平时,要从多方面考虑:

(1)精度等级。衡量电子天平的精度等级既有绝对精度,也有相对精度。一些电子天平标注的是相对精度,但对于企业而言,选择绝对精度(分度值e)更直观,如0.1mg精度或0.01g精度。另外,还要考虑电子天平的稳定性、灵敏性、正确性和示值不变性。所谓稳定性是指天平精度的稳定性;灵敏度是指天平读数的反应快慢;正确性是指读数的准确性;示值不变性是指读数的浮动范围,浮动范围越小,说明其不变性越好。

(2)量程。根据生产需要选择合适的最大称重量,通常取最大载荷加少许保险系数即可,不是越大越好。在首饰企业生产中,称量宝石的克拉称,量程一般在500ct以内;称量贵金属的电子磅,量程一般在3 200g以内。

(3)功能。电子天平具有某些功能时,可以为生产带来便利。例如,可通过显示屏轻松获取可靠读数;可以连接打印机;可以进行计件称量、百分比称量等;可实现首饰行业中几种常用称重单位的切换(包括克拉、克、盎司、香港两等)。

(4)性价比。在满足使用性能要求的前提下,价格也是一个重要的考虑因素。

世界著名的电子天平品牌有:瑞士梅特勒-托利多(Mettler-Toledo)、美国西特(Setra)、瑞士普利赛斯(Precisa)、德国赛多利斯(Sartorius)、日本Android(A&D)等,国内较好的电子天平品牌有:成都普瑞逊、上海恒平等。

四、电子天平的使用与维护

(1)使用电子天平时,应将天平置于稳定的工作台上,避免振动、气流及阳光照射。

(2)水平调节。观察水平仪,如水平仪水泡偏移,需调整水平调节脚,使水泡位于水平仪中心。

(3)预热。接通电源,预热至规定时间后,开启显示器进行操作。

(4)天平基本模式的选定。称量单位的设置等可按说明书进行操作。

(5)校准。天平安装后,第一次使用前,应对天平进行校准。因存放时间较长、位置移动、环境变化或未获得精确测量,天平在使用前一般都应进行校准操作。

(6)称量。按TARE键,显示为零后,置称量物于称盘上,待数字稳定即显示器左下角的"0"标志消失后,即可读出称量物的质量值。称量具有腐蚀性的物品时,要盛放在密闭的容器中,以免腐蚀电子天平;称量时不可过载使用,以免损坏天平。

(7)去皮称量。按TARE键清零,置容器于称盘上,天平显示容器质量,再按TARE键,显示零,即去除皮重。再置称量物于容器中,或将称量物(粉末状物或液体)逐步加入容器中直至达到所需质量,待显示器左下角"0"消失,这时显示的是称量物的净质量。

(8)称量结束后,关闭显示器,切断电源。

电子天平应按计量部门规定进行周期检定,并由专人保管,负责维护保养,保证其处于最佳状态。周期检定的主要内容,包括天平灵敏度和鉴别力、各载荷点的最大允许误差(称量线性误差)、重复性、偏载或四角误差、配衡功能等。检定完毕后,应根据实际检定结果,出具检定证书或检定标签。

第四节 常用的外观质量检验仪器设备

首饰对外观质量要求很高,因此外观质量检验成为生产过程中的重要检验内容,用肉眼只能观察大体的效果,要对外观效果进行量化表征或者深入观察表面缺陷,需要借助一些必要的仪器设备,包括测色仪、放大镜、体视显微镜、扫描电镜等。

一、测色仪

首饰行业过去普遍依靠肉眼观察来判断合金的颜色,带有很大的主观性,经常出现首饰企业与客户之间,因颜色判断不一致引起的异议和退货。为减少这方面的问题,首饰行业采取了一些措施。例如有些厂家制作了一系列色版,交由客户确定后,再按确定的色版颜色进行批量生产;再如有些厂家认识到光源对颜色判别的影响,对检验光源进行了改进和调整,有些企业引进了标准光源箱,规定在一定的色温和距离进行检验,这些措施在一定程度上改善了过去对颜色检验的波动性,使之在首饰行业得到了较快推广。但是由于在颜色判别上还是借助肉眼,不可避免带来主观性和波动性。为此近些年行业内有少数企业开始引进测色仪(图3-5),对色版和样品的颜色进行定量检测,并在日常生产中进行一定比例的抽查检验,指导技术部门、生产部门和质量检验部门,对颜色的判断和改进,取得了较好的效果。

在定量检测颜色方面有多种方法,其中最常用的为CIELab系统,如图3-6所示。它采用L^*、a^*、b^*三个坐标来描述颜色,其中,L^*表示明度,a^*表示红-绿颜色对,b^*表示黄-蓝颜色对。合金的任何一种颜色都可以用三位颜色空间来表示。

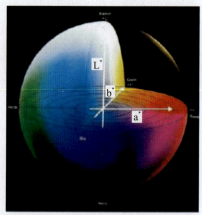

图3-5 CM2600d测色仪　　　　图3-6 CIELab颜色坐标系统

利用测色仪还可以定量说明合金的颜色差别,假如两种合金的颜色坐标分别是L_1^*、a_1^*、b_1^*和L_2^*、a_2^*、b_2^*,则两者的颜色差ΔE为:

$$\Delta E = \sqrt{(L_1^* - L_2^*)^2 + (a_1^* - a_2^*)^2 + (b_1^* - b_2^*)^2} \tag{3-2}$$

在使用测色仪检测首饰颜色时,除设备本身的结构和精度外,检验条件、样品状况等因素也会影响检测结果。

【案例3-2】 利用测色仪检测高强度足金的抗变色性能。方法如下:将足金铸锭轧压成片材,截取尺寸为 $10\times10\times1mm$ 的试片,将试片表面抛光后除油清洗干燥,用CM2600d检测试样的初始颜色,测量3次取平均值。将试片浸泡在人工汗液进行变色试验,人工汗液的配比及参数为:$CO(NH_2)_2$ 1.00 ± 0.01 g/L,NaCl 5.00 ± 0.05g/L,$C_3H_6O_3$ 1.00 ± 0.01g/L,其余为新制备的去离子水,用0.1%的NaOH稀溶液调整pH值到6.5 ± 0.05。浸泡过程中每隔一定时间取出,检测颜色变化情况,绘制成图3-7所示的颜色指数变化曲线,利用式(3-2)计算色差,绘制成图3-8所示的色差变化曲线。

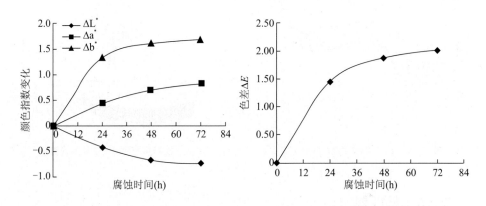

图3-7 试片在人工汗液中浸泡后的颜色指数变化率

图3-8 试片在人工汗液中浸泡后的色差 ΔE 变化率

由此可以看出,随着腐蚀时间的延长,材料的亮度值 L^* 略有下降,a^* 值和 b^* 值略微上升,表明材料表面逐渐变晦暗,颜色逐渐转黄转红。但总体而言,材料的色差变化幅度很小,表现出优良的抗变色性能。

二、放大镜

首饰外观质量检验中,需要对细节部位的质量进行检验,而人眼对客观物体细节的鉴别能力是很低的,一般是在 $0.15\sim0.30mm$ 间,因此必需借助放大镜、显微镜等观察工具。

放大镜是用来观察物体细节的简单目视光学器件,是焦距比眼的明视距离小得多的会聚透镜。其放大原理是:物体在人眼视网膜上所成像的大小正比于物对眼所张的角(视角)。视角愈大,像也愈大,愈能分辨物的细节。使用放大镜时,一只手执住放大镜,置于并贴近一只眼睛的正面,另一只手用食指和拇指捏住首饰并靠近放大镜,直到眼睛可以清晰观察到所需的首饰部位。移近物体可增大视角,但受到眼睛调焦能力的限制。首饰行业中使用最多的倍率是10倍,如图3-9所示,它是由三个透镜所构成,合格的放大镜应清晰度高,并且能消除影响观察宝石的球面像差和色像差。

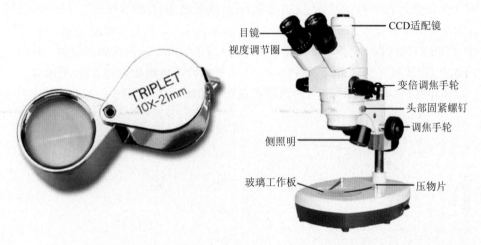

图3-9 首饰检验用放大镜　　　图3-10 带数码摄像系统的体视显微镜

三、体视显微镜

体视显微镜是一种具有正像立体感的目视仪器,其光学结构原理是由一个共用的初级物镜,对物体成像后的两个光束,被两组中间物镜(亦称变焦镜)分开,并组成一定的角度,称为体视角,一般为 $12°\sim15°$,再经各自的目镜成像,为左右两眼提供一个具有立体感的图像。通过改变中间镜组之间的距离使放大倍率相应改变。体视显微镜不仅可以通过目镜作显微观察,还可通过各种数码接口和数码相机、摄像头、电子目镜和图像分析软件,组成数码成像系统接入计算机,在显示屏幕上观察实时动态图像,并能将所需要的图片进行编辑、保存和打印,如图3-10所示。

体视显微镜具有以下特点:
(1)视场直径大、焦深大,这样便于观察被检测物体的全部层面;
(2)虽然放大率不如常规显微镜,但其工作距离很长;
(3)由于在目镜下方的棱镜把像倒转过来,像是直立的,便于操作。

首饰检验用体视显微镜的典型技术参数如下:目镜放大倍数 $10\times$,视场

φ20mm；物镜采用转鼓连续变倍，范围 0.7～4.5 倍；总放大倍数为 7～45 倍；变倍比为 6.5∶1。

【案例 3-3】 逼镶多粒梯方钻中，有 2 粒钻石出现了裂纹，用体视显微镜观察，不仅可以清楚地看到烂石的部位及严重程度，也可以方便地拍摄记录下来，如图 3-11 所示。

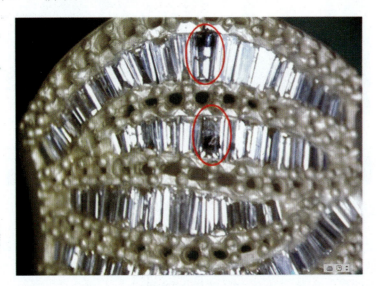

图 3-11　用体视显微镜观察到的烂石情况

四、金相显微镜

金相显微镜主要用来检验金属和合金显微组织大小、形态、分布、数量和性质，考察如合金元素、成分变化及其与显微组织变化的关系；冷热加工过程对组织引入的变化规律；也可用于表面微观状况检验，对产品进行质量控制和失效分析等。它具有稳定性好、成像清晰、分辨率高、视场大而平坦的特点。

金相显微镜放大的光学系统由两级组成。第一级是物镜，得到放大的倒立实像，其尺度仍很小，不能为人眼所鉴别，因此还需第二次放大。第二级放大是通过目镜来完成，当经第一级放大的倒立实像处于目镜的主焦点以内时，人眼可通过目镜观察到二次放大的正立虚像。根据试样观察面的放置方向，金相显微镜分正置式和倒置式两种。

数码式金相显微镜系统，是将传统的光学显微镜与计算机、数码相机，通过光电转换有机地结合在一起，不仅可以在目镜上作显微观察，还能在计算机（数码相机）显示屏幕上观察实时动态图像，并能将所需要的图片进行编辑、保存和打印，如图 3-12 所示。

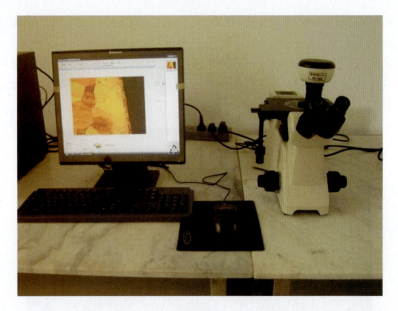

图 3-12　数码式金相显微镜系统

常用的金相显微镜技术参数包括：目镜放大倍数通常为 10 倍；物镜放大倍数有 4 倍、10 倍、20 倍、40 倍、60 倍、80 倍或 100 倍；光学放大总倍数为 40 倍、100 倍、200 倍、400 倍、600 倍、800 倍或 1000 倍。

【案例 3-4】　某工厂在利用冲压工艺生产 18K 戒指时，发现用退火后的型材制作的戒圈抛光后呈现桔皮状表面，难于抛光到合格的状态，如图 3-13 所示。为弄清楚原因，采用金相显微镜观察材料的金相组织，发现晶粒异常粗大，如图 3-14 所示。追查材料的退火工艺，发现采用了 800℃ 的高温退火，显然，

图 3-13　戒圈表面抛光后呈现桔皮状态

图 3-14　采用过高的退火温度导致晶粒粗大

40×

此温度对于18K而言过高。因为在对型材进行退火时,采用过高的退火温度或过久的退火时间,导致晶粒过分长大,粗大的晶粒组织是不利于获得好的抛光表面的。

五、扫描电镜

扫描电子显微镜是一种具有很多优越性能的多功能仪器,可以进行物质的三维形貌的观察和分析;微区成分分析;产品缺陷成因分析等。现已广泛用于材料科学、工业生产中的产品质量鉴定及生产工艺控制等诸多方面,成为材料科学、各生产部门质量控制中不可缺少的仪器之一。

1. 扫描电镜工作原理

如图3-15所示,从电子枪阴极发出的直径20~30nm的电子束,受到阴阳

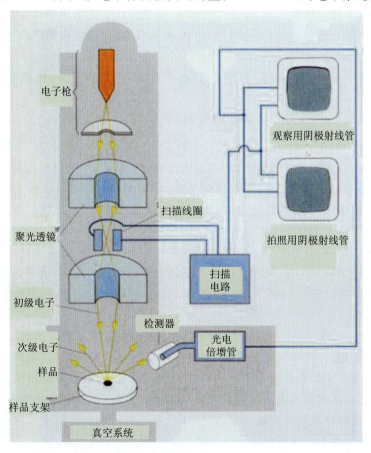

图3-15 扫描电镜工作原理图

极之间加速电压的作用,射向镜筒,经过聚光镜及物镜的会聚作用,缩小成直径约几毫微米的电子探针。在物镜上部的扫描线圈的作用下,电子探针在样品表面作光栅状扫描,并且激发出多种电子信号。这些电子信号被相应的检测器检测,经过放大、转换,变成电压信号,最后被送到显像管的栅极上,并且调制显像管的亮度。显像管中的电子束在荧光屏上也作光栅状扫描,这种扫描运动与样品表面的电子束的扫描运动严格同步,这样即获得衬度与所接收信号强度相对应的扫描电子像,这种图像反映了样品表面的形貌特征。

2. 扫描电镜的结构

扫描电镜的结构包括如下几个系统。

(1)电子光学系统:电子枪;聚光镜(第一、第二聚光镜和物镜);物镜光阑。

(2)扫描系统:扫描信号发生器;扫描放大控制器;扫描偏转线圈。

(3)信号探测放大系统:探测二次电子、背散射电子等电子信号。

(4)图像显示和记录系统:早期 SEM 采用显像管、照相机等。数字式 SEM 采用电脑系统进行图像显示和记录管理。

(5)真空系统:真空度高于 10^{-4} Torr。常用:机械真空泵、扩散泵、涡轮分子泵。

(6)电源系统:高压发生装置、高压油箱。

3. 扫描电镜的特点

与光学显微镜及透镜相比,扫描电镜具有以下特点:能够直接观察样品表面的结构;样品制备过程简单,不用切成薄片;样品可以在样品室中作三维空间的平移和旋转,可以从各种角度对样品进行观察;景深大,图像富有立体感。扫描电镜的景深较光学显微镜大几百倍,比透射电镜大几十倍;图像的放大范围广,分辨率也比较高,介于光学显微镜与透射电镜之间;可放大十几倍到几十万倍,基本上包括了从放大镜、光学显微镜直到透射电镜的放大范围;电子束对样品的损伤与污染程度较小;在观察形貌的同时,还可利用从样品发出的其他信号作微区成分分析。

【案例3-5】 在研究 925 银抗变色性能时,常采用加速腐蚀试验法,将试片浸泡在一定浓度、一定温度的硫化钾溶液中,一定时间后取出,观察表面的腐蚀形貌。图3-16是分别用体视显微镜、金相显微镜和扫描电镜观察到的表面腐蚀状况,在体视显微镜下只能看到银片已完全变成了暗黑色,在金相显微镜下可看到表面的许多显微腐蚀斑点,在扫描电镜下则清楚地看到银片在长时间腐蚀后,表面形成了严重的开花状腐蚀层,且是疏松多孔的,对基材失去了保护作用。

(a) 体视显微镜　　　　(b) 金相显微镜　　　　(c) 扫描电镜

图 3-16　925银浸泡硫化钾溶液后在不同显微镜下的表面状况对比

第五节　常用的尺寸检验仪器设备

首饰制作和质量检验中,经常需要检验各种尺寸,使用的检验工具有游标卡尺、戒指尺、直尺、量规等,其中最常用的有游标卡尺和戒指尺。

一、游标卡尺

1. 测量原理及读数方法

游标卡尺是一种测量长度、内外径、深度的量具,它由主尺和附在主尺上能滑动的游标两部分构成,如图3-17所示。主尺一般以毫米为单位,而游标上则

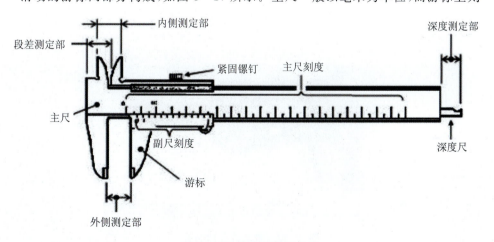

图 3-17　简易式游标卡尺

有10、20或50个分格,根据分格的不同,游标卡尺可分为十分度游标卡尺、二十分度游标卡尺、五十分度游标卡尺等。游标卡尺的主尺和游标上有两副活动量爪,分别是内测量爪和外测量爪,内测量爪通常用来测量内径,外测量爪通常用来测量长度和外径。

尺身和游标尺上面都有刻度,读数时首先以游标零刻度线为准在尺身上读取毫米整数,即以毫米为单位的整数部分。然后看游标上第几条刻度线与尺身的刻度线对齐,如第 n 条刻度线与尺身刻度线对齐,游标尺上的读数为 $n\times$ 分度值。如有零误差,则一律用上述结果减去零误差。因此,最终读数结果为:

$$X = 对准前刻度 + \frac{游标上第 n 条刻度线}{与尺身的刻度线对齐} \times 分度值 - 零误差$$

除了简易式外,常见的游标卡尺还有指针式和数显式两种,分别如图3-18和图3-19所示。前者的原理是利用齿条与齿轮转动,将主尺上的直线位移转变为指针角位移,指针转动一小格,位移即对应卡尺的一个分度值。后者将测量数值显示在屏幕上,只需直接读数即可。

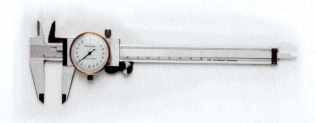

图3-18 指针式游标卡尺

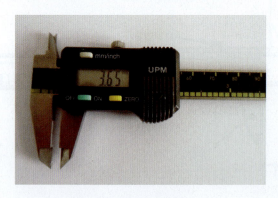

图3-19 数显式游标卡尺

2. 使用注意事项

测量前用软布将卡尺的量爪擦干净,使其并拢,查看游标和主尺身的零刻度线是否对齐。如果对齐就可以进行测量,如没有对齐则要记取零误差,游标的零刻度线在尺身零刻度线右侧的叫正零误差,在尺身零刻度线左侧的叫负零误差。

测量时,先将卡尺的活动量爪张开,使量爪能自由地卡进工件,把零件贴靠在固定量爪上,然后移动尺框,用轻微的压力使活动量爪接触零件即可读数。注意不可把卡尺的两个量爪调节到接近甚至小于所测尺寸,把量爪强制地卡到零件上去。这样做会使量爪变形,或使测量面过早磨损,使卡尺失去应有的精度。

卡尺两测量面的联线应垂直于被测量表面,如出现歪斜会导致错误的测量结果,有时可以轻轻摇动卡尺,以便放正垂直位置。

3. 常见的游标卡尺品牌

包括瑞士 Tesa、德国 Asimeto、瑞典 Clifen、日本 Mitutoyo 等国外品牌,以及哈量、成量、青量、上工等国内品牌。

二、戒指尺

1. 戒指尺寸表示方法

戒指尺寸大小的标准也称为手寸,通常用号数来表示,它是一个没有量纲的数,不能直接等同于具体的尺寸。不同地区的号数表示方法不同,常用的有港度、美度、日度等,它们对应的直径和周长各不相同。目前中国多采用港度。不同地区之间的手寸号与尺寸的对应关系分别如表 3-2 和表 3-3 所示。

表 3-2 不同国家的戒指号对照表

美国	中国	英国	日本	德国	法国	瑞士
5	9	J 1/2	9	15.75	49	9
6	12	L 1/2	12	16.5	51.5	11.5
7	14	O	14	17.25	54	14
8	16	Q	16	18	56.5	16.5
9	18	S	18	19	59	19
10	20	T 1/2	20	20	61.5	21.5
11	23	V 1/2	23	20.75	64	24
12	25	Y	25	21.25	66.5	27.5

表 3-3 中国港度号与尺寸对照表

参考	女士小号（较小）			女士均号			女士大号，男士小号		
港度（HK No.）	7#	8#	9#	10#	11#	12#	13#	14#	15#	16#
周长（mm）	47	48	49	50	51	52	53	54	55	56
直径（mm）	14.90	15.25	15.55	15.85	16.45	16.50	16.80	17.20	17.50	17.75

	男士均号			男士大号					
港度（HK No.）	17#	18#	19#	20#	21#	22#	23#	24#	25#	
周长（mm）	57	58	59	60	61	62	63	64	65	
直径（mm）	18.15	18.40	18.75	19.05	19.30	19.70	20.00	20.30	20.65	

2. 戒指尺寸的测量

手寸通常采用戒指尺来测量，戒指尺又称戒指棒，是用来测量戒指内圈大小的首饰专用检验工具，一般用黄铜、铝合金等制作，呈锥形棒状，有些戒指尺只标明了某单一国家（地区）的号数，如图 3-20 所示。有些则将不同国家（地区）的号数以及它们对应的周长、尺寸都标注在上面，如图 3-21 的四用戒指尺，上面标注了港度、美度、日度、欧度四种常用的戒指手寸。

图 3-20 常用的港度戒指尺

图 3-21 四用戒指尺

三、戒指圈

顾客购买或定做戒指前,需要先确定手指大小。一种简单的方法是用丝线绕手指一圈,再把丝线剪下来拉直,用尺子测量出丝线的长短,然后对照前面的手寸对照表确定。还有一种方法是利用戒指圈,如图 3-22 所示,它是由一系列不同手寸号数的钢圈构成,可直接套在手指上确定手寸号。

图 3-22 常用的戒指圈

四、卡规

首饰起版生产过程中,经常需要确定原版各部位的厚度、内槽宽等尺寸,采用一般的游标卡尺是测量不到的,一般要使用各种卡规,包括内卡规和外卡规,前者适用于测量工件的内孔、内孔槽及其他不易测量的内尺寸;后者适用于测量外圆、外圆槽及其他不易测量的外尺寸。卡规有各种读数形式,简单的卡规需要结合卡尺、直尺等确定尺寸,带刻度或表盘的卡规可直接读数,如图 3-23 所示。

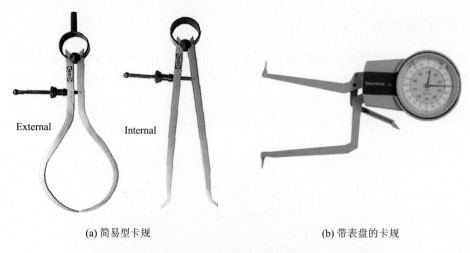

(a) 简易型卡规　　　　　　　　(b) 带表盘的卡规

图 3-23　各种形式的卡规

第六节　常用的物理性能检验仪器设备

一、水密度计

对于同种成色的金、银、铂、钯等贵金属合金,补口合金元素的选择范围较广,每种合金元素都有其原子质量和相应的密度,不同的补口组成,其密度将有所区别。对一件具有固定体积的首饰而言,相同成色的合金若密度不同,则使用的贵金属量也有所区别,因此检测合金的密度是有意义的。另外,生产过程中,也可以通过检测材料的密度来判断坯件的致密程度。

采用排水法检测合金的密度,其原理是使用的仪器是水密度计,主要包括感量为 0.0001g 以上的电子天平、悬挂架、烧杯等,如图 3-24 所示。

先用天平称量材料在空气中的重量 m_1,然后称量材料浸入水中的重量 m_2,随即可根据下面的公式,计算出材料的密度:

$$\rho = \frac{m_1}{m_1 - m_2} \times \rho_水$$

【案例 3-6】　某首饰工厂在倒模配料时,要通过蜡树重推算配料金属重量,为此需要准确掌握蜡的密度与金属的密度。采用了水密度计来检测两者的密度,得到了表 3-4 所示的结果。从中可以计算出倒模金属重与蜡树重的比例为 9.2。

图 3-24 常用的水密度计

表 3-4 水密度法检测结果

材料	在空气中的重量(g)	在水中的重量(g)	计算密度(g/cm³)
蜡块	2.07	−0.18	0.92
金属块	5.24	4.62	8.45

在采用水密度法检测物质密度时,要注意以下事项:

(1)静水密度检测法只能检测实心的首饰,空心首饰和镶嵌首饰无法准确检测,误差很大。

(2)对于浸入水中容易残留气泡的结构款式,结果容易出现误差。

(3)测量前,工件要清洗干净,避免油污、灰尘等沉积在表面,否则会影响检测精度。

(4)待测产品放入水槽里的吊篮后,要确认将附在表面的气泡清除后再检测。

二、差热分析仪

首饰大部分采用石膏型熔模铸造工艺生产,金属液的充型性能与浇注温度关系很大,浇注温度制定的基础是合金的熔点,一般都是在熔点基础上加上一定的过热度来制定。另外,由于石膏的高温热稳定性较差,金属液温度过高时容易导致石膏产生热分解,释放 SO_2 气体引起铸件气孔。因此,为保证采用首饰铸件质量,需要控制合金的熔点。

首饰生产企业在购进合金材料时,供应商一般提供了合金的熔化温度及浇注温度。如果想测试合金的熔点,又没有专业的检测设备,简单粗略的方法可以利用带温控仪的铸造机或熔金机,围绕某个温度通过熔凝双向逐步接近的方法近似获得。但要准确了解合金的熔点,需采用差热分析仪等专业设备来检测。图 3-25 是一种典型的差热分析仪。它主要由加热炉、差热电偶、样品座及差热信号和温度的显示仪表等组成。测量时将小颗粒状试样,放在向右偏转的热端对应的刚玉质样品座内,选用氧化铝作为参比物质,将样品座置于加热炉的炉膛中心,设定升温速率,试样加热过程中,仪器就可自动记录并显示出差热曲线。从差热曲线上可以准确得出合金的熔点范围及固态相变温度范围。

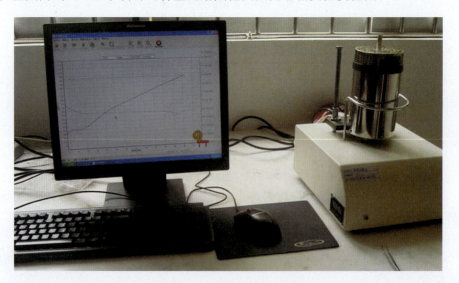

图 3-25 典型的差热分析仪

【案例 3-7】 用差热分析仪检测某种补口配制的 18KY 合金的熔化温度,得到表 3-5 所示的数据,由此可知合金的熔化温度范围为 877.7~908.5℃,间隔约 31℃,是有利于铸造成型的。

表 3-5　某种 18KY 合金的差热分析特征值　　　（单位:℃）

T_e	T_g	T_m	T_c
877.7	885.9	900.9	908.5

注:表中 T_e 表示物质开始熔化的温度,T_g 表示物质分解到 50% 的温度,T_m 为物质达到熔融点的峰值,T_c 为外推终止的温度。

第七节　常用的化学性能检验仪器设备

首饰合金材料的化学性能主要表现在其抗晦暗和抗腐蚀能力方面,这对于首饰而言十分重要。检测首饰材料或成品的化学性能主要有电化学试验、加速浸泡腐蚀试验、盐雾腐蚀试验等方法。

一、电化学试验

材料的腐蚀在很大程度上表现为电化学腐蚀,通过检测材料的电化学性能,可以反映材料的腐蚀倾向。

材料的电化学性能可采用电化学工作站来测定,如图 3-26 所示。电化学工作站将一个恒电位仪、信号发生器和相应的控制软件进行有机的结合,可以在电脑的控制下完成开路电位监测、恒电位(流)极化、动电位(流)扫描、循环伏安、恒电位(流)方波、恒电位(流)阶跃以及电化学噪声监测等多项测试功能。测量

图 3-26　电化学工作站

过程中可以根据数据实时绘图,能对电位-电流曲线进行各种平滑和数字滤波处理,并可直接将图形以矢量方式输出。

【案例3-8】 利用电化学工作站检测抗变色925银在37℃人工汗液中的极化曲线。检测时采用三电极体系,将工作电极(试件测试面)、参比电极(饱和甘汞电极)、对电极(铂片电极)装入电解池,电解液采用新配置的人工汗液,在恒温水浴中将汗液温度稳定在37℃,先测量体系的开路电位,待开路电位稳定后,开始电位扫描,并测得极化曲线,如图3-27所示。从上图中可以得出各合金在人工汗液中的极化电位和极化电流,如表3-6所示。

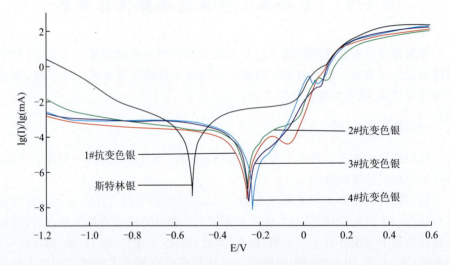

图3-27 银合金在人工汗液中的极化行为

表3-6 银合金在人工汗液中的自腐蚀电位和自腐蚀电流密度

试样号	E_{corr}/mV	I_{corr}/mA·cm^{-2}
斯特林银	-521	2.98E-04
1#抗变色银	-253	4.20E-05
2#抗变色银	-247	4.36E-05
3#抗变色银	-250	6.86E-05
4#抗变色银	-232	6.93E-05

可以看出,与传统斯特林银相比,抗变色银的腐蚀电位E_{corr}均向正方向移动,自腐蚀电流密度均降低,尤其是3#和4#合金的自腐蚀电流密度较低,体现了较好的抗变色性能。

二、溶液浸泡试验

合金的晦暗变色倾向也可以用溶液浸泡的方法来检测。浸泡溶液可以采用人工汗液、硫化钠溶液、氯化钠溶液等,将试片悬挂在一定温度的溶液中,如图3-28,一定时间后取出,对比同种材料浸泡前后的颜色变化或不同材料之间的变色程度,可以反映出材料的耐蚀性能。

图3-28 硫化钠溶液浸泡法

【案例3-9】 为对比抗变色银与传统斯特林银抗变色性能的差别,采用硫化钠溶液浸泡法进行试验。硫化钠溶液浓度0.5%,温度为35℃,浸泡2分钟后取出,观察试样表面的变色状况,如图3-29所示。图中变色最严重的是斯特林银,其余为不同型号的抗变色银。

三、盐雾腐蚀试验

对于首饰金属材料,或者进行表面电镀、阳极氧化或其他表面处理的首饰,材料或膜层的耐蚀性能是重要的质量指标。盐雾腐蚀实验法是应用最广泛的检测方法之一,它利用盐雾腐蚀试验箱来进行测试,如图3-30所示。在盐雾腐蚀试验箱中,可以利用盐雾喷发装置创造人工模拟盐雾环境条件,以考核产品或金属材料在该环境下的耐腐蚀性能。由于盐雾腐蚀试验箱中的氯化物盐浓度可以是一般天然环境的几倍或几十倍,因而腐蚀速度显著提高,可以大大缩短得出结

图3-29 不同银合金在硫化钠溶液浸泡后的表面变色情况

图3-30 盐雾腐蚀试验箱

果的时间。

在首饰镀层检测中,一般按照GB/T 10125-1997标准的要求进行,它采用浓度为5%、pH值为6～7的氯化钠中性水溶液形成盐雾,试验温度35℃,湿度大于95%,盐雾沉降率在$1\sim2ml/80cm^2 \cdot h$之间。让盐雾沉降到待测试验件上,经过一定时间观察其表面腐蚀状态。各样品的耐腐蚀能力定义为样品出现腐蚀的时间,时间越长表明耐腐蚀性能越好。

第八节 常用的力学性能检验仪器设备

用作首饰的金属材料,虽然不像工程领域那样需要承受各种复杂或恶劣的载荷条件,但是要很好地满足首饰使用功能要求,它们的某些力学性能指标也应该予以考核。评价金属材料力学性能的指标有弹性指标、强度指标、硬度指标、塑性指标、韧性指标、疲劳性能指标和断裂韧度性能指标等,这些力学性能的检测也有各种手段和方法。

一、强度

首饰在佩戴过程中,需要保持其固有的形状,不容易产生变形甚至断裂;镶嵌宝石的首饰,金属镶口有足够的能力,将宝石固定在应有的位置;项链、手链焊接要牢固,不容易脱焊断裂等。为满足这些要求,用作首饰的材料或者首饰产品结构,应具有足够的强度性能。所谓强度,是指金属材料在静载荷作用下抵抗变形和断裂的能力。强度指标一般用单位面积所承受的载荷即力表示,符号为 σ,单位为 MPa。依据不同的使用场合,对强度指标的考核重点也有所区别。对于首饰件而言,最常用的强度指标是屈服强度和抗拉强度,屈服强度是指金属材料在外力作用下,产生屈服现象时的应力,或开始出现塑性变形时的最低应力值,用 σ_s 表示。抗拉强度是指金属材料在拉力的作用下,被拉断前所能承受的最大应力值,用 σ_b 表示。

材料的强度指标采用万能材料试验机(也称电子拉力机)进行测试,这类设备一般采用机电一体化设计,主要由测力传感器、伺服驱动器、微处理器、计算机及打印机构成。根据试验载荷大小,可从几千克到上千吨进行分类。用于测试金属材料强度时,可选择常规的电子拉力机,如图 3-31 所示;用于检测首饰结构强度时,可选择小型拉力试验机;需要兼顾金属材料强度和首饰结构强度时,可选择在常规的电子拉力机上配置高精度传感器。

在镶嵌首饰中,常用镶嵌牢度来衡量宝石的稳固性。所谓镶嵌牢度,是指使镶嵌在首饰托架(镶口)内的宝石主石与首饰托架(镶口)剥离所需的力(用 P 表示)。从理论上来说,镶嵌牢度越大越好,但是由于材质、产品结构不同,难以做到镶嵌牢度的检验标准统一,迄今只针对千足金镶石易脱落的问题制定了行业标准 QBT 4114-2010《千足金镶嵌首饰镶嵌牢度》。检测镶嵌牢度一般采用指针式推拉力计或手压式试验机台,如图 3-32 所示。在试样的宝石背面底部施加均匀垂直的压力,当宝石与托架剥离时拉力计记录下的力 P 即为镶嵌牢度。

图 3-31 常用的电子拉力机　　图 3-32 指针式推拉力计

二、硬度

硬度是衡量材料软硬程度的一个性能指标,即材料表面抵抗坚硬物体压入的能力,它对首饰材料及首饰产品而言具有重要意义。硬度高的材料,生产时容易获得高光亮度,且耐磨性好,在佩戴使用过程中不易碰凹划花,能长时间保持光亮度。因此,在选择首饰材料时,需要检测它的硬度,生产过程中也要通过各种强化手段提升其硬度。

衡量材料的硬度指标有宏观硬度和微观硬度,前者包括洛氏硬度、布氏硬度等常用指标,后者指维氏硬度。贵金属首饰材料最常使用布氏硬度和维氏硬度指标。布氏硬度是以一定大小的试验载荷,将一定直径的淬硬钢球或硬质合金球,压入被测金属表面,保持规定时间,然后卸荷,测量被测表面压痕直径,载荷除以压痕球形表面积所得的商即为布氏硬度值(HB),单位为 N/mm^2。它是所有硬度试验中压痕最大的一种试验法,它能反映出材料的综合性能,不受试样组织显微偏析及成分不均匀的影响,所以它是一种精度较高的硬度试验法。维氏硬度适用于显微分析,它是以120kg以内的载荷和顶角为136°的金刚石方形锥压入器,压入材料表面,载荷值除以压痕凹坑的表面积,即为维氏硬度值(HV),单位为N/mm^2。维氏硬度试验中硬度值与压头大小、负荷值无关,不需要根据材料软硬变换压头,且正方形的压痕轮廓边缘清晰,便于测量。

布氏硬度和维氏硬度之间,在一定范围内有一定的换算关系,与材料的强度性能也有一定的对应关系,如表3-7所示。因此,硬度不是一个单纯的物理量,而是反映材料的弹性、塑性、强度和韧性等的一种综合性能指标。

表3-7 布氏硬度、维氏硬度与抗拉强度的对应关系

抗拉强度 R_m(N/mm^2)	维氏硬度 HV	布氏硬度 HB	抗拉强度 R_m(N/mm^2)	维氏硬度 HV	布氏硬度 HB
250	80	76.0	865	270	257
285	90	85.2	900	280	266
320	100	95.0	930	290	276
350	110	105	965	300	285
380	120	114	1 030	320	304
415	130	124	1 060	330	314
450	140	133	1 095	340	323
480	150	143	1 125	350	333
510	160	152	1 155	360	342
545	170	162	1 190	370	352
575	180	171	1 220	380	361
610	190	181	1 255	390	371
640	200	190	1 290	400	380
675	210	199	1 320	410	390
705	220	209	1 350	420	399
740	230	219	1 385	430	409
770	240	228	1 420	440	418
800	250	238	1 455	450	428
835	260	247	1 485	460	437

布氏硬度计和维氏硬度计都有多种型号,企业可根据自己的生产使用需要进行相应选择,目前广泛采用数显式硬度计,它可以自动计算并直观地显示出测量值。图3-33和图3-34分别是数显式布氏硬度计和维氏硬度计。

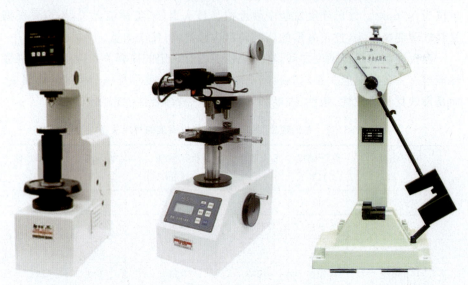

图3-33　数显式布氏硬度计　图3-34　数显式维氏硬度计　图3-35　摆锤式冲击试验机

三、韧塑性

材料的塑性是指材料在外力作用下发生永久变形,而其完整性不受破坏的能力。塑性是材料进行形变加工时的重要指标,一般用单向拉伸试验材料断裂时的延伸率 δ 或断面收缩率 ψ 来表示塑性的大小,它表征材料塑性加工时容许塑性变形的程度,又称塑性指标。材料的塑性可以在万能材料试验机上与强度指标一起获得。

材料的韧性是指材料在断裂前吸收塑性变形功和断裂功的能力,表征材料抵抗裂纹扩展的性能,可以分为冲击韧性和断裂韧性。韧性是强度和塑性的综合指标,韧性越好,则发生脆性断裂的可能性越小。材料冲击韧性的大小是通过冲击试验来测定的,图3-35是常用的摆锤式冲击试验机,一次锤击试样,测量试样单位面积上所消耗的冲击功值,作为材料的冲击韧性值。

四、弹性

对于像开口手镯、开口戒指等首饰,或者像手镯弹片、手链(项链)扣、耳钩等首饰配件,要求具有一定的弹性,以便佩戴操作后能恢复原来的形状。所谓弹性是指材料受一定限度内的外力作用产生形变,在去除外力后仍能恢复原状的性能。评价材料的弹性有正弹性模量、切变弹性模量、比例极限、弹性极限等指标,其中最常用的是弹性极限,它是指材料在保持弹性形变不产生永久形变时所能承受的最大应力,用 σ_e 表示,单位为 MPa(或 N/mm^2)。弹性极限值可以用万能材料试验机检测。

第九节 常用的首饰安全性检验手段

对于直接接触人体皮肤,甚至在身体不同部位穿刺的首饰,安全性是重要的检验内容,主要集中在金属过敏、金属毒性、首饰带菌等方面,它们的检测一般由专业检测机构来进行。目前,最常见的是金属过敏试验及金属毒性试验。

一、金属过敏及试验方法

在常用的首饰金属材料中,镍是最突出的致敏金属元素。评价首饰镍过敏的试验方法,有显色试验法、斑贴试验法和镍释放试验法等。

1. 显色试验法

在氨溶液中镍与丁二酮肟作用,形成有特征色的可溶性络合物,呈现从粉红色到樱桃红色。因此,可以根据试验棉签是否显色,来指示材料中是否有镍,以及一件符合镍释放要求的饰品,到底是本体材料符合还是经过电镀或涂漆等表面处理的。但是,丁二酮肟试验结果受一系列条件的影响,它只适合进行初步的判断以排除严重的镍释放源,起过筛作用,至于饰品的镍释放程度能否符合要求,则需要进行完整的镍释放试验。

2. 斑贴试验

斑贴试验已有 100 多年的历史,它通过将饰品材料直接接触皮肤的方法来观察皮肤对饰品是否过敏,属激发试验。其基本方法是,用人工模拟的办法复制产生过敏性接触皮炎的环境,将少量稀释的过敏原放在皮肤的某些部位接触一定时间(一般 48h),然后将斑贴试样移开,根据斑贴区的皮肤变化情况来判定是否发生了过敏反应。斑贴试验是检查接触性变应原的简易可靠方法,但是其结果与产生全身免疫反应之间有无必然关系则存在分歧。

3. 镍释放试验

1997 年 7 月,欧盟根据"94/27/EC"的要求发布了三个配套标准,即 EN1810:1998,EN1811:1998 和 EN12472:1998,明确了镍释放的标准定量分析方法。EN1811:1998 用于表面没有镀层的饰品。EN12472:1998 用于表面有镀层的饰品,试图模仿有涂敷层的饰品在正常使用两年期限内的磨损和腐蚀,2005 年对该标准进行了修订,制定了 EN12472:2005。根据镍致敏率仍然处于较高水平的状况,对标准进行了加严修正,相继颁布了镍指令 2004/96/EC、镍释放测试标准 EN1811:1998+A1:2008,以及更为严格的镍释放测试标准 EN1811:2011,取消了镍释放率的调整值。

以最常用的 EN1811:1998 为例,其试验方法如下:配制新鲜的人工汗液(人工汗液为含 0.5%氯化钠、0.1%乳酸、0.1%尿素的去离子充气水溶液,pH 值 6.5)。将处理好的试样分别放入带盖的玻璃容器内,用移液管向容器内加入一定量的人工汗液,使试样全部浸泡在汗液中。将容器放入恒温水浴槽中,温度稳定控制在 30℃,静置 168 小时。浸泡结束后用原子吸收光谱仪测试溶液的镍含量。每个试样号准备 3 个试样进行试验,按照同样的方法进行空白试验。根据火焰原子吸收光谱分析结果,按公式(3-3)计算样品的镍释放率。

$$d = \frac{V \times (C_1 - C_2)}{1000 \times A} \qquad (3-3)$$

式中:d 为实际镍释放率($\mu g/cm^2/week$);V 为测试溶液的体积(mL);C_1 和 C_2 分别为测试溶液与空白试验溶液中的镍含量($\mu g/L$);A 为测试样品表面积(cm^2)。

【案例 3-10】 检测镍漂白 18K 金在不同状态下的镍释放率,并对其镍致敏风险进行评价。将 18KW 轧压成 1mm 厚的片材,从片材中截取若干个 10×10mm 的试样,将试样分别进行抛光、喷砂、推沙等不同的表面处理方式,按照上述方法进行镍释放试验,得到表 3-8 所示的结果。

表 3-8 不同表面状态的 18KW 在人工汗液中的镍释放率

表面状态	平均值($\mu g/cm^2/week$)	对 EN1811:1998+A1:2008 的符合性		对 EN1811:2011 的符合性	
		用于与皮肤长时间直接接触的饰品	用于穿刺饰品	用于与皮肤长时间直接接触的饰品	用于穿刺饰品
抛光态	0.83	合格	合格	没有结论	不合格
喷砂态(140 目)	3.49	合格	不合格	不合格	不合格
推沙态(1200#)	1.80	合格	合格	不合格	不合格

可见材料的表面状态对其释放率有较明显的影响,光滑表面的镍释放率低于粗糙表面;原标准中认为镍释放合格的产品,在更加严格的新标准面前,将出现不合格或没有结论的情况。

二、首饰有毒金属元素的检验

国家标准 GB28480-2012 中规定,首饰有毒金属元素是指在使用过程中会对人体健康造成伤害或危害环境的化学元素的统称,主要指镍、砷、镉、铬、铅、汞、锑、硒等,并对这些元素的总含量或者溶出量指定了明确规定。

对于镍释放量的测定,按照前面介绍的方法进行。对于其他有毒元素的测定,可以按照 GB/T 28020 的方法初步检验它们的总含量。根据初检结果,按照 GB/T 28021 的规定检测砷、镉、铅、汞的总含量以及砷、镉、铬(六价)、铅、汞、硒的溶出量,六价铬的总含量按 GB/T 28019 等测定。

测定有毒金属元素的溶出量时,金属材质的饰品可直接采用常规酸消解方法处理,对于其他材质的饰品,采用密闭高温压力罐——酸消解法处理。样品中的砷、镉、铅、汞成为可溶性盐类溶解在酸消解液中,将消解液定容后,可以用火焰原子吸收光谱法、电感耦合等离子体光谱法测定。

将需要测试砷、镉、铬、铅、汞、锑、硒的溶出量的样品,浸入一定浓度的盐酸溶液中 2 小时,模拟样品在吞咽后与胃酸持续接触一段时间的条件。溶入盐酸溶液的砷、镉、铬、铅、汞、锑、硒离子浓度可用火焰原子吸收光谱法、电感耦合等离子体光谱法测定。

第十节 首饰生产质量检验常用的小工具

1. 油性笔

一般分为蓝、红、黑等不同颜色,如图 3-36 所示。凡货件中有需要重新加工的部位,均用油性笔明确标明。例如,需要处理的部位用蓝色油性笔标出;车磨打用红色油性笔;推沙不到位或推沙过界的用黑色油性笔标明。这样,工人在接到 QC 员退回的工件时,很容易知道哪些部位需要返修,该如何进行返修。

2. 双头索嘴

一头为圆针,一头为平铲,如图 3-37 所示。主要用于检查石粒的镶嵌是否稳定,若有松石,可用小平铲从石粒的周边铲少许金将石迫实。

图3-36 彩色油性笔　　　　　图3-37 双头索嘴

3. 钢压

首饰件一般要求高亮表面,但在生产过程中,由于磕碰、刮划、摩擦等因素,使得已抛光的产品表面出现了细微的划痕,尤其是高成色低硬度的首饰合金容易出现。对于细微的划痕,可以借助钢压(图3-38)在局部压光,不必返还到工人手中重新抛光。不过,使用钢压的时候,力度和方向必须掌握得当,否则适得其反,而对于明显的划痕、沙孔等缺陷,或者金属材料硬度很高时,使用钢压效果不佳。

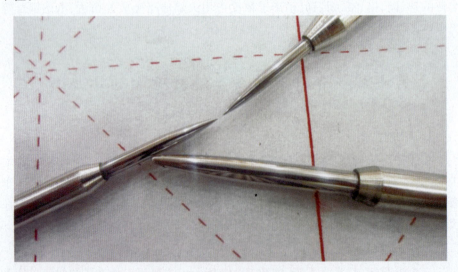

图3-38 首饰打磨使用的钢压

第四章 首饰生产原辅材料检验及常见缺陷

首饰生产中需要使用各种原材料和辅助材料,其性能直接影响首饰生产质量及生产成本。为此,生产中必须把牢原辅材料检验关,避免不合格的材料投入生产环节。

总体而言,用于首饰生产的材料主要包括金、银、铂、钯等贵金属材料;配制各种成色合金的补口材料;钻石、红宝石、蓝宝石、翡翠等宝玉石材料;起版、倒模、执模、镶石、打磨、电镀等各主要工序使用的辅助材料,其中一些辅助材料对首饰产品质量有直接的影响。

第一节 贵金属原材料质量检验

一、纯金锭

金是贵金属首饰生产中应用最广的原材料之一,企业生产一般从提纯厂、贵金属供应商等渠道购进纯金锭,用它可以配制千足金、足金、各种成色的K金等材料。

1. 纯金锭的纯度要求

纯金锭的纯度是保证金首饰成色的基础。1999年美国材料与试验协会发布了标准 ASTM B562-95 "Standard Specification for Refined Gold"(精炼金的标准规范),并分别于2005年和2012年对其进行了修订,标准中规定了纯金锭的杂质元素许可范围,如表4-1所示,它是唯一用于高纯金锭的标准。其中,等级995表示含金量不低于99.5%;9995表示含金量不低于99.95%,依次类推。

等级为995的纯金,只要求检测最低的含金量,这是唯一实际需要测量金含量的纯度级别。对其他纯度级别的纯金,采用差分法计算含金量。在9995纯金中,要检测5个元素,包括银、铜、钯三个常用于金合金化的元素,另外两个元素是铁和铅,它们是杂质元素,会对材料加工过程造成严重影响。在9999金中,增加了很多需要检测的元素,包括砷、铋、铬、镍、锰、镁、硅、锡等。不过在99995金中,将砷和镍去除了。

表 4-1　ASTM B562 对纯金锭的杂质含量最大容许值　（单位：$\times 10^{-6}$）

杂质元素 \ 纯金等级	995	9995	9999	99995
银		350	90	10
铜		200	50	10
钯		200	50	10
铁		50	20	10
铅		50	20	10
硅			50	10
镁			30	10
砷			30	
铋			20	10
锡			10	10
铬			3	3
镍			3	
锰			3	3

纯金中的杂质元素分为三类：金属类、非金属类和放射类。金属类杂质相对容易分析出来,铂是纯金中一个常见的痕量元素,但在标准中没有将其列出,这主要是考虑到铂的价值比金更高,且对金的制造性能不产生有害影响。其他的铂族元素铑、钌、锇、铱也没有列出。因为要分析这些元素既困难又昂贵,也没有多少实际用途。因此,有时会选择某个元素来反映这一族元素的量,如将钯作为铂族元素的指示器,钯含量高时就要检测其他铂族元素,含量低时就不必检测。氧、硫、氯常以某种形式用于金的提纯,它们可以形成非金属杂质残留于纯金中,但标准中没有列出这些典型的非金属元素。放射类杂质如铀、钍等会引发首饰安全性能的问题,不过它们的量一般微乎其微,在标准中也没有列出。

因此,ASTM B562 只考虑了一些金属元素,但忽略了许多其他的元素。为使产品质量得到保障,生产企业可要求将这些元素明确列出,这点在标准中也明确提到了,"买卖双方可协商确定某些限制元素"。

2. 纯金锭的杂质元素分析方法

纯金锭中的金含量采用灰皿法,这是最早的分析方法。这种方法的检测精度取决于多个因素,包括检测的试验环境条件、检测设备的精度、检测方法的应用等,它们可导致同一批次中同一样品结果极差较大;标样的校正值波动大且不稳定;精度和准确度较差等问题。伦敦金银市场(LBMA)协会对精炼金试金分析能力的要求是:检验结果大于或等于99.95%时,允许误差为±0.005%;检验结果小于99.50%~99.95%时,允许误差为±0.015%。为此,我国对国家标准GB/T 11066.1-89进行了修改,现行国家标准方法GB/T 11066.1-2008沿用了这些要求。

尽管灰皿法检测金含量是精度最高的方法,但是它却几乎不能用来检测纯金锭中的杂质元素,因为这种方法要从一个特定样品中收集贵金属,将它聚集成珠粒,然后比较珠粒与原始样品的重量,它仅限于检测所有贵金属元素的含量。虽然灰皿法可确定金的含量是995还是999,一直到9999,但它不能确定是哪种杂质,含量是多少。鉴于此,ASTM B562只规定了采用灰皿法时995的最低含金量,杂质含量更高时,将主要杂质元素的含量检测出来,其余的就假定为金。显然,采用这种方法时,必须考虑所有的主要杂质,否则计算出来的金含量会是错的。

要检测纯金中杂质元素,有几种技术可选。常用的方法是先将金溶解,然后用光谱分析法将各种元素的含量分析出来,包括原子吸收光谱分析法或直流等离子体原子发射光谱分析法。电感耦合等离子光谱仪可用于溶液分析,某些情况下也可直接分析固体样品,而不需进行溶解,它有两个好处:一是避免了杂质元素不溶解时就无法检测的问题;二是检测精度不会受实验玻璃器皿和试剂的影响。也有其他的方法来避免样品溶解,例如采用质谱仪、X射线荧光光谱分析仪等,其中,质谱仪是检测高纯度材料较适用的方法,它可以检测所有元素的微小含量。

对于纯金锭生产来说,主要采用以上检测方法来分析纯金锭中杂质元素的平均含量,对首饰生产企业而言,有几项检测技术更适用,特别是安装了能量散射光谱仪(EDS)的扫描电子显微镜(SEM),可以聚焦到样品某个特定的部位进行局部检测。例如,首饰在某个部位产生了断裂、硬点等缺陷,就可以运用探针集中到这些部位来分析其成分。这点特别有实际意义,因为许多有害杂质元素容易偏析到晶界、晶格畸变部位等,使该处的杂质元素含量比平均含量高出很多倍,可能导致产品质量问题。因此,首饰生产企业不仅需要关注纯金锭的金含量,还要清楚一些微量杂质元素会在铸造过程中发生偏析,而导致很高的局部含量。

【案例 4-1】 纯金锭成分检测。随机选择不同提纯厂家生产的纯金锭,采用辉光放电质谱仪进行检测,分析了 17 种金属元素,结果如表 4-2 所示。

表 4-2　不同贵金属提纯厂生产的纯金锭分析结果　　（单位:$\times 10^{-6}$）

提纯厂家 杂质元素	A	B	C	D	E	F	G	H	I
镁	0.1	0.2	0.1	0.1	0.5	0.3	0.1	0.5	0.1
硅	0.6	0.7	1.0	0.5	0.0	0.0	0.0	0.0	2.6
铬	0.3	0.1	0.1	0.1	0.5	0.2	0.1	0.3	0.6
锰	0.5	0.2	0.1	0.1	0.3	0.2	0.1	0.3	0.4
铁	8.8	2.4	4.5	2.4	4.1	6.8	3.5	4.0	1.7
镍	2.7	0.4	0.1	0.3	0.2	0.2	0.1	0.2	0.2
铜	103.7	4.9	1.6	1.3	4.3	0.8	0.9	1.4	12.4
砷	0.2	0.0	0.0	0.0	0.1	0.1	0.1	0.1	0.0
锆	0.2	0.0	0.0	0.0	0.1	0.9	0.1	0.2	0.0
钯	4.3	1.3	1.2	0.7	0.9	0.8	2.4	0.5	7.3
银	2 300.0	43.2	57.8	55.9	35.5	40.4	18.5	115.8	26.3
铟	0.5	0.1	0.0	0.1	0.1	0.0	0.0	0.1	0.0
锡	13.3	0.4	0.4	1.2	0.3	0.2	0.0	0.6	0.3
铱	0.0	0.0	0.3	0.2	0.4	0.1	0.2	0.0	0.6
铂	0.1	0.9	0.3	0.2	0.6	0.2	1.2	0.0	3.6
铅	6.2	2.3	0.1	0.1	0.2	0.2	0.1	1.9	0.1
铋	0.3	0.3	0.1	0.3	0.0	0.1	0.2	0.6	0.5
合计	2 441.7	57.2	67.8	63.4	48.2	51.5	28.4	126.6	56.6
检测金含量(‰)	997.56	999.94	999.93	999.94	999.95	999.95	999.97	999.87	999.94
购入金的等级	999.5+	999.9+	999.9+	999.5+	999.9+	999.9+	999.9+	999.5+	999.9+
金的形状	粒状	条状	条状	条状	粒状	粒状	粒状	粒状	粒状

(引自 David J Kinneberg 等,Gold Bulletin,1998)

对于同一个提纯厂生产的纯金锭,随机抽取在不同时间生产的样品,分析检测它们的杂质元素含量,如表 4-3 所示。

表 4-3 同一提纯厂生产的不同批次的纯金锭分析结果 （单位：$\times 10^{-6}$）

样品批次 杂质元素	1#	2#	3#	4#	5#	6#	7#	8#
镁	0.2	0.4	0.1	0.5	0.1	0.0	0.0	0.1
硅	0.0	0.0	0.4	0.0	2.6	0.9	0.7	1.6
铬	0.2	0.4	0.1	0.5	0.6	0.1	0.2	0.2
锰	0.2	0.3	0.1	0.3	0.4	0.1	0.2	0.2
铁	6.0	9.7	3.2	4.1	1.7	0.7	0.7	2.8
镍	0.2	0.2	0.1	0.2	0.2	0.1	0.1	0.1
铜	5.0	7.2	3.3	4.3	12.4	4.5	6.9	7.4
砷	0.1	0.2	0.1	0.1	0.0	0.0	0.0	0.0
锆	0.1	0.2	0.1	0.1	0.0	0.0	0.1	0.0
钯	1.2	1.5	0.7	0.9	7.3	3.4	4.5	3.3
银	32.4	42.1	18.8	35.5	26.3	72.5	49.8	69.9
铟	0.1	0.1	0.0	0.1	0.0	5.8	3.8	0.1
锡	0.3	0.3	0.2	0.3	0.3	0.2	0.2	0.3
铱	0.5	0.5	0.4	0.4	0.6	0.3	1.2	1.1
铂	0.8	1.0	0.7	0.6	3.6	1.7	2.5	2.0
铅	0.4	0.1	0.1	0.2	0.1	0.0	0.0	0.0
铋	0.3	0.8	0.3	0.0	0.5	0.3	0.5	0.3
合计	48.1	65.2	28.7	48.2	56.6	90.9	71.4	89.3
检测金含量(‰)	999.95	999.93	999.97	999.95	999.94	999.91	999.93	999.91
购入金的等级	999.9+	999.9+	999.9+	999.9+	999.9+	999.9+	999.9+	999.9+
金的形状	粒状	粒状	粒状	粒状	粒状	粒状	粒状	粒状

对照标准要求的纯度阈值,抽取的 9 个提纯厂中只有 8 个满足标准要求,有一个企业的产品不合格,含有 200×10^{-6} 的杂质。银是主要的杂质,比其他杂质高很多,对 9999 纯金,银含量从 20×10^{-6} 到 70×10^{-6};对 9995 金,银达到 120×10^{-6},其他元素都小于 10×10^{-6},其次是铁和铜,约 5×10^{-6},铅约 1×10^{-6},其余约 1×10^{-6} 的元素有钯、硅、铂等。同一个提纯厂在不同的时间生产的纯金锭,杂质元素含量也有或多或少的波动。因此,首饰企业在购买纯金锭时,应优先选择资质好的提纯公司。

3. 纯金锭中的杂质元素对首饰生产质量的影响

纯金锭中的某些杂质元素如铅、铋、砷等会严重恶化金的性能,其他一些元素如硅、铁等有时也会带来有害影响。

(1) 铅。【案例 4-2】 18KW 首饰的脆性断裂

图 4-1 18KW 戒指手镯的脆性断裂

缺陷描述:某珠宝公司多年来生产以 18KW 为主要材质的首饰,在某一段时间出现了批量的质量问题,首饰坯件铸造成型后,在执模或镶嵌过程中稍微受力就发生了断裂,断口形貌如图 4-1 所示。以前没有出现这个问题。工厂试验了多种解决方案,包括更换补口、改变水口、调整浇注温度等措施,但是问题并没有得到有效解决。

生产调查:从断口形貌看,铸件没有明显的缩孔缩松,说明断裂不是因为致密度不足降低强度所致;断口没有塑性形变,呈现典型的脆性断裂。为此调查了生产工艺条件,工厂采用石膏型精密铸造,戒指采用了两支水口,浇注时石膏温度 650℃,金属液浇注温度 1040℃,浇注后石膏模淬水前空冷时间为 15min。熔炼配料时采用 50%旧金+50%新金,旧金为第三次使用。对于 K 白金首饰铸造,工厂使用的上述生产工艺条件是比较正常的,不至于会引起批量脆裂,由此推测金属材料中可能混入了有害的杂质元素。检查新金的来源,发现早前由于生产急需,从一家小型的提纯商购进了少量纯金锭,随附了一份 X 射线荧光光谱分析结果,显示金的纯度达到了 99.99%。由于 XRF 属于表面分析,且痕量元素很难分析准确,为此,建议工厂抽取了少量纯金样品送分析中心进行灰皿法分析,结果表明纯金锭中的铅含量达到 110×10^{-6}。

原因分析:铅是金中最有害的元素之一,它直接影响其机械加工性能。早在

1894年就发现,含量不足0.1%的铅就会使金变脆。究其原因,是铅在金中形成了 Au_2Pb、$AuPb_2$、$AuPb_3$ 等中间相,它们是一些熔点低、脆性大的相,会显著恶化金属的加工性能。从图4-2的金-铅合金平衡相图中可以看出,当铅含量达到一定程度时,就会形成某种组成的中间相。而在实际生产过程中,即使金中的铅含量很微少,但由于铅在金中的固溶度低,熔点又比金低得多,因此在冷却凝固过程中,铅容易发生偏析,被排斥到晶界边缘并形成聚集,当聚集的铅含量达到一定量时,就会与金形成富铅的金-铅中间相,降低材料的塑性。随着铅含量的增加,形成的金-铅中间相也越多。当含铅量达到 600×10^{-6} 时,会使含10%铜的金合金和纯金都不能轧压。许多首饰企业将 50×10^{-6} 作为能够接受的铅含量的上限。

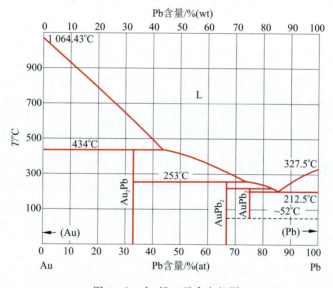

图4-2 金-铅二元合金相图

(2)铋。铋也是金中最有害的元素之一,它对金的机械加工性能的影响与铅相当。图4-3是金-铋二元合金相图,铋在金中几乎没有任何固溶度,在冷却凝固过程中,铋将偏析到晶界聚集,形成金-铋中间相,会显著影响金的塑性,导致产品易出现脆性断裂。

(3)铁。铁在金中的作用要一分为二看,一方面,它可作为合金元素,含铁25%的金合金已在欧洲使用,通过其他合金元素的配合,形成的金合金在中温长时间氧化,可以获得美丽的蓝色效果,近年来也开始尝试用铁作为漂白元素制作K白金材料;另一方面,铁会显著影响金的熔铸性能,图4-4是金-铁二元合金相图,从热力学角度看,铁可以溶解在纯金中,但由于它的熔点显著高于纯金,使

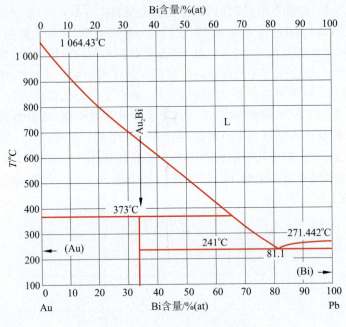

图 4-3 金-铋二元合金相图

其不容易溶解到金中。如果金中含有 100×10^{-6} 的铁,要达到成分均匀就有困难,这样就会在铸件中形成偏聚,导致所谓的"硬点"缺陷,如图 4-5 所示。

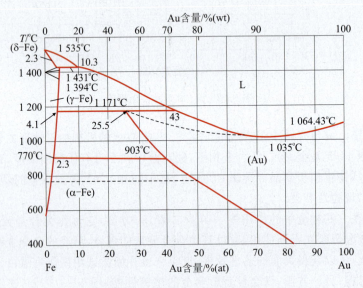

图 4-4 金-铁二元合金相图

(4)硅。从图4-6可知,硅在金中几乎不溶解。当硅含量超过 200×10^{-6} 时,就会在晶界形成 Au-Si 共晶体,如图 4-7 所示,它的熔点只有 363℃,非常脆,容易引起热裂。硅的脆化作用与合金中的金、银总量有关,随着金、银总量的增加,当硅量超过某个临界值后,合金的延展性降低,脆性增加,也就是说,随着金的成色增加,允许的硅量减少。当 14KY 中硅的名义含量超过 0.175wt% 后,会在晶界出现富硅相。18KY 中硅的量超过 0.05wt% 后,容易导致脆性。

图 4-5 由铁引起的铸造 10K 戒指表面的硬点缺陷

(引自 David J Kinneberg 等,Gold Bulletin,1998)

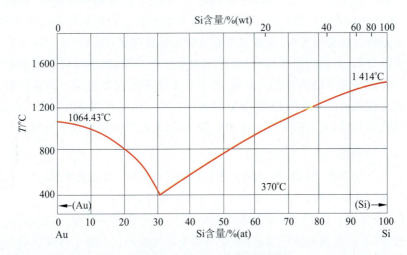

图 4-6 金-硅二元合金相图

(5)铱。【案例 4-3】 18KW 戒指中的硬点缺陷

缺陷描述:抛光工件时发现表面有硬点,呈大尺寸的单颗粒或巢状小颗粒群。工件不易抛光亮,出现许多划痕,如图 4-8 所示。

生产调查:工厂采用了铸造和冲压两种成型方式,它们的产品都出现过类似的缺陷。而且不仅是在回用料中出现,在新配的金合金中也出现了。由此推知缺陷与成型方法无关,问题应该出在金属材料或者熔金方法方面。经查,熔金时用熔金炉,加惰性气体保护,熔金温度控制合适,可排除熔金方法作为主要诱因,

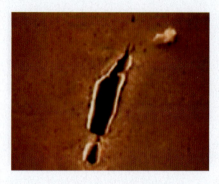 

图4-7 金合金晶界上形成的金-硅共晶体　图4-8 18KW戒指表面出现的硬点缺陷
（引自 David J Kinneberg 等，Gold Bulletin，1998）

而应从金属材料方法找原因。检查配制金属材料所用的纯金锭及补口材料，发现补口使用原来库存的，一直以来比较稳定，之前未出现此类问题；而在纯金锭方面，最近新购进一批纯金锭，问题出现在用此批金后。从该批纯金锭中抽样，用化学分析方法进行分析，发现其中有比较高的铱含量，达 0.03wt%。

原因分析：铱的熔点很高，在熔炼时如果处理不当，将难以均匀地溶解在金液中。而铱在金中的固溶度又很低，甚至在液态下溶解度也低。在凝固时高熔点的铱可优先析出并聚集长大，导致分布不均匀。由于铱的硬度显著高于金，当它们到达表面时，就形成了硬点或硬点群，使抛光时产生划痕和彗星尾。

4. 金的提纯

当纯金或金合金材料中出现了过量的有害杂质时，就必须考虑将材料提纯。金的提纯方法有多种，它们的主要工艺过程及特点如下：

（1）汞齐法。这是一种较古老的提纯方法，汞齐化是将黄金、汞、水混在一起不断研磨，直到无黄金颗粒为止，黄金与汞生成金属间化合物。将硫磺粉与已汞齐化的金研磨混合，在空气中加热焙烧，使多余的汞挥发，贱金属首先生成金属硫化物，后期生成金属氧化物。经过多次重复以上操作后，用硼砂作助熔剂熔化成金锭，贱金属氧化物与硼砂反应生成低熔点物质，浮于液体上层，纯金在底部。

该方法适合用汞捕收的粗颗粒金的处理，黄金纯度取决于汞齐化的充分度和硫化去杂的彻底度，处理得好时黄金纯度可达 99% 以上。由于此方法采用有毒元素汞，已基本淘汰了。

（2）王水提纯法。将待提纯的粗金溶解于王水，加热少量多次的滴加盐酸赶硝，真到无黄色气体产生。调节 pH 值，加入亚硫酸钠或草酸等试剂或锌粉、铜片等金属。海绵金产出后将液体倒出，用去离子水多次冲洗，然后用硫酸加热煮沸半小时,再次用去离子水冲洗,然后用硝酸冲洗半小时,完成后再次用去离子水洗净。提纯后的海绵金经烘干后即可铸锭,纯度可达99.95%。

(3)电解法。这是比较常用的一种方法。它以金做阳极,纯金或不锈钢做阴极,浓盐酸做电解液,在电场作用下金在阴极上沉积得以提纯,纯度可达99.95%。但是这种方法速度较慢,工作时间较长,在生产过程中需要及时更改电解液。

(4)泼珠造粒法。这也是一种较常用的技术方法,首先往待提纯的粗金料中加银,两者的比例约(2.2~3.0):1,将它们加热熔化,用硼砂作造渣剂,金银熔化后搅拌均匀,将其倒入冷却水中,得到一定粒度的珠粒。将珠粒装入三角瓶中,加硝酸去银,反应后倒掉硝酸银,加入浓硝酸煮40min,重复此项操作,然后用热水多次冲洗,直到液体无白色,再多冲洗几次,得到纯金粉。纯度可达99.8%以上。

(5)氯铵法。该方法比较适合金粉提纯,较大的金块需要先泼珠造成小颗粒或者压成薄片,以加快氯化速度。

首先采用盐酸+食盐+双氧水、盐酸+食盐+氯气,或者盐酸+食盐+高氯酸等方法,将黄金溶成$AuCl_3$液体,然后加热溶液,去掉氧化性气体。去掉非金属物质,滤渣用水冲洗多次,加氨水调节pH值为13,用甲醛等还原剂使金还原,将溶液加热进行赶硝。这种方法提纯的纯度可达99.95%。

二、纯银锭

按化学成分纯银分为三个牌号:IC-Ag99.99、IC-Ag99.95和IC-Ag99.90。《GB/T4135-2002银》国家标准对纯银锭中的杂质做了明确规定,如表4-4所示。

表4-4 纯银锭中的许可杂质元素含量范围 (单位:%)

牌号	Ag	Cu (≮)	Bi (≮)	Fe (≮)	Pb (≮)	Sb (≮)	Pd (≮)	Se (≮)	Te (≮)	杂质总和(≮)
IC-Ag99.99	99.99	0.003	0.0008	0.001	0.001	0.001	0.001	0.0005	0.0005	0.01
IC-Ag99.95	99.95	0.025	0.001	0.002	0.015					0.05
IC-Ag99.90	99.90	0.05	0.002	0.002	0.025					0.1

与纯金一样,铅、铋、砷等也是纯银中非常有害的元素,图4-9和图4-10分别是银-铅合金相图和银-铋合金相图,它们在纯银中的固溶度微小,容易在晶

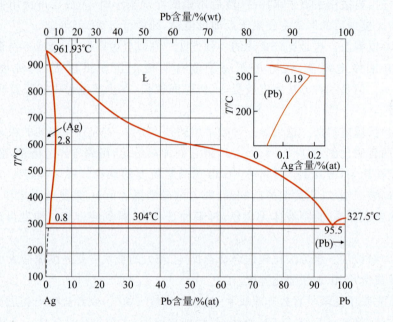

图 4-9　银-铅二元合金相图

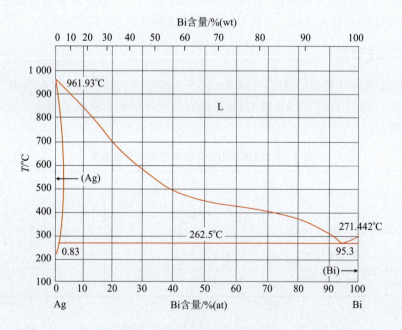

图 4-10　银-铋二元合金相图

界偏析,形成低熔点中间相,导致材料的脆性。硅在纯银中的固溶度几乎为零,如图4-11,它主要用于银合金中作为抗氧化元素,但是当硅含量超过一定程度后,将引起材料的脆性。

在纯银的质量检测方面,纯银中痕量杂质的检测是衡量纯银质量最重要的一项,但是国家标准规定中只对铅、铜、铁、硒、钯、锑、碲、铋作分析,并且用原子吸收或分光光度法,不仅只能对杂质逐个测定,而且方法中需要对样品进行多道工序处理,分析手续繁杂,周期长。但在国际交易中,对纯银中痕量杂质的检测要求为23种。因此,一些检测结构尝试利用电感耦合等离子体原子发射光谱仪对纯银中的杂质元素进行连续测定,取得了较好的效果,可以获得良好的检出限、较小的基体干扰和较宽的线性动态范围,简便易行,准确可靠。

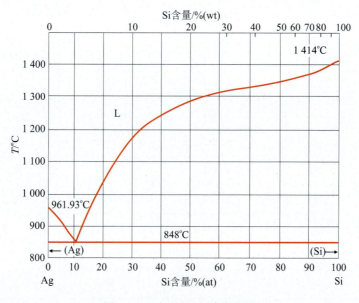

图4-11 银-硅二元合金相图

三、纯铂锭

《ASTM B561:2005 精炼铂规格》国际标准中规定了纯铂的纯度和杂质元素要求,《GB/T1419-2004 海绵铂》标准也采用了类似规定,如表4-5。

铅、铋等是非常有害的杂质元素,它们在纯铂中的固溶度几乎为零,如图4-12和图4-13,熔炼凝固时容易聚集在晶界处,形成低熔点的脆性中间相,严重恶化合金的加工性能。

表 4-5　纯铂锭中的许可杂质元素含量范围　　　　（单位：%）

牌　号		SM-Pt 99.99	SM-Pt 99.95	SM-Pt 99.9
铂含量不小于		99.99	99.95	99.9
杂质含量不大于	Pd	0.003	0.01	0.03
	Rh	0.003	0.02	0.03
	Ir	0.003	0.02	0.03
	Ru	0.003	0.02	0.04
	Au	0.003	0.01	0.03
	Ag	0.001	0.005	0.01
	Cu	0.001	0.005	0.01
	Fe	0.001	0.005	0.01
	Ni	0.001	0.005	0.01
	Al	0.003	0.005	0.01
	Pb	0.002	0.005	0.01
	Mn	0.002	0.005	0.01
	Cr	0.002	0.005	0.01
	Mg	0.002	0.005	0.01
	Sn	0.002	0.005	0.01
	Si	0.003	0.005	0.01
	Zn	0.002	0.005	0.01
	Bi	0.002	0.005	0.01
	Ca	—	—	—
杂质总含量不大于		0.01	0.05	0.1

注1. 表中未规定的元素和挥发物的控制限及分析方法，由供需双方共同协商确定。
　2. Ca 为非必测元素。

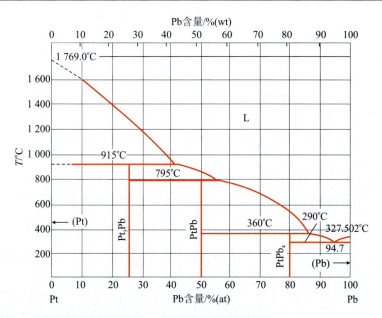

图 4-12 铂-铅二元合金相图

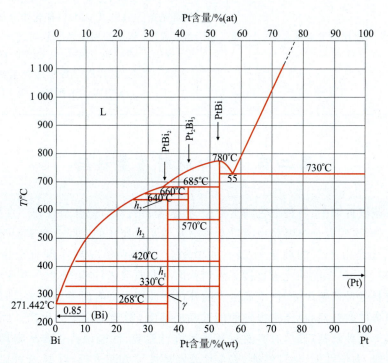

图 4-13 铂-铋二元合金相图

四、贵金属材料的检验方式

首饰企业从市场上购进贵金属材料后,要进行进料检验,检验方式如表4-6。

表4-6 外购贵金属材料的检验方式

检验项目	检验内容	检验方式	检验方法	允收标准
发票	核对供应商资料、发票上的型号、标识、金额	全检	手工核对	与合同要求一致
包装	检查包装是否完好	全检	感官检查	与合同要求一致
重量	检测贵金属材料的重量	全检	电子磅称量	执行国家标准 QB/T 1690-2004《贵金属饰品质量测量允差的规定》
成色	检测贵金属含量	全检	用荧光光谱仪或化学分析法	执行国家标准 GB/T 11066.1-2008《金化学分析方法》、GB/T 11067.1-2006《银化学分析方法 银量的测定 氯化银沉淀-火焰原子吸收光谱法》、GB/T 18043-2008《首饰 贵金属含量的测定 X射线荧光光谱法》等

第二节 补口材料质量检验

在镶嵌首饰中,各种成色的金合金、银合金、铂合金、钯合金首饰一直占有极大的比例,这些合金材料是由纯贵金属与其他元素构成的中间合金来配制的,例如18K金是由75%的纯金与25%的中间合金配制的,这些中间合金俗称"补口"材料。补口性能的优劣直接关系到首饰品的质量,目前首饰生产企业使用的补口材料名目繁杂,不同供应商生产的补口在性能方面有时差别很大,即使同一供应商提供的补口,也经常出现性能波动的情况,影响了企业的生产。因此,企业在选择某种新补口时,有必要对其质量进行检验,性能评价主要从物理性能、化学性能、力学性能、加工性能、安全性及经济性等方面进行,以K金补口为例,具体内容如下。

一、物理性能

K金首饰既属贵金属首饰,也非常强调表面装饰效果。为此,要重视和合理设计运用材料的物理性能,主要体现在密度、颜色、磁性、熔点等方面。

1. 密度

补口合金元素的选择范围较广,每种合金元素都有其原子质量和相应的密度,不同的补口组成,其密度将有所区别。例如在金-银-铜-锌合金中,银的密度是 $10.5g/cm^3$,锌的密度是 $7.14g/cm^3$,显然,用锌代替银时,将降低合金的密度,对一件具有固定体积的首饰而言,就意味着合金的重量减轻了,相同成色的合金可以用更少的金。

2. 颜色

作为首饰,颜色是重要的物理性能。饰品金合金一般按颜色分为颜色金合金和白色金合金两大类。改变K金的合金成分配比,可以获得不同颜色的材料。最常使用的颜色K金,包括K黄、K白和K红三个系列。近年来,也开发了少数几种特殊颜色的K金材料。

目测是估计和描述合金颜色的简单方法,但这种方法依赖于肉眼的感受,带有主观性,难以用语言清楚地描述金颜色中黄、绿、白、红等众多的色调。为了定量地描述金合金的颜色和颜色稳定性,根据色度学原理,首饰行业引进了CIELab系统对合金进行颜色测量,该系统采用 L^*、a^*、b^* 三个坐标来描述颜色,结果稳定可靠,该系统也是用于定量描述合金变色的有效工具。为了能用较简单的办法确定和对比合金的颜色,一些国家制订了金合金的颜色标准,并有相应的标准色板供对比。瑞士、法国和德国先后制订了18K金颜色标准:3N、4N和5N。后来德国又增补了三个14K金的标准色0N、1N和8N,它们在颜色坐标系统中的位置如图4-14。

【案例4-4】 18K白金的白度差

问题描述:某厂出口的18K白金首饰接到客户投诉,在佩戴一段时间后,局部镀层被磨损掉,暴露出来的金属基底泛黄,与镀层颜色反差大,要求退货。

原因分析:K白金作为铂金的替代品,要求具有较好的白度,为此大部分K白金首饰都在表面镀铑。通常镀铑时间非常短,俗称"闪镀",形成的镀层很薄,使用一段时间后就易磨损掉,从而露出基体金属的本来颜色,许多情况下金属本体颜色与镀层颜色反差巨大。而供需双方在确定金属材质时,只是笼统地定为18K白金,在合金颜色方面采用的是定性描述方法,容易出现首饰企业与客户之间因判断不一致而引起异议。针对这个问题的普遍性,MJSA与世界黄金协会

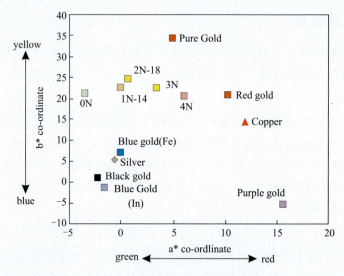

图 4-14 标准色在坐标系统中的位置

合作,在用 CIELab 颜色坐标系统对 10KW、14KW、18KW 的样品检测颜色后,用 ASTM 黄度指数对 K 白金的定义进行了统一规定,定义"K 白金"的黄度指数应低于 32,并将 K 白金按颜色分成 1 级、2 级、3 级共 3 个等级,如表 4-7 所示。

表 4-7 K 白金的白色等级

颜色等级	黄度指数 YI	白色程度	镀 铑
1 级	YI<19	很 白	不需要
2 级	19<YI<24.5	白色尚可	可镀可不镀
3 级	24.5<YI<32	较 差	必 需

这个分级系统使供应商、制造厂家、销售商之间,能用量化的方法来确定 K 白金的颜色要求,当 YI 超过 32 后,不能称为 K 白金。

由于镍、钯是主要的漂白元素,它们的含量越高,合金的颜色越白,但相应地生产制作难度或者成本会增加,因此,首饰企业在选择补口材料时,往往需要综合考虑颜色和加工性能的问题。

3. 磁性

K金首饰作为贵金属首饰,绝大部分情况下不希望合金出现磁性,避免消费者对材料真伪的疑虑和投诉。

【案例4-5】 18K白金戒指带磁性

问题描述:某首饰企业生产了一批镍18K白戒指,遭到退货和投诉,理由是戒指有较强的磁性。

原因分析:在自然界中,铁是众所周知的具有磁性的金属元素,除此之外,还有其他少数几种元素也带磁性,例如钴、镍、镓。K白金常使用镍作为漂白元素,镍的加入也使得金合金有时呈现一定的磁性,业内称此现象为"走磁"现象。贵金属首饰带磁性常受到消费者的质疑和投诉,因此要设法消除其磁性。

物质是否显示磁性,除了与其成分有关外,还取决于显微组织。具有相同的元素,但是组织不同,或处于不同的温度范围时,有时会表现出磁性的差异。用图4-15所示的金-镍合金相图可以表明这一点。

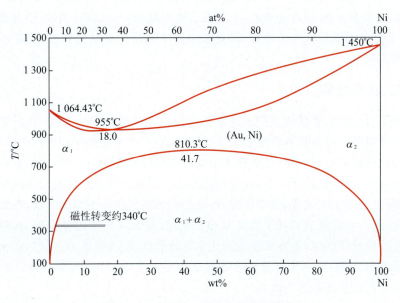

图4-15 金-镍二元合金的磁性转变

从相图可以看出,金-镍合金在固相线以下和一定温度之上的区域为单相固溶体,分别是富金的α_1和富镍的α_2,它们都没有磁性。从单相固溶体区缓慢冷却到一定温度时,开始出现分解形成两相区,当温度降低到约340℃时,出现磁性转变,当镍K白金的成分在出现磁性转变的范围内时,合金就有可能呈现磁性。由于镍K白金在铸造后的冷却过程中,由于冷却速度比较缓慢,以及铸造时产生的成分偏析,使铸态条件下会出现两相组织,并经过磁性转变而产生磁性。

解决措施:在合金成分不变的情况下,为消除镍K白金的磁性,必须控制合金的组织,即通过热处理获得不显磁性的单相固溶体。可以将铸态组织加热到单相固溶体区,在此温度下保温使成分得到一定的均匀化,然后将合金快速冷却(如淬水),使高温下才稳定的单相固溶体保持到室温,因而消除了合金的磁性。

4. 熔点

K金首饰大部分采用石膏型熔模铸造工艺生产,由于石膏的高温热稳定性较差,当温度达到1 200℃时,就会产生热分解,释放SO_2气体,引起铸件气孔,在石膏型焙烧不完全使型内存在残留碳,或者金属液氧化严重形成大量氧化铜时,这个分解温度还会大大降低。因此,为保证采用石膏型铸造的安全性,需要控制合金的熔点,一般K黄金和K红金的熔点在900℃左右,采用石膏型铸造不会有太大问题,但对于K白金,由于采用高熔点的镍、钯作为漂白元素,合金的熔点比K黄金和K红金都高,就存在石膏型热分解的风险,当镍、钯含量很高时,石膏型已不能保证生产质量,需要采用成本高昂的酸粘结铸粉,无疑会大大增加生产成本。

二、化学性能

K金合金的化学性能主要表现在其抗晦暗和抗腐蚀能力方面,这对于首饰而言十分重要。合金抗蚀性随成分变化,18K金在普通强酸作用下也不受腐蚀,14K金抗蚀性也很好,但在强酸作用下会从表面浸出铜和银。9K以下金合金不耐强酸腐蚀,在不良的环境中,就会晦暗变色。但贵金属量不是抗晦暗的唯一因素,晦暗变色是化学成分、化学过程、环境因素和组织结构的综合结果,在低成色K金中,当补口的成分有利于提高K金的电位、能形成致密的保护膜、有利于改善合金的组织结构时,仍有可能得到化学性能优良、抗变色能力良好的合金。三个主要的K金系列中,K红金因含铜量高容易产生表面晦涩,在其补口中需要利用有益的合金元素进行改善。

三、力学性能

首饰品要长时间保持高光亮度,需要提高合金的硬度,以满足耐磨性的要求;一些首饰品结构件,如耳针、耳钩、胸针、弹簧等,要求有良好的弹性,也需要提高合金的硬度。但是金本身的硬度强度很低,难以满足镶嵌要求,K金化的目的之一就是要提高材料的强度、硬度、韧性等力学性能。在三种典型的K金中,镍漂白的 K 白金具有较高的强度和硬度,弹性较大,需要平衡强度硬度与韧塑性的关系;K 红金可能发生有序化转变而丧失塑性,需要从补口成分和制作工艺上加以考虑。

四、加工性能

补口成分设计时充分考虑适应不同的加工工艺对性能的要求,如熔炼方式对合金的抗氧化性能有差异,同种合金采用火枪熔炼、大气下感应加热熔炼、在保护性气氛或在真空下熔炼,结果是不一致的;又如首饰生产有采用铸造方法的、有采用冲压方法的、有采用焊接方法的,等等,每种方法对 K 金在某方面的性能要求是很明确的,也决定了合金元素种类和加入量的选择。设计补口成分时充分考虑合金的工艺可操作性,避免工艺范围过窄带来的操作问题。加工性能主要从铸造性能、塑性加工性能、抛光性能、焊接性能和回用性能等方面考虑。

1. 铸造性能

合金的铸造性能对铸造饰品表面质量影响非常大,衡量合金铸造性能的好坏,可以从金属液的流动性、缩孔缩松倾向及变形热裂倾向几方面考虑,要求用于铸造的 K 金具有较小的结晶间隔、吸气氧化的倾向小,流动性和充填性能良好,不易形成分散缩松和产生变形裂纹,有利于获得形状完整、轮廓清晰、结晶致密、结构健全的首饰铸件。为确定补口的铸造性能,一般采用台阶形、平板形和筛网形试样进行检验,如图 4-16 所示。其中台阶形试样主要用来测试硬度和阶梯面质量,平板形试样主要用来检测晶粒度及气孔倾向,筛网形试样用来评定流动性。

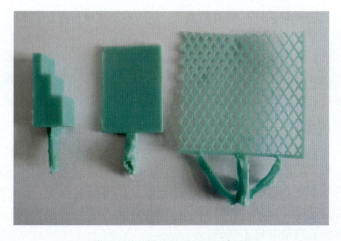

图 4-16 铸造性能试验用试样

2. 塑性加工性能

塑性加工工艺在 K 金首饰生产中得到了广泛应用，除利用拉拔、轧压类机械制作片材、线材、管材等型材外，也经常用于首饰品的成型加工，如利用机床车制、利用冲压机冲压、利用油压机油压等。要保证塑性加工产品的质量，除正确制定和严格遵守操作工艺规范外，材料本身的塑性加工性能具有决定性影响，要求 K 金材料具有较好的塑性加工性能，特别是进行拉拔、轧压、冲压、油压等操作时，要求合金的硬度不宜过高，合金的加工硬化速度要慢一些，以方便操作；要求材料具有良好的延展性，否则容易产生裂纹，如图 4-17 所示。

图 4-17　18K 白金轧压时产生的脆性裂纹　　图 4-18　台阶试样抛光表面的划痕

3. 抛光性能

首饰品对表面质量具有明确的要求，绝大部分首饰都要经过抛光，以达到表面光亮似镜的程度，这就要求除正确执行抛光操作工艺外，合金本身的性质也有重要影响。如要求工件组织致密，晶粒细小均匀，无气孔、夹杂等缺陷，如果工件的晶粒粗大，存在缩松、气孔缺陷，则容易出现桔皮、抛光凹陷、彗星尾等现象，如果存在硬的夹杂物，同样容易出现划痕、彗星尾缺陷，如图 4-18 所示。

4. 回用性能

对铸造首饰工艺而言，铸造工艺出品率一般仅 50% 左右，甚至更低，每铸造一次都会带来大量的浇注系统、废品等回用料，首饰企业基于生产成本和效率，总是希望能尽可能多地采用回用料。由于合金在熔炼过程中，不可避免地会发生挥发、氧化、吸气等问题，因此每铸造一次，合金的成分都会发生一定的变化，影响合金的冶金质量和铸造性能。

合金重复使用过程中的性能恶化问题，不仅与操作工艺有关，也与合金本身的回用性能有密切关系,它主要取决于合金的吸气氧化倾向及与坩埚、铸型材料的反应活性,吸气氧化倾向越小,与坩埚及铸型材料的反应性越小,则回用性能越好。

5. 焊接性能

在首饰制作中,经常要将工件分成一些简单的小部件分别制作,然后将这些小部件组合焊接到一起。要获得良好的焊接质量,除正确采用焊料外,也需要考核 K 金的焊接性能,如果焊件具有很好的导热性能,则在焊接加热时,热量不容易聚集在焊接部位,而是很快传导到整个工件,不利于焊料的熔化;如果在加热过程中 K 金容易氧化,则形成的氧化层会降低焊料的润湿性,阻止焊料渗入到焊缝内,导致焊不牢、虚焊、假焊等问题。

五、安全性

首饰长时间与人体直接接触,其安全性是首饰材料必须考虑的重要因素,补口中应避免使用对人体有危害的元素,如镉、铅及放射性元素等;另外,也要避免首饰与皮肤接触产生的过敏反应。例如在 K 白金首饰中,广泛采用镍作为主要的漂白元素,但是在使用 Ni 白金时有一个问题,即有些人接触 Ni 后会有皮肤过敏反应。为此欧盟及其他一些国家对首饰品中镍的释放率制定了严格的限制,含镍的首饰必须满足镍释放率的有关标准。

六、经济性

K 金是由金及其补口构成的合金材料,补口的价格是影响生产成本的重要因素,特别是低成色的 K 金,需要配制大量的补口进行合金化,因此,在补口合金元素的选择上,应本着材料来源广、价格便宜的原则,尽量不用或少用价格高昂的稀贵金属,以降低合金成本。

七、补口的检验方式

首饰生产企业引进一种新补口时,应进行多方面的试验,确定其性能能满足使用要求后才可投入生产,尤其对于批量生产而言更要慎重,事实上因为补口不合适引发的生产经营问题屡见不鲜。补口的主要检验内容和检验方式如表 4-8。

表 4-8 补口的检验方式

检验项目	检验内容	检验方式	检验方法	允收标准
发 票	核对供应商资料、发票上的型号、标识、金额、数量等	全 检	手工核对	与合同要求一致
包 装	检查包装是否完好	全 检	感官检查	与合同要求一致
重 量	检测补口材料的重量	全 检	电子磅称量	与合同要求一致
密 度	检验待测补口配制的贵金属合金密度	抽 检	水密度计	双方约定
颜 色	检验待测补口配制的贵金属合金颜色	全 检	配制相应成色的样板,对标准色版或用测色仪检测颜色	双方约定的标准色版
熔 点	检验待测补口配制的贵金属合金熔点	抽 检	配制相应成色的合金材料,用差热分析仪检测熔点	双方约定
变 色	检验待测补口配制的贵金属合金的抗变色性能	抽 检	配制相应成色的合金材料,用溶液浸泡、盐雾腐蚀、腐蚀气氛、极化曲线等检测合金的抗变色性能	双方约定
硬 度	检验待测补口配制的贵金属合金硬度	抽 检	配制相应成色的合金材料,用宏观或显微硬度计检测硬度	双方约定
铸 造	检验待测补口配制的贵金属合金铸造性能	抽 检	配制相应成色的合金材料,用筛网、台阶、平板等试样检测铸造性能	双方约定
塑性加工	检验待测补口配制的贵金属合金塑性加工性能	抽 检	配制相应成色的合金材料,用轧压机、硬度计等检测加工行为	双方约定
焊 接	检验待测补口配制的贵金属合金焊接性能	抽 检	配制相应成色的合金材料,用火焰、激光、氩弧、水解等方式检测焊接性能	双方约定
抛 光	检验待测补口配制的贵金属合金抛光性能	抽 检	配制相应成色的合金材料,用机械布轮、机械研磨等方式检测抛光性能	双方约定

续表 4-8

检验项目	检验内容	检验方式	检验方法	允收标准
回用	检验待测补口配制的贵金属合金回用性能	抽检	配制相应成色的合金材料,利用失蜡铸造工艺铸造试样,重复使用数次,对比每次的铸造质量	双方约定
安全性	检验待测补口配制的贵金属合金安全性	抽检	配制相应成色的合金材料,利用人工汗液浸泡法检测金属释放率	执行产品去向地的有害金属含量或释放率标准

第三节 辅助材料质量检验

首饰生产中使用大量的辅助材料,它们对首饰产品质量存在不同程度的影响,其中,铸粉、硼酸/硼砂、坩埚等辅助材料的影响较大。

一、铸粉

铸粉是首饰倒模中最重要的辅助材料之一。对铸粉的性能要求:良好的复制性能,完整复制蜡模的细节;热化学性能稳定,不易分解,不易和金属液发生反应;热膨胀性能稳定合适,保持铸造首饰品的尺寸稳定性;粒度合适均匀。铸粉的检验方式如表 4-9。

表 4-9 铸粉的检验方式

检验项目	检验内容	检验方式	检验方法	允收标准
发票	核对供应商资料、发票上的型号、标识、金额、数量等	全检	手工核对	与合同要求一致
包装	检查包装是否完好	全检	感官检查	与合同要求一致
干湿度	检验铸粉是干燥还是受潮	抽检	用手抓紧后再放松	铸粉松散,无结块
颜色	检验铸粉的颜色	抽检	用钢勺随机取出后观察	纯白,无污渍,不泛黄或泛灰
工艺性能	检验水粉比与强度、流动性、凝结时间等的关系	抽检	采用不同水粉比配制浆料,浇注平板样	双方约定

二、硼酸、硼砂

硼酸和硼砂不是同一种东西。硼砂为硼酸的化合物十水合四硼酸二钠,分子式:$Na_2B_4O_7 \cdot 10H_2O$,英文名 Borax,溶于水中呈碱性。硼酸分子式为 H_3BO_3,英文名 Boric acid,,水溶液呈弱酸性。硼酸、硼砂在首饰生产中应用广泛,在行业内有"神仙粉"的美称。

1. 硼砂在钻石加工中起防止钻石氧化的作用

在实际切磨过程中,钻石表面温度达到600℃以上时,空气中的氧就能引起钻石最外层碳原子的变化。在这种氧化过程中,钻石直接燃烧转变为气态的二氧化碳,在其表面留下了一层薄薄的似圆形到环形的白色混浊状灼烧痕,当钻石表面局部缺氧且温度高达1 000℃以上时,可能转变为其同质异形体——石墨,从而在钻石表面留下褐黑色灼烧痕(此种情况极其罕见)。灼烧痕的出现极大地影响钻石的净度,从而降低钻石的价值。修复时需重新抛光。

硼砂的特殊热学性质在很大程度上可解决研磨钻石过程中出现的氧化问题。解决的方法是:将硼砂溶于热水中形成过饱和溶液,然后将清洗过的钻石(钻石具有亲油性,易吸油,其表面的油污会破坏硼砂对钻石表面的保护)浸泡在硼砂过饱和溶液中,最后再对沾有硼砂溶液的钻石进行研磨。研磨过程中钻石表面因磨削热的积聚而产生高温,使附在钻石表面的硼砂发生变化。

硼砂对钻石的保护表现在两个方面:首先,硼砂吸热发生脱水反应,降低了钻石表面的温度;然后,硼砂开始熔融,熔融态的硼砂均匀地流到钻石表面形成隔离层,隔绝了氧气与钻石表面的接触,从而防止灼烧痕的出现。虽然在缺氧情况下加热到2 000~3 000℃时,钻石会变成石墨,且这个变化过程在1 000℃时就已经开始,但是钻石向石墨转变的过程极其缓慢,而钻石研磨过程中产生的又多是瞬时高温,所以熔融硼砂层下的钻石表面极少出现黑色灼烧痕。由此可见,借助硼砂过饱和溶液的保护作用,可基本上杜绝钻石氧化现象的发生。

2. 硼酸在蜡镶铸造中起防止宝石变色的作用

蜡镶铸造中宝石随铸型长时间在焙烧炉内高温烘烤,浇注时高温金属液对宝石也会产生热冲击,宝石易产生变色、失去光泽等问题,生产中一般用硼酸液加以保护。

【案例4-6】 劣质硼酸粉导致蜡镶产品的钻石发朦

缺陷描述:蜡镶钻石的18KW首饰,一段时间出现的钻石发朦变色比例很高,如图4-19。以往只有0.15%,突然升高到约0.5%,且一直在高位波动,出现变色的地方没有明显的规律性。

生产条件调查:钻石用的是中等级别的,跟以前一样;石膏温度为 670℃,金属液温度为 1 040℃;铸粉用的是某品牌公司生产的某牌铸粉;铸粉内加入了饱和的硼酸水。从上述情况看,生产条件属正常范围,可排除缺陷是因生产条件不当引起。钻石品质跟过去一样,也可排除在外。因此问题很可能出在石膏粉上。

图 4 - 19 蜡镶戒指中的钻石发朦

查找问题源头:石膏粉一直在用同一批进来的,保管仓温度、湿度均正常。硼酸粉最近换用了一种别的牌子的,推测问题可能出在硼酸粉上,没有发挥有效的保护作用。

解决措施:将已配好的新牌子的硼酸水全部停用,换成旧牌的硼酸粉,结果钻石发朦的比例恢复到原来的低水平。

3. 硼酸硼砂在首饰焊接中起助焊剂的作用

首饰加工中要求焊接处均匀、牢固、无裂纹、气泡、缩孔等,但由于贵金属饰品多小巧精致,所以焊接处的焊缝细小,导致焊药(或焊条)熔滴难以均匀进入。焊药成分中多含有银,在高温加热的情况下,暴露在空气中的银合金容易氧化变黑,造成焊点与首饰制件主体颜色反差明显。利用硼砂在焊接工艺中的助焊剂的作用,可以较好地解决这两个问题。

对于硼砂的助焊剂的作用,目前存在两种不同的观点:一种认为,蘸有硼砂(溶液)的首饰制件或沾满硼砂粉的焊条碰到高温火焰后,硼砂首先发生脱水反应,然后开始熔融。熔融态的硼砂均匀流到焊缝处的金属表面,形成薄层。在持续高温下,焊药熔化,焊药熔滴在硼砂形成的"热桥"引导下,均匀地流到焊缝各处。加工行话称硼砂的这个"热桥"作用为使焊药"好走焊",即指硼砂能使焊药均匀流动。另一种认为,加热使助焊剂(如硼砂)熔化后与液体金属作用,形成的熔渣向上浮起,起到了保护熔融金属、防止其氧化的作用。

4. 硼酸硼砂在贵金属冶炼中起造渣的作用

将结晶硼砂在高温下加热使其脱水,形成无水硼砂后再使用。从硼砂的组成可知它是一种较强的酸性熔剂,能与许多金属氧化物形成硼酸盐渣。硼砂中所含的碱性成分又能和造渣配料中的硅酸反应,形成硅酸盐。硼砂造渣有两大优点:其一,造渣能力比二氧化硅强,能分解一些难熔矿物,如铬铁矿也能被它熔解;其二,硼砂作为一种硼酸盐其熔点比相应的硅酸盐熔点低,配料中加入硼砂后,可显著降低熔渣的熔点。

三、坩埚

依据首饰材料的不同性质,采用不同的坩埚。常用的坩埚有:石墨坩埚,包括高纯石墨坩埚、普通石墨坩埚;陶瓷坩埚,包括石英坩埚、刚玉坩埚、氧化镁坩埚、莫来石坩埚、氧化锆坩埚、碳化硅坩埚等。熔炼对坩锅的要求主要体现在耐火度、致密度、热稳定性、与金属液的反应性等方面。

1. 石墨坩埚

石墨坩埚可用于金、银、铜合金的熔炼,图4-20是一些典型的坩埚外形。石墨坩埚具有耐火度高、传热性好、热效率高、热膨胀性低、热震稳定性好、耐熔渣侵蚀,对金属液具有一定的保护作用,可获得较好的冶金质量。

根据纯度和致密度的不同,用于制作坩埚的石墨有高纯石墨和普通石墨两类,它们应分别满足行业规定的理化指标,如表4-10和表4-11。

图4-20 典型的石墨坩埚

表4-10 高纯石墨的理化指标

体积密度 (g/cm³)	气孔率 (μΩm)	抗压强度 (MPa)	抗折强度 (MPa)	电阻率 (μΩm)	灰分 (%)
≥1.7	≤24	≥40	≥20	≤15	≤0.005

表4-11 中粗石墨的理化指标

最大粒度 (mm)	体积密度 (g/cm³)	电阻率 (μΩm)	抗压强度 (MPa)	弹性模量 (GPa)	热膨胀系数 (10^{-6}/℃)	灰分 (%)
0.8	≥1.68	≤7.8	≥19	≤9.3	≤2.9	≤0.3

2. 陶瓷坩埚

用于熔炼不锈钢、K白金、镍白铜、铂金、钯金等首饰合金时,不适合采用石墨坩埚,因为这些金属材料会与碳发生反应,必须采用陶瓷坩埚,如图4-21。

图4-21 首饰铸造用陶瓷坩埚

要满足熔炼要求,陶瓷坩锅应具有耐火度高、致密度高、热稳定性好、与金属液的反应性低,具有很好的化学稳定性等性能。根据首饰金属材料的性质,使用最广泛的陶瓷坩埚类别有石英坩埚和刚玉坩埚等。

石英坩埚的主要化学成分是二氧化硅,纯度对坩埚的使用性能影响很大。纯度是由原料决定的,石英坩埚用原料要求纯度高、一致性好,粒度分布均匀。有害成分高时会影响坩埚的熔制,影响其耐温性,还会出现气泡、色斑、脱皮等现象,严重影响石英坩埚质量。因此,对于石英中的杂质元素有较严格的要求,如表4-12所示。

表4-12 石英坩埚对原料杂质的要求 (单位:$\times 10^{-6}$)

元素名称	Al	Fe	Ca	Mg	Ti	Ni	Mn	Cu	Li	Na	K	Co	B
含量≥	11.6	0.3	0.5	0.5	1.0	0.01	0.05	0.01	0.7	0.43	0.42	0.03	0.04

烧制良好的石英坩埚,其典型的理化性能为:体积密度≥2.90g/cm³;耐火度≥1 850℃;显气孔率≤20%;热膨胀系数约8.6×10⁻⁶/℃;抗热震性1 300℃;最高连续使用温度1 100℃,短时间内为1 450℃。石英坩埚可用于熔炼K白

金、镍白铜等材料。

刚玉坩埚是由多孔熔融氧化铝组成,质坚而耐熔,具有耐高温、不耐酸碱、耐急冷极热、耐化学腐蚀、注浆成型密度高等特性,可用于熔炼 K 白金、镍白铜、不锈钢等材料。刚玉坩埚理化指标如表 4-13。

表 4-13 首饰铸造用刚玉坩埚的性能指标

项 目		指 标
化学成分	Al_2O_3	>99
	R_2O	≤0.2
	Fe_2O_3	≤0.1
	SiO_2	≤0.2
体积密度(g/cm³)		≥3.80
显气孔率(%)		<1
抗弯强度(MPa)		>350
抗压强度(MPa)		>12 000
介电常数Σ(1MHz)		2
耐火度(℃)		>1 700
最高使用温度(℃)		1 800
连续使用温度(℃)		1 600
热震性/次(300℃急冷)		>7

四、硅橡胶

首饰失蜡铸造须采用橡胶软模来制作蜡模,胶模的质量状况决定了蜡模的质量,要正确选择和使用首饰胶。可用于制作软模的橡胶有天然橡胶和硅橡胶两大类,天然橡胶具有很高的抗拉强度,可达 21~25MPa,使用寿命长,但是取模性能不好,要使用很多脱模剂,蜡模质量不佳。相对天然橡胶而言,硅橡胶更显惰性,不会与银、铜反应,减少了原版表面电镀镍或铑的需要,胶模的表面光洁度高,且具有自润滑作用,不必过多使用脱模剂,减少了因这些物质积累在胶模上引起的质量问题,且蜡模容易取出。自硅橡胶引进到首饰行业后,它便成为主要的首饰胶。按照其硫化方式,硅橡胶可分为高温硫化硅橡胶和室温硫化硅橡胶(RTV)两类。

高温硫化硅橡胶的强度一般介于7~10MPa之间,塑性很好,容易压胶,容易割模。硅橡胶模在注蜡时比天然橡胶模更能保持原来的形状,这使其更能承受注射压力的变化。此外,硅橡胶模一般贴合更紧,减少了蜡件的批锋,适合制作精细复杂件。使用寿命比天然橡胶低,一般用几百上千次。

室温硫化硅橡胶(RTV)不需加热加压硫化,适合易碎、易裂及熔点低的原版,另外它没有收缩,可以准确地把握蜡模尺寸,这对镶石及嵌件装配等操作很关键。但是RTV的熟化时间长,抗拉强度很低,一般只有0.7~1.4MPa,因此,容易撕裂破坏,使用寿命短。在割模合使用时要小心,避免损坏胶模。许多RTV胶要求按比例精确混制,其工作时间很短,一般1~2min,也有一些RTV胶的工作时间可以达到60min。通常RTV胶都要抽真空,以除去气泡。有些塑料类材料会阻碍RTV硅橡胶的硫化,此时,通过原版电镀常能解决问题。RTV胶模不稳定,对水分敏感,暴露在潮湿大气下会加速其损坏。

天然橡胶、高温硫化橡胶和室温硫化橡胶的性能对比如表4-14所示。

表4-14 首饰胶模材料性能对比

胶模材料	硫化温度(℃)	熟化时间	抗拉强度(MPa)	收缩率(%)
天然橡胶	140~160	≤45min	21~25	0~4
硫化硅橡胶	140~160	≤45min	7~10	2.6~3.6
RTV硅橡胶	常温	18~72h	0.7~1.4	0

用于软模制造的首饰硅橡胶应满足耐腐蚀、耐老化、复原性能好、具有弹性和柔软性等性能要求,其进货检验内容及方式如表4-15所示。

表4-15 硅橡胶检验内容及方式

项目	内容及允收标准	抽样方式	检查方法	检查记录
核对物料	1.核对发票上的型号、标识、金额	全查	核对发票上的供货商资料	核对无误后,在发票上签名确认,以作记录
	2.包装	全查	检查包装是否损坏	
	3.数量	全查	点数,核对发票	
品质	压模试验	取样	选取典型产品压模	

五、首饰蜡料

在失蜡铸造过程中,首饰蜡模的质量直接影响最终首饰的质量,为获得良好的首饰蜡模,蜡模料应具备如下的工艺参数:蜡模料的熔点应适中,有一定的融化温度区间,控温比较稳定,具有适合的流动性,蜡模不易软化变形,热稳定性不低于40℃,容易焊接;为保证首饰蜡模的尺寸精度,要求蜡模料的膨胀收缩率要小,一般小于1‰;蜡模在常温下应有足够表面硬度,以保证在失蜡铸造的其他工序中不发生表面擦伤;为使蜡模顺利地从橡胶模中取出,蜡模能弯折而不断裂,取出模具后它又能自动恢复原形,首饰用蜡应有较好的强度、柔韧性和弹性,弯曲强度应大于8MPa,拉伸强度应大于3MPa;加热时成分变化少,燃烧时残留灰分少。

蜡模料的基本组成,包括蜡、油脂、天然及合成树脂及其他添加物等。蜡质为基体,添加少量油脂作为润滑剂,各种树脂加入使蜡模强韧化而富有弹性,同时提高表面光泽度。在石蜡中加入树脂使石蜡晶体长大受阻,因而细化了晶粒,提高了强度。

目前,市面上较流行的首饰蜡有珠粒、片状、管状、线状等多种形状,颜色有蓝色、绿色、粉红色等类别。首饰蜡料进料质量检验一般内容及方式如表4-16,其他性能指标则视需要委托专业机构检测。

表4-16 首饰蜡料检验内容及方式

项目	内容及允收标准	抽样方式	检查方法	检查记录
核对物料	1.核对发票上的型号、标识、金额	全查	核对发票上的供货商资料	核对无误后,在发票上签名确认,以作记录
	2.包装	全查	检查包装是否损坏	
	3.数量	全查	点数,核对发票	
品质	熔点(±3℃)	每批抽一个样本	用电烙铁测试	

六、电镀原液

首饰电镀中,镀液是电镀过程中的一个关键组分,镀液成分决定镀层的性质,不同的镀层金属所使用的电镀液是不同的,但一般都包括主盐、导电盐、络合剂、缓冲剂、润湿剂、稳定剂等。工厂一般采用商品化电镀原液进行勾配开缸,对电镀原液的进货检验方式如表 4-17。

表 4-17 电镀原液检验内容及方式

项目	内容及允收标准	抽样方式	检查方法	检查记录
核对物料	1. 核对发票上的型号、标识、金额	全查	核对发票上的供货商资料	核对无误后，在发票上签名确认，以作记录
	2. 包装	全查	检查包装是否损坏	
	3. 数量	全查	点数，核对发票	
试电	开缸小试	取样	开 500ml 试电	

第五章　原版质量检验及常见缺陷

原版是首饰加工流程中的第一道工序，它一般通过以下几种方法来制得：一是手造原版，即通过锯、锉、焊、錾等手段，制作出棱角分明、线条清晰、表面光洁的原版。二是通过手工雕出蜡版，然后将其铸造成原版。三是利用各种快速成型手段制作蜡版或树脂版，然后铸造成银版，或者直接用金属制做出原版。现代首饰生产中，越来越多地采用快速成型技术来提高制版效率。

原版质量对首饰产品的生产效率、生产成本、产品质量等都会产生显著影响。一件结构合理、表面光洁的优质原版，可以成倍地减少后工序的加工处理工作量。相反，一件粗制滥造的原版，只能生产出低劣的产品，因为原版上的缺陷都会忠实地复制到产品上，造成批量产品报废或增加修整工作量。因此，原版是保证首饰产品符合客户质量要求的基础，必须加强原版质量检验及工艺试验首检。

第一节　原版质量检验内容

原版质量检验内容主要包括：形状、尺寸、重量、结构、表面质量、水线等方面。

一、形状

首饰原版最重要的要求是"忠实原貌"，即原版的制作必须严格符合设计图纸的要求或设计者的意图。要做到这一点，操作者必须首先利用立体思维来深入体验和领会设计者的构思和主题，还应兼顾原版的整体性、协调性、美观性。

二、尺寸检验

不同类别的首饰，既有共性的尺寸要求，也有针对各类的特定尺寸，在起版时需要考虑。以戒指为例，各部位都有一定的尺寸要求，见图5-1。

1. 戒指

手寸：指戒指的内径，一般用手寸号来表示。

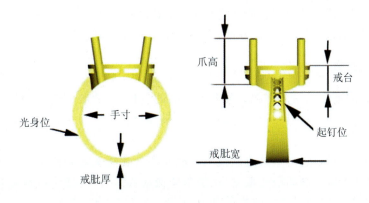

图 5-1　戒指在各部位对应的尺寸要求

肚底宽:指戒肚底部的截面宽度。

肚底厚:指戒肚底部的截面厚度。

光身位厚:花头边无镶石部位的厚度。用内卡尺量取,若客户没提供要求,可取 0.6～0.7mm。

起钉位厚:起钉镶石位的厚度,用内卡尺量取。若客户没提供要求,可取 1～1.2mm。

镶石边厚:花头镶石位周边的厚度,如镶边厚,可取 1.5～1.8mm。

2.项链手链

总长度:除去扣接部位的总体长度。一般情况下,项链以 16～17 寸为常见,手链以 6.5～7 寸为常见。

链节长:指单个链节的长度。

光身位厚、起钉位厚和镶石边厚的要求与戒指相似。

3.手镯

圈口:指手镯的内径,一般用号数来表示。

宽度:指手镯壁的截面宽度。

光身位厚、起钉位厚和镶石边厚的要求与戒指相似。

检验原版尺寸的工具有游标卡尺、戒指尺、内卡规等,原版尺寸要根据图纸来确定,但是要预留出缩水量及后续加工余量,即原版尺寸＝产品要求尺寸×(1＋缩水率)＋加工余量。注意,不同方向的缩水率是有区别的,并且不同的产品结构和材质也会影响缩水率,加工余量则要根据铸造表面质量、采用的表面加工方式以及表面质量的要求程度来确定,一般取 0.1～0.6mm 不等,铸造质量不佳、采用手工加工、表面质量要求高时,预留的加工余量要大一点,而采用冲压成型的工件,表面致密度和光洁度较好,预留的加工余量就可以小一些。因此,原版尺寸的确定不是一成不变的,要根据实际情况来确定。

三、重量

原版的重量在很大程度上决定了产品的重量,当原版材料与产品材质确定时,它们之间的重量有一个近似的比例关系,因此,可以通过控制原版重来控制产品的重量。

对于手造银版,可直接通过银与产品材质的比重关系来确定。对于手雕蜡版,一般先大概控制蜡版的重量,在蜡版铸造成银版后,再通过执银版和修整细节部位控制银版的重量。蜡料与蜡与金属的近似比例关系如下:蜡:银=1:10;蜡:足金=1:20;蜡:18KW=1:15.5;蜡:18KY=1:15;蜡:14KW=1:14.5;蜡:14KY=1:14;蜡:10KW=1:10.5;蜡:10KY=1:10。为提高精确度,蜡版称重时应准确到两位小数。

四、原版结构

一件结构合理的原版,可以显著减少批量生产时的处理工作量,减少出现质量问题的几率;反之,当原版结构不合理时,批量生产时常出现事倍功半的情况。因此,在原版制作前要仔细考虑后续的生产操作,设计相应的原版结构。原版的结构包括本体、分件、嵌件、配件、工艺附件等。

本体:指原版的主体部分。

分件:对于较复杂的原版,如整体制作时存在工艺难度大、质量难保证、生产成本高等问题,则一般将其拆分为若干个组件分别制作,最后再将这些分件组合到一起。

嵌件:指装嵌在原版本体上的小配件。嵌件装配固定时,通常需要借助焊接,要注意焊接强度和焊料使用量。

镶口:指镶嵌宝石的底座。镶口的类型有多种,要根据订单要求确定。镶口的位置、大小、坑位高低、爪(钉)的大小长度等,都会对镶嵌质量产生明显影响。

铰筒:指用于连接两个组件,并允许两者之间做转动的机械装置。铰筒在耳环、手镯、胸针等首饰上经常使用,其转动灵活性和持久性直接影响首饰的使用功能。

耳针:指耳环上穿过耳孔的金属杆,与之配合使用的有耳拍,耳针的位置、长度、粗细等,要根据原版的结构来确定。

鸭利挚(箱):指用于手镯、手链等开口连接部位的连接紧固配件,包括鸭利(弹片)以及与之配合使用的挚箱。

工艺附件：指首饰成品上并不存在，但出于制作工艺要求而增加的一些附件，如拉筋、补贴等，这些附件一般要求在完成某些生产工序后除去。

五、原版表面质量

原版的表面质量，对产品质量、生产效率、生产成本等都具有非常重要的影响。在原版上多做一份功，在生产中带来的回报难以对等衡量，但是常有一些厂家认识不到这个浅显的道理。原版表面应做到光滑细致，没有明显的砂眼、孔洞、划痕、边不顺等缺陷。

六、水线

焊水线是为了在铸造过程中，预留下金属液流动的通道。在首饰铸造中，水线的正确设置是保证铸造质量的基本条件，很多的熔模铸造缺陷都直接或间接由水线的设置不合理引起，如充填不足、缩松、气孔等常见缺陷。水线设置合理与否主要从水线的位置、数量、形状、尺寸、连接方式等方面进行评价。

（1）在制作原版时，应将水线视为原版的一个组成部分，用高焊料将其焊到原版上，这样的水线有利于蜡液或金属液的充填。如果原版上没有水线，而是用手术刀在胶模上随意挖出来，这样的通道容易引起紊流，不利于充填。

（2）水线应连接到铸件最厚的部位，且其截面的当量厚度应大于铸件。因为水线承担了补缩的功能，要保证其凝固时间比铸件要迟，才能避免铸件出现缩松缩孔等缺陷。水线与工件的连接方式对铸件的质量也有很大的影响，呈直角连接或者在连接部位缩颈时，不利于金属液的充填，容易引起紊流。应在水线根部与铸件连接处倒出圆角，并控制圆角幅度，既要避免圆角过小不起作用，又要避免圆角过大增加清理难度。

（3）水线的长度要合理。蜡液或金属液流经水线通道的过程是一个逐渐降温的过程，如果水线过长，不利于充填，可能导致填充类缺陷，但是如果水线长度过短，使工件过分靠近树芯，不仅降低了单棵铸造金属的工件数量，也增加了工件因过分受热而引起缩松缺陷的可能性。

（4）水线的数量要根据工件结构确定，在满足充填和补缩的前提下，减少水线数量，可以减少打磨清理工作量，提高工艺出品率。但是，如果工件比较纤细复杂或形体较大，单支水线不易满足要求时，就要使用两支或多支水线。

（5）水线的形状。生产中通常见到的水线截面形状有圆形、方形、三角形等，应优先使用圆形截面，它不仅有利于金属液的顺畅流动，还可减少热量的散失，延长通道保持补缩通道的时间。水线有单支、Y形、V形、钩状、环形等多种形式，需要根据工件的实际状态作出相应选择。

第二节　原版质量检验人员及方法

与首饰制作其他工序的质量检验员相比,原版质量检验员的要求和难度要高得多,在业内俗称看版或审版师傅,一个优秀的看版师傅,要求懂珠宝首饰的设计,即使不是设计师出身,但对于设计师的工作要清楚,并能看懂3D设计图;有丰富的制版工作经验,精通银版结构、银版制作工艺和品质要求;熟悉版部作业流程,熟悉珠宝首饰的生产加工环节,有长期的工厂实践经验,对工艺和生产流程了然于心;对首饰材料有一定认识,对生产异常问题有一定预判能力。

对于当今的首饰生产方式而言,有几个主要环节影响原版的质量。一个是CAD图的审核,原版形状、尺寸、结构、首饰生产工艺方面的问题,在绘制CAD图时就应该认真考虑。但许多CAD绘图员对生产工艺并不熟悉,因此,对于CAD图不仅需要设计人员去审核把握美感和坯形,还需要审版人员对其进行结构和工艺审核,提出修改意见和要求。二是要对快速成型的蜡版或树脂版进行检查,要检查它们是否完好,有无残缺、变形、砂孔等缺陷,发现有这类缺陷时,应先进行修补再安排倒银版,无法修补的要重新出蜡版或树脂版。对于手工雕蜡的蜡版也要认真检查。三是对复制的银版进行检查,先要检查银版毛坯是否完好,有无严重的缺陷,对于执好的银版要分别从形状、结构、装配、尺寸、工艺、表面质量等方面进行检查。

原版检查的手段相对简单,外形、结构、神韵等方面主要靠肉眼观察,尺寸检查可借助戒指尺、卡尺、内卡规等测量,表面质量可依靠肉眼和放大镜检查。

第三节　常见的原版缺陷

一、外形不符

首饰原版一般都有设计图、示意图或客户口头方面对外形的要求,原版完成后要对照图纸检查,或交由客户确认。

【案例5-1】　戒指内圈要求内圆弧,如图5-2所示。

分析:首饰要考虑佩戴舒适感,戒指内圈边通常要求做成圆角,但是在生产时常没有按照这个要求,经常做成直边。

【案例5-2】　变形,如图5-3所示。

第五章　原版质量检验及常见缺陷 · 123 ·

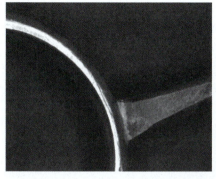

图 5-2　戒指内圈未按要求做成内圆弧

图 5-3　吊坠底框扭曲变形

分析：原版变形问题在生产中经常出现，其原因：一方面与首饰结构有关系，首饰一般都比较纤细，承受外力的能力较弱；另一方面与原版的材质有关，原版一般采用 925 银制作，与其他常用的 K 金、铜合金等首饰材料相比，银合金的强度和硬度较低，使得原版在制作过程中有时会发生变形，特别是压制胶模过程中。

解决措施：对于原版变形问题，一般有几种解决思路。一是对原版结构进行必要调整，避免过于纤细或平面过大；二是设置工艺拉筋，如图 5-4 所示，将各个孤立的操作柄用拉筋连接起来，大大减少了操作杆的变形几率；三是选择性能更优良的材质来制作银版，近些年业内有一些厂家在开发高硬度的银合金方面进行了有益的尝试，通过添加一些微量合金元素和制作工艺，明显改善了合金的强度硬度。

【案例 5-3】　原版没有神韵，如图 5-5 所示。

图 5-4　在原版上设置拉筋防止变形

图 5-5　蛇吊坠原版没有神韵

分析：一件货物不仅有形，还要有神韵，否则就无生动灵气可言，特别是一些人物、动物款式。但是，在原版制作中对神韵的把握不是一件易事，必须具有相当的艺术功底，许多时候只可意会，不可言传。

解决措施：对于动物类原版，利用电脑绘图快速成型往往显得机械呆板，应优先采用手工雕蜡，或者利用电脑绘图制作出主体坯，再对它进行手工处理。

【案例 5-4】 原版上的镶口边不圆整，如图 5-6 所示。

分析：执版时手法不当，将原版上的镶口边执成了多边形，无法满足圆整的要求。

【案例 5-5】 原版上的孔边崩缺，如图 5-7 所示。

分析：本例中，原版在铸造后，三个圆孔均出现了明显的崩边现象，导致圆孔严重畸形。崩边的原因与铸造时铸型的质量、铸造工艺等有密切关系，具体原因参见第六章。

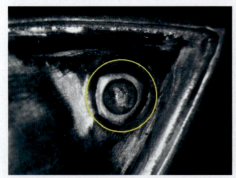 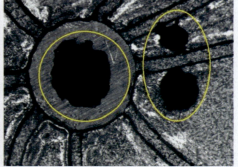

图 5-6　原版镶口边执不圆　　　　　图 5-7　原版上的孔边崩缺

二、尺寸不符

首饰对于尺寸方面的要求不似机械加工配件那样严格，但是在涉及佩戴、镶嵌、装配时，如戒指手寸、手镯圈口大小、手链长度、项链与瓜子耳的配合、嵌件与底托的配合等，要求原版尺寸准确。

【案例 5-6】 瓜子耳尺寸不符。

分析：吊坠的瓜子耳有多种规格，其尺寸一般根据吊坠的形状尺寸、结构、材质，以及配链的尺寸等进行确定，瓜子耳穿链孔的尺寸要能保证链子顺利穿过，否则存在佩戴问题。

【案例 5-7】 手链长度不符合图纸要求

手链长度是衡量其佩戴舒适度的重要指标，必须根据图纸要求的链节数、扣接方式及手链总长度,结合缩水量和加工余量来确定单个链节的长度。首饰产品的图纸往往不如机械加工行业的图纸规范,在图纸上随意标准或更改的情况是很常见的,图5-8中的手链尺寸及结构要求就是典型的例子。因此,在制作原版时,必须认真读懂图纸的要求,存在疑问时要及时向客户质询确定,不能仅凭自己的理解想当然地处理。

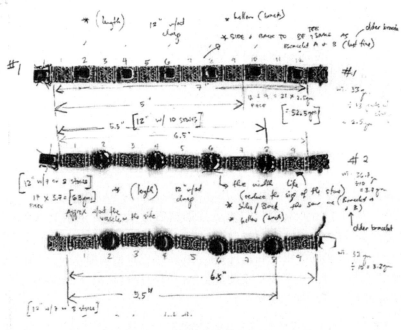

图5-8 不规范的手链尺寸标注及结构说明示例

【案例5-8】 镶口尺寸与宝石不相配,如图5-9所示。

分析:逼镶梯方钻石是钻饰中常用的镶嵌方法,一般要在一个镶口中排放多粒钻石,要求钻石排列紧密平整顺畅,钻石可以排列得下,且钻石与钻石之间、钻石与镶口两端之间没有明显的缝隙。但是在制作原版时如果对尺寸把握不准,就会出现镶口与钻石之间尺寸不相配的问题。

【案例5-9】 底托尺寸与配件不相配,如图5-10所示。

分析:在图5-10的戒指中,白色部分为玛瑙,与金属底托、镶口装配在一起,要求结合面吻合度好,没有明显的间隙。这个要求看是简单,但是在实际生产中不易保证,制作银版时要准确把握金属底托和镶口的实际缩水量,这需要通过试验来调整确定。

图 5-9　逼镶镶口尺寸与宝石不相配　　图 5-10　底托与玛瑙配件的吻合要求

【案例 5-10】　起钉版中钉的尺寸过小,如图 5-11 所示。

分析:镶嵌首饰中,有时为追求更好的镶石效果,不在电脑制蜡版(或树脂版)时将镶钉做出来,而是在倒成银版后,再通过手工在银版上起钉。固定宝石的镶钉须保证有起码的粗度和高度,在手起钉时应将倒模缩水、后续加工执损等因素考虑进去;否则,使用该钉版批量生产时,经过执模、吸钉、车磨打等操作后,有些镶钉可能过弱而易出现掉石。

图 5-11　起钉版中钉的尺寸过小　　图 5-12　吊坠重量过重

三、原版重量不符

【案例 5-11】 原版重量过重,如图 5-12 所示。

分析:对于贵金属首饰,出于成本和市场售价接受程度考虑,必须控制金重,这需要从制版时就予以保证,在满足首饰外形尺寸和结构强度的前提下,将背底、内凹等隐藏的部位尽可能掏除,以减轻产品重量。在本案例中,如果仅要求正面的立体效果,则制版时可以只做一半,将背部掏空,如果要求做成立体圆雕状,可以将原版设计成正面和背面两部分组合装配,两部分的内侧掏空,并且可以将背部做成网底,可以大大减轻重量。

四、原版的结构不合理

原版的结构对后工序生产质量控制影响很大,结构设计不合理的原版,容易引起缺陷,增加了生产难度和处理工作量。原版的结构设计既要保证产品符合客户的外形尺寸要求,又要充分考虑生产工序的可操作性。以下是一些常见的原版结构不合理示例。

【案例 5-12】 原版未拆件,内部执不到,如图 5-13 所示。

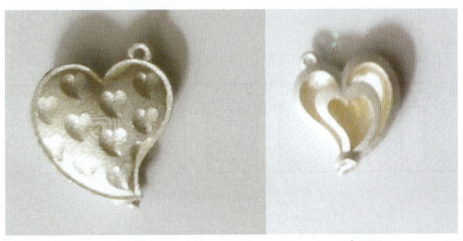

(a) 正面　　　　　　　　(b) 反面

图 5-13　原版未拆件,内部执不到

分析:本例中的耳钉本体是心形,为减轻重量,心形两面开小心形镂空,心形内部掏空。但是在 CAD 出图时,未充分考虑到执版及生产时执模的可操作性,将心形整体成型出来,使得复制的银版无法对掏空的内腔进行执版处理,后续的压胶模和产品执模当然也难以处理。

解决措施：将心形分开两半分别出蜡，在结合面设置定位凸台和凹槽，如图 5-14 所示，两半银版分别执好后，将它们装配到一起校版，确定无误后分别压胶模。

(a) 正面　　　　　　　　　　　　　(b) 反面

图 5-14　原版拆件，通过定位装配

【案例 5-13】　原版中的镶孔小而深，如图 5-15 所示。

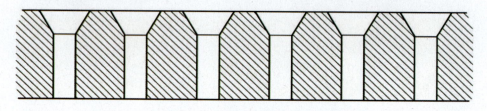

图 5-15　原版中的镶孔小而深

分析：这种镶孔结构既不利于生产，又不利于钻石的光学效果。因为小而深的镶孔在铸造时孔壁不易光滑，甚至常出现堵死的情况，执模和抛光时难以到位，电镀时也不容易上镀，使钻石看起来发黑，有时不得不采用手工的方式将石底压亮，效率低下且效果不好。

解决措施：各种切磨款式的宝石都有相应的厚度，在制版时应考虑镶孔直径与深度的关系，宝石镶嵌既要稳固，又要有好的光彩，因此应合理设置镶孔尺寸。由于宝石的稳固只取决于坑位及金边的包裹，宝石腰线以下是不接触镶孔壁的，原则上只要使镶孔深度略微超过宝石厚度即可。因此，可以通过掏底来减薄镶石部位，如图5-16所示。

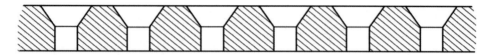

图5-16 镶石部位掏底，缩短镶孔

【案例5-14】 原版中空部位过于细长，如图5-17所示。

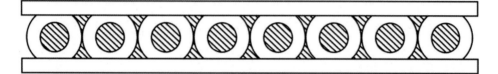

图5-17 原版中空部位过于细长

分析：首饰件常有中空的结构，如果将中空部位设计得过于细长，胶模纤细部分呈现悬垂状态，注蜡时可能出现摆动而引起错位和披锋等缺陷；在注蜡时胶模纤细部分也可能撕掉，或者在制作石膏模时纤细的石膏断掉，导致工件的细长孔没有了。

解决措施：原版中的中空部位要在满足设计要求的前提下，结合生产工艺来考虑，本例中的中空部位是在内壁，旨在减轻重量，对外观没有影响。因此，在制版时应将中空部位设置成容易加工的圆弧状，并将两个对应的中空位隔开，如图5-18所示。另外，在满足镶嵌尺寸要求的前提下，将圆环状镶孔底适当去掉一些，减少中空部位的深度。

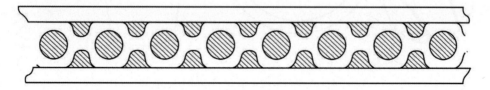

图5-18 中孔部位的结构修改

【案例5-15】 原版中连接部位或镂空装饰呈尖角，如图5-19所示。

分析：这种尖角连接会引起多个问题：胶模在生产时容易扯断，使终产品出现边线不平；制作石膏模时纤弱的石膏容易断；铸造时金属液容易产生紊流，导

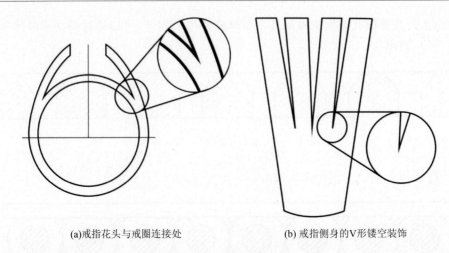

(a)戒指花头与戒圈连接处　　　　　(b)戒指侧身的V形镂空装饰

图 5-19　原版中的尖角

致工件出现气孔、夹杂等缺陷;尖角部位难抛光,采用机械抛光时这些部位痕容易嵌入抛光介质;如水口设置位置不当,工件易出现金枯。

解决措施:将尖角修改为圆角,如图 5-20 所示,圆角大小依据设计要求确定。

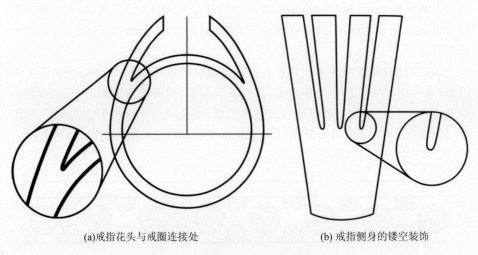

(a)戒指花头与戒圈连接处　　　　　(b)戒指侧身的镂空装饰

图 5-20　将原版中的尖角改为圆角

【案例 5-16】　原版侧壁夹层开口窄小,如图 5-21 所示。

分析:首饰原版除掏底外,对于侧壁较高的,一般还会在侧壁开夹层。本例中主石的爪镶镶口侧壁也开了夹层,其目的除减轻重量外,还有利于改善宝石的光彩。但是,当夹层开口窄小时,不利于注蜡时胶模的定位,导致夹层开口变形,也不利于蜡模从胶模中取出。

解决措施:将夹层开口适当加宽,如图 5-22 所示。

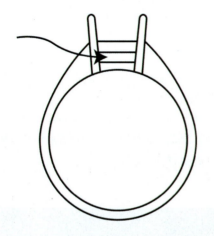 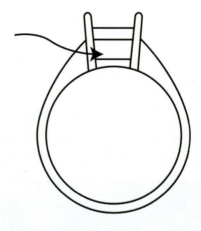

图 5-21　戒指镶口侧面夹层开口窄小　　图 5-22　戒指镶口侧面夹层开口适当加宽

【案例 5-17】　吊坠的吊件活动不畅,如图 5-23 所示。

分析:本例的吊坠,各个连接部分都是通过扣圈连接的,要求各吊件能够摆动顺畅,但是在制版时,由于连接扣圈间没有充分的空间,导致摆动时易受制不畅。

解决措施:在满足设计美感的前提下,适当增加连接部位的间隙,保证配合副之间有充分的活动余量。

【案例 5-18】　原版壁厚差别大,如图 5-24 所示。

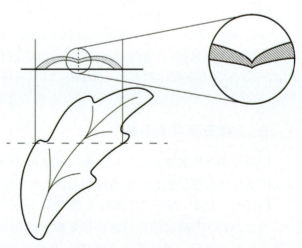

图 5-23　吊坠的吊件活动不畅　　　　图 5-24　原版壁厚差别大

分析：本例中的树叶状工件，中间的叶脉最薄，两边的叶瓣厚，且越远离中心叶脉的地方越厚，这种"厚-薄-厚"结构的工件在铸造时，薄处会阻碍补缩通道，导致厚壁处易出现缩松，恶化表面质量。当薄处壁厚过小时，有时会因为强度不足而开裂。

解决措施：在原版结构设计时，尽量避免"厚-薄-厚"结构，薄处要有基本的厚度，厚处可采用背部加脊位后掏底的方法，减少各部位的壁厚差别。

【案例5-19】 原版镶石孔未打通，如图5-25所示。

分析：需要镶石的部位，应在原版上将镶石孔打出来，这样才能保证批量生产时镶嵌质量的一致性，减少贵金属的损耗，提高生产效率，避免产品出现漏镶。这个问题在镶嵌多粒细小宝石的密钉镶中更要注意。

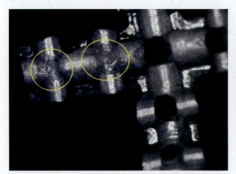 

图5-25 原版中镶石孔未打通　　　图5-26 珍珠冒过小

【案例5-20】 珍珠冒过小，如图5-26所示。

分析：镶嵌珍珠的方法一般是在珍珠上打孔，在金属插针和珠冒上涂胶水，再将插针插入珍珠孔内，待胶水硬化固定。珠冒的大小要合适，能完全盖住珠孔，又不至于过大而使比例失调。本例中，珠冒直径偏小，使得在粘胶水时，胶水容易溢出到珠冒外，增加了清理工作量及珍珠划花的风险。

五、原版表面质量不好

原版的表面质量决定了产品的表面质量，必须做到原版表面光滑顺洁，减少后工序的打磨修理工作量。常见的原版表面质量缺陷示例如下。

【案例5-21】 原版焊接部位出现焊疤，如图5-27所示。

分析：本例中，戒指的爪镶镶口与戒圈组焊在一起，在焊接部位出现了许多未清理干净的焊疤。当原版用于生产时，焊疤将转移到每个工件上，导致极大的修整工作量。换句话说，在大量复制此缺陷。

解决措施:对于焊接部位的处理要细心,利用合适的工具将其打磨光滑顺畅。

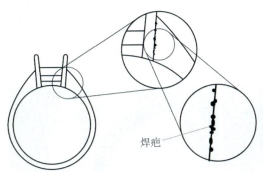

图5-27 原版在焊接部位的焊疤

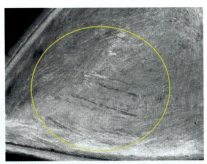

图5-28 原版上有明显的划痕

【案例5-22】 原版表面有划痕,如图5-28所示。

分析:铸造原版需要经过过锉、省砂纸、出水等执版环节,才能获得光滑顺畅的表面。如果在执版过程中前工序处理过重,会造成很深的划痕,使后工序难以去除,或者需要改变版的外形才能去除。

解决措施:执版时按照由粗到细的表面处理过程,每个工序选择合适的工具,掌握好操作的力度,后一道工序要将前一道工序的表面全部处理一遍。

【案例5-23】 原版镶口漏执,如图5-29所示。

分析:本例中,原版的镶口漏执了,仍保留了粗糙不平的铸态表面。

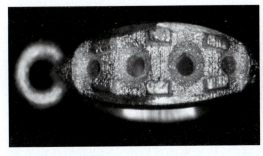

图5-29 原版镶口漏执

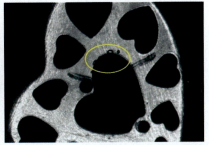

图5-30 原版表面出现砂孔

【案例5-24】 原版表面有砂孔,如图5-30所示。

分析:原版在铸造过程中,有许多方面的因素都会导致砂孔缺陷,包括铸造工艺、铸型、金属材料、产品结构等,具体原因及影响规律参见第六章。

【案例 5-25】 原版死角执不透,如图 5-31 所示。

分析:本例中,原版中心螺旋根部属于死角位,普通工具难企及,使执版后该部位仍呈粗糙状,表现为"执不透"。

解决措施:首饰执版中,由于原版的结构差异大,执版时常规的标准工具有时处理不到死角、内凹等部位,需要执版人员自制一些特定的工具,才能使这些部位执透。

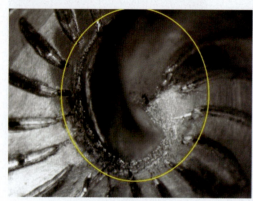

图 5-31 原版死角执不透

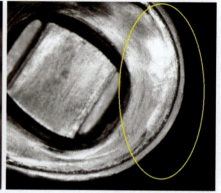

图 5-32 原版边不顺

【案例 5-26】 原版边不顺,如图 5-32 所示。

分析:执版时要做到边顺,没有明显的边厚不均现象,本例的原版没有达到这个要求,出现了明显的边不顺,这与操作人员的手法有关。

六、原版的水线问题

水线既是金属液进入型腔的通道,也是对铸件凝固收缩进行补充金属液的通道。水线的设置合理与否,关系到铸件是否健全、表面是否致密等方面,必须予以重视。几种常见的原版水线设置问题如下。

【案例 5-27】 水线过小,如图 5-33 所示。

分析:水线过小时,型腔内金属液面上升慢,可能导致残缺类缺陷,金属液对型壁的冲刷力大,可引起砂眼、气孔等缺陷,铸件凝固过程中,金属液的补缩通道受阻,可导致工件出现宏观缩孔和显微缩松。

解决措施:应根据铸造金属材质的特性、铸件大小及结构特点、铸造方式等来确定水线尺寸,一般而言,水线的截面积应为与工件连接处的 70%~150%。因此,可将本例中的原版水线适当加大,如图 5-34 所示。

【案例 5-28】 水线的位置不能满足补缩要求,如图 5-35 所示。

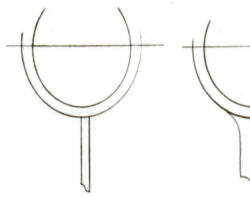

图 5-33 水线过小　　图 5-34 水线截面大小应能满足充填和补缩要求　　图 5-35 水线设置位置不合理

分析：对于戒指而言，为方便后面的打磨抛光，减少对外观效果的影响，一般优先将水线设置在戒柄处。但是本例的戒指中，花头两侧为实心厚壁结构，这两处最后凝固，其收缩得不到外界金属液的补缩，导致严重的缩松缺陷。

解决措施：按照水线设置的一般原则，应设置在铸件的厚壁部位。如果戒指的结构不允许改变，则须将戒指倒置，设双支水线，分别连接到厚截面处；如果在保持外形不变的情况下，允许在戒指内侧掏底，则可以将这两个厚壁部位的厚度减薄，使之小于戒柄壁厚，再在戒柄处设置水线即可。如图 5-36 和图 5-37 所示。

图 5-36 更改水线位置，连接在厚壁处　　图 5-37 厚壁处掏底，保持原水线

【案例 5-29】 水线的位置难清理,如图 5-38 所示。

分析:水线是铸造成型需要的工艺措施,并非铸件本身所需,在铸造成型后,需要将水线去除。本例中的水线设置在戒指的夹层处,不易切割,执模时钢锉、砂纸等工具也难进入,使水线残余不易清理干净。

解决措施:水线尽量设置在外周光面处,容易清理,如图 5-39 所示。

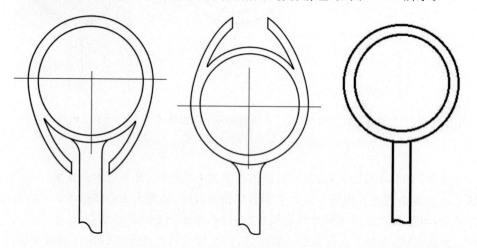

图 5-38 水线位置难清理　　图 5-39 水线设置在易清理的部位　　图 5-40 水线与铸件呈直角连接

【案例 5-30】 水线与铸件呈直角连接,如图 5-40 所示。

分析:水口与工件呈直角连接时,金属液在充型过程中容易产生紊流,引起卷气、夹渣等问题,而且在连接处可形成热节,导致该处出现缩孔。如果金属液压力大,则正对金属液流的石膏壁容易受冲刷和侵蚀,引起夹杂、砂孔等缺陷。

解决措施:水线与铸件应以圆角连接,这样可以使金属液充型平稳,减少对型壁的冲刷。圆角的大小要综合考虑水线截面大小、铸件壁厚、清理方便程度等因素。

【案例 5-31】 薄壁铸件设置了过大的水线,如图 5-41 所示。

分析:在薄截面上连接大水口,如果金属液与石膏温度不当,会引起水口的缩松,并扩展到连接部位,引起所谓的"反抽"现象。

解决措施:在薄壁铸件上设置水线,要消除这样一种误解,认为水线越大越能保证充填完整。实际上,金属液的充型能力不仅取决于水线,也取决于金属液在型腔中的流动,铸件越是面大壁薄,越容易降温而引起充填类缺陷,此时,单纯增大水线的截面是不能解决问题的,必须增加水线数量,缩短每支水线覆盖的型腔范围,如图 5-42 所示。

第五章　原版质量检验及常见缺陷

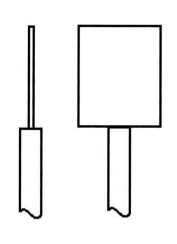 

图 5-41　薄壁铸件设置了过大的水线　　图 5-42　薄壁铸件应设置多支水线

第六章 倒模质量检验及缺陷分析

倒模工艺广泛用于大批量首饰生产,它涉及到很多工序,包括压制胶模、注蜡、种蜡树、灌制石膏模、脱蜡焙烧、熔炼铸造等。对每个工序步骤进行分析,可以发现每个成功的步骤都是建立在前面工序的基础上的,在前面的任何一个工序出问题,都可能会影响整个工件的质量。本章主要从胶模、蜡模和金属坯件三个大的方面展开叙述。

第一节 胶模质量检验及常见缺陷

如前所述,首饰胶模用材料有天然橡胶、高温硫化橡胶、室温硫化橡胶几类,无论使用何种胶料,都要遵守供应商的使用指南,使用合适的工具和技法来制作胶模。胶模存在缺陷时,必然影响到蜡模质量,因此,胶模投产前应进行检查。

一、胶模质量检验内容

评价一个胶模的质量,应主要从胶模结构、胶模内腔表面质量、胶模力学性能、胶模工艺措施等方面进行。

(1)胶模结构。在压制和切割胶模时,要考虑到胶模结构的合理性,使得胶模定位准确、取模方便。

(2)胶模内腔表面质量。胶模内腔表面应光洁顺滑,没有明显的气孔、粘胶、划痕、粉尘堆积等缺陷。

(3)胶模力学性能。包括胶模的弹性、硬度、抗撕裂强度等。

(4)胶模的工艺措施。包括浇注系统、嵌件的设置是否合理。

二、常见的胶模缺陷

【案例6-1】 分模面位置不当,如图6-1所示。

分析:胶模通常由两部分或多部分组成,这样才能将蜡模从胶模中取出来,不同胶模部分的结合面就是分模面,通常蜡模会不可避免在分模面处形成飞边或披锋。本例中,分模面穿过戒指的中心线,形成两半对称的胶模,这样,蜡模将会在戒指顶部的平面形成分型线,增加打磨抛光工作量,破坏该平面的平整度和光亮度。

解决措施:首饰失蜡铸造中采用硅橡胶模制作蜡模时,不需要像金属模一样,一定要从最大截面处分模才能顺利取模,因为硅橡胶模是很容易掰开弯曲的。因此,为减少分模面对工件正面外观的损害,一般将分模面选择在戒指的棱边处,将戒指的大部分都放置在胶模的其中一边。

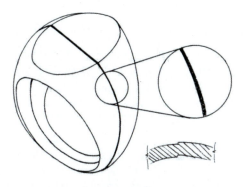

图 6-1 分模面位置不当

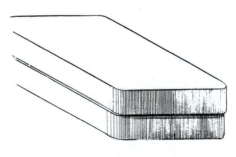

图 6-2 两半胶模错位

【案例 6-2】 胶模定位不好,引起蜡模错位,如图 6-2 所示。

分析:胶模分成两部分或多部分时,必须设置定位措施才能保证胶模部件正确吻合,不至产生错位问题。但在本例中,没有采取有效的定位措施,引起胶模错位问题。

解决措施:压制胶模过程中,首先要考虑胶模的定位方式,布置原版时预留出足够的空间。胶模一般有两种常用的定位方式,一种是四角凸块定位,如图 6-3;另一种是棱边锯齿状对合线定位,如图 6-4。

图 6-3 胶模的四角定位

图 6-4 胶模棱边锯齿状对合线定位

【案例6-3】 胶模内未开设透气通道,或开设不当,如图6-5所示。

分析:在蜡液充型过程中,型腔内的气体沿着蜡液流动方向被驱赶向前,当达到死角部位时,受到胶模壁阻碍,形成充填反压力,可能引起充型不完全、蜡模中有气泡、细节部位未成型等问题。本例中的戒指,虽然分别在侧身和爪中部开设了透气通道,但是均为逆着液流方向开设,不利于气体排出,而且在镶爪部位的透气线开设在中部,对于死角部位排气没有多大作用。

解决措施:注蜡时只有将胶模腔内的空气顺利排除,不产生蜡液充填的阻力,才能获得轮廓清晰的蜡模。胶模不仅要开设透气通道,而且要注意开设的位置和方向。本例的戒指,如采用图6-6所示的透气线开设方式,将有效减少憋气现象。

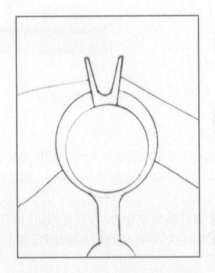
图6-5 胶模的透气线开设不当

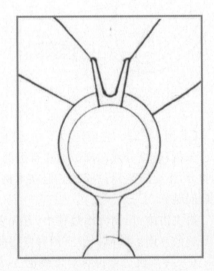
图6-6 透气线的正确开设方式

产品结构不同,透气线的开设位置有区别,但是基本原则一样,即透气线要顺液流方向开设,在死角部位开设,还要控制其大小,一般只用手术刀割出一条缝隙即可,过大的透气槽有时反而因蜡液涌入而堵塞。图6-7是一些典型工件的透气线开设方式。

【案例6-4】 胶模注蜡嘴错位,如图6-8所示。

分析:胶模注蜡嘴是注蜡操作时用于与注蜡机的注射阀配合的装置,只有两者配合紧密,才能保证蜡液顺利注入胶模型腔中。本例中的胶模注蜡嘴分开两半压入胶层中,它们产生了错位,这样的注蜡嘴将使注蜡时蜡液发生渗漏,影响蜡模质量。

➡ 内浇道入口
— 透气线

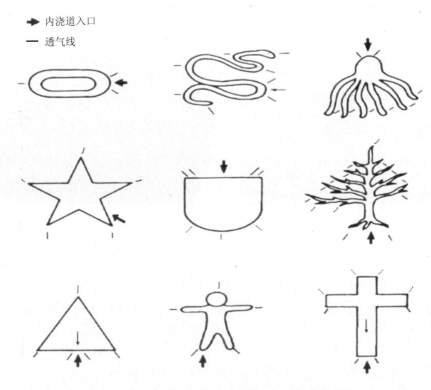

图6-7 不同结构的首饰件在胶模开设透气线的方式

解决措施：两半注蜡嘴的版要有定位装置，也可以采用整粒的模版埋入胶层中，如图6-9所示。

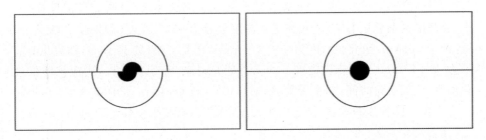

图6-8 胶模注蜡嘴错位　　　图6-9 采用整粒注蜡嘴模版压制胶模

【案例6-5】 胶模注蜡嘴不光滑，如图6-10所示。

分析：如胶模注蜡嘴出现本例的问题，可能引起以下问题：喷嘴将胶模撑开，引起大量的披缝或未充填到位；注蜡时发生漏蜡，蜡液注入不顺畅；注蜡时会引入气体,影响蜡模质量。因此,在注蜡前应检查胶模嘴,有蜡料、杂质等堆积的,要先清理干净再注蜡。

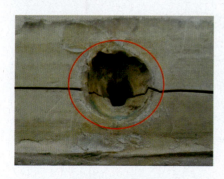

图6-10 胶模注蜡嘴不光滑

图6-11 胶模太硬,放不平

【案例6-6】 胶模软而粘

胶模必须弹性好,不能粘蜡模,有较高的抗拉强度,否则细节部位不清晰,胶模寿命缩短。当胶模出现软而粘的问题时,主要是由于橡胶硫化不够引起的,其原因在于熟化时间短或温度太低,为此要适当提高压模工作温度,延长压模时间。

【案例6-7】 胶模太硬,放不平,两半胶模合不拢,如图6-11所示。

分析:胶模太硬时,弹性大,甚至无法放平,在取蜡模时容易损坏蜡模。这种问题主要是由橡胶硫化过度引起,其原因可能有:压模压力过大;硫化时间过长;硫化温度太高。

解决措施:要根据胶模的具体结构确定适当的硫化温度、硫化时间以及压模压力。橡胶的硫化温度和时间基本符合某一个函数关系,且与胶模的厚度、长宽、首版的复杂程度有关,通常将硫化温度设定为150℃左右,如果胶模厚度在3层(约10mm),一般硫化时间为20～25min,如果是4层(约13mm),则硫化时间可为30～35min……,依次类推。如果首版是复杂、细小的款式,则应该降低硫化温度,延长硫化时间(如采用降低温度10℃,延长时间一倍的方法)。在填胶时合理控制橡胶片的数量,使之在压入压模框后,略高于框体平面约2mm。

【案例6-8】 胶层脱开

分析:操作过程中,如果提前将胶片表面的保护膜撕掉,胶层结合面被手上油脂玷污时,就会造成硫化时胶层不能融合到一起,引起分层;脱模剂喷涂过多,使部分浸入胶料中,造成胶层分层开裂;胶料塑形太差。

解决措施:选择塑形更好的胶料。必须保证压模框和生胶片的清洁,压模之前要尽可能地将压模框清洗干净,操作者要清洗双手和工作台。不要用手直接接触生胶片的表面,而应该将生胶片粘上后再撕去生胶片表面的保护膜。在填胶时不要喷涂过多的脱模剂。

【案例6-9】 胶模充满气孔,呈海绵状,如图6-12所示。

分析:导致胶模产生气孔或海绵状的可能原因有以下几个方面:①胶模、铝框填充得不紧密;②在硫化时压力不够,模腔内滞留的气体和硫化挥发物不能及时排出,应适当增加压力;③硫化不充分,温度过低或时间过短,使得硫化时产生的挥发物没有排除干净;④排气不当或没有排气;胶料内夹有空气和水分。

图6-12 胶模充满气孔

解决措施:采用洁净干燥的胶料;模框设排气槽;在填胶时采取塞、缠、补的方式,将首版上的空隙位、凹位和镶石位等填满,要保证生胶与首版之间没有缝隙。正确设置硫化温度和硫化时间,硫化初期可以检查一下加热板是否压紧,旋紧手柄使加热板压紧压模框。

【案例6-10】 胶模中的细小胶丝易断

分析:过小的孔,不能依赖胶丝来获得,要添加嵌件。

解决措施:添加大头针作为嵌件,将其装配到胶模中,如图6-13所示,注蜡后只需将针抽出,即可得到规则的通孔。

图6-13 大头针作为嵌件装入胶模中

【案例 6-11】 胶模内腔壁粗糙，如图 6-14 所示。

分析：胶模内壁光滑是保证蜡模表面质量的一个基础。当采用铜版时，容易与橡胶粘连在一起而影响表面质量。在注蜡过程中，为顺利取模，经常会在胶模腔喷脱模剂或拍打滑石粉，如果滑石粉产生堆积，将导致胶模内腔壁粗糙。

解决措施：要保证胶模内腔壁光滑，首先要使原版与橡胶之间不会粘

图 6-14 胶模内腔壁粗糙

连，要做到这一点，应优先使用银版，如果使用铜版，则应先将铜版镀银后再进行压模。在注蜡操作时，要控制脱模剂或者滑石粉的使用量，两者不可同时使用，否则易使滑石粉结块堆积。不要频繁拍滑石粉，一般拍一次粉可起 4~6 个蜡件。

【案例 6-12】 胶模切割方式不当，难取模，如图 6-15 所示。

分析：本例中，戒指内凹部位的轮廓明显比开口部位大，在将蜡模从胶模取出的过程中，蜡模因受阻不易取出，强制取模时容易导致蜡模断裂或变形。

解决措施：切割胶模时要考虑蜡模取出是否方便。对于一般的胶模，经常隔一小段距离就会割开一下，这样既便于透气，又有利于胶模弯折后取模。对于内凹部位的轮廓明显比开口部位大的工件，在切割内凹部位的胶料时，可以采取盘剥式切割法，利用胶条的弹性变形，将其从内腔中抽出，如图 6-16 所示。

图 6-15 胶模切割方式不当，难取模

图 6-16 胶模局部采用盘剥式切割法以便取模

第二节 蜡模质量检验及常见缺陷

一、蜡模的质量检验内容

蜡模的质量直接影响首饰的最终质量,把牢蜡模质量关,不合格的蜡模不允许种蜡树,可以减少不必要的生产加工费用和贵金属损耗。

评价一件蜡模的质量优劣,一般从以下几方面进行:

(1)形状尺寸。蜡模应很好地体现原版的形状,没有明显的变形,尺寸方面满足要求,不易软化变形,容易焊接。

(2)外观质量。蜡模表面应光滑细腻洁净,没有明显的表面缩陷、裂纹、皱皮、鼓包、披锋等缺陷。

(3)内在质量。蜡模致密,内部没有明显的气泡,蜡模燃烧时残留灰分少。

(4)力学性能。首饰蜡模应有较好的强度、柔韧性和弹性,在常温下应有足够表面硬度,以保证在失蜡铸造的其他工序中不发生表面擦伤;从橡胶模中取出时蜡模能弯折而不断裂,取出后又能自动恢复原形。种蜡树时蜡模与蜡芯焊接牢固,不易脱落。

二、常见蜡模缺陷

【案例 6-13】 批锋,如图 6-17 所示。

缺陷描述:在蜡件上出现多余的蜡的薄片飞边或毛刺。这种缺陷如果不清除,将导致首饰铸造坯件增加清理工作量,增加坯件开裂的可能性,增加贵金属损耗。

导致蜡模产生披锋的原因可能有以下方面:

(1)蜡机气压偏高。首饰件比较纤细,需要借助外力将蜡液

图 6-17 蜡模上的披锋

注入胶模腔,一般采用压缩空气比较简便。蜡液注射的压力取决于气压,如果气压过高,就可能使胶模在分模面撑开,导致披锋。

(2)蜡温偏高。蜡液的流动性与其黏度密切相关,而黏度在较大程度上取决于温度。温度越高,黏度越低,流动性越好,蜡液越容易深入胶模刀痕内形成披锋。

(3)夹胶模两侧的夹力太小。胶模均为两半或多部分开模的,注蜡时将他们组合到一起,并用夹板夹紧上下两面形成密闭型腔。如果夹持力不够,蜡液在外界气压作用下容易将胶模撑开而导致披锋。

(4)胶模没割好,胶模变形,或胶模弹性大。当胶模合模不密时,不可避免会产生披锋。

为此,应采取相应的解决措施:

(1)调低蜡机气压,一般蜡样平面较多、形状简单的用 $0.5\sim0.8 kg/cm^2$ 气压;蜡样壁较薄,镶石位多及空隙位窄细的用 $1.0\sim2.0 kg/cm^2$。

(2)适当降低蜡温,对于通常的工件,蜡液的温度控制在 $70\sim75℃$ 之间能够保证蜡液的流动性。

(3)增加胶模两侧的夹力。操作时注意手法,要用双手将夹板中的胶模夹紧,注意手指的分布应该使胶模受压均匀;将胶模水口对准注蜡嘴平行推进,顶牢注蜡嘴后双手不动。

(4)检查胶模的割模质量及变形状况。采用优质胶料压制胶模,它们的抗老化性能好,能长时间保持良好的柔软度、拉力弹力。压模时合理调整压模工艺参数,不要采用过高的压模压力、压模温度和硫化时间。

【案例6-14】 蜡件残缺或冷隔、流痕,如图6-18所示。

缺陷描述:蜡件在某些部位没有完全成型,或出现冷隔线、流痕、夹层等。

导致蜡模残缺类缺陷的可能原因有以下方面:

(1)蜡机气压偏低,蜡液没有足够的外界驱动力,流动受阻,充填缓慢,当液流不能融合在一起时,就会出现残缺类缺陷。

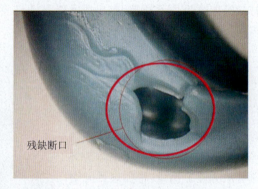

图6-18 蜡模上的残缺、冷隔和流痕

(2)蜡液温度低,没有足够的过热度来保持蜡液的流动。

(3)胶模被夹得过紧。对于一些薄壁工件而言,如果胶模夹持力过大,将使胶模腔壁厚减小,增加充填成型的难度。

(4)注蜡机出蜡嘴被堵塞,此时蜡液射出量减少,延长了蜡液充满胶模腔的时间。

(5)胶模有问题,内部气体不能溢出,形成充填反压力,阻碍蜡液顺利充填。

(6)胶模温度过低,大量吸收蜡液的热量,使流入的蜡液很快丧失流动性。

解决措施：

(1) 调高蜡机气压，这是应用最广的一个手段，对于结构复杂纤细的工件较有效。

(2) 调高蜡液温度。在不影响蜡液质量的前提下，提高蜡液温度将使蜡液具有更好的流动性，保持液态的时间更长。

(3) 适当减小胶模两侧的压力。胶模是较柔软、有弹性的，采用的夹持力不能将胶模腔压扁变形。

(4) 清洁疏通蜡机出蜡嘴。注蜡阀嘴是一个细小的通道，一旦蜡料不洁净、含有外来夹杂物时，容易将其堵塞。回用的蜡料一定要过滤除去杂物，才能回用。

(5) 在胶模内部的死角位开透气线，使气体能顺利排除，不产生充填反压力。

(6) 天气过冷时，应先将胶模预热，使其具有一定的温度再开始注蜡。

【案例6-15】 蜡模中出现气泡，如图6-19所示。

缺陷描述：蜡件表面或内部有气泡，在光照下气泡部位的颜色明显比周围淡白。蜡模中的气泡是否对铸件产生影响，要看铸件结构及气泡位置而定。当气泡暴露在表面，无疑直接导致铸件在该部位出现孔洞，当气泡位于蜡模表皮以下，在石膏铸型抽真空的过程中，不排除蜡模中的气泡在外部真空作用下而爆裂的可能。

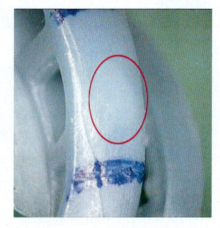

图6-19 蜡模内出现了气泡

导致蜡模中出现气孔的可能原因有以下方面：

(1) 蜡机气压过高。在注蜡过程中，蜡液以紊流状充填模腔，可能发生卷气而产生气泡。

(2) 蜡机内蜡量偏少。当蜡液面与出蜡口持平甚至低于出蜡口时，蜡罐内的气体会随同蜡液一道注入模腔。

(3) 蜡液温度过高。此时蜡液吸收了大量气体，冷凝后形成气泡。

(4) 胶模进蜡口没有对准蜡机的出蜡嘴。注蜡时空气从侧边随蜡液一起进入。

(5) 胶模没有透气孔或堵塞了。胶模腔中的气体不能顺利排除时，会裹在蜡液中或停留在死角位，形成气泡。

为此，应采取相应的解决措施：

(1) 调整蜡机的气压，能保证顺利充填即可，不必过高。

(2)增加蜡机内的蜡量,使蜡液不少于蜡机容量的1/2以上。
(3)将蜡温调节在正确的范围内。
(4)将胶模的注蜡嘴对准蜡机的出蜡口并顶紧,不留任何间隙。
(5)在胶模上开设透气线,经常检查透气线,使之保持通畅。

图 6-20 蜡件断裂

【案例 6-16】 蜡件在某些部位产生裂纹或完全断裂,如图 6-20 所示。

导致蜡件断裂的可能原因有如下方面:

(1)循环使用的旧蜡太多。蜡料由石蜡、硬脂酸及各种添加物组成,每融化注射一次,性能将劣化一次,其弹塑形也相应变差,脆性增大。

(2)蜡件放在胶模内时间过长才被取出。蜡件脆性与温度有关,注蜡后间隔合适的时间取模时,蜡件在一定的温度下还保持较好的柔软度,温度太低时,刚度增加。

(3)使用劣质蜡或过于硬质的蜡,韧性差,受力易断裂。

(4)胶模切割不当,难取模。

(5)取蜡模时操作手法简单粗暴。

解决措施:

(1)减少旧蜡的使用量,使新蜡占机内总蜡量60%以上。

(2)大批量循环注蜡时,一次少注几个胶模,取模时间到后及时将蜡模取出。

(3)改用高品质蜡或偏软质的蜡。

(4)改进胶模切割方式,必要时对取模受阻部位进一步切割。

(5)取模操作要小心谨慎。

【案例 6-17】 蜡模变形,如图 6-21 所示。

导致蜡模产生变形的可能原因有:

(1)注蜡后过早将蜡件从胶模中取出,此时蜡件的抗变形强度低,很容易产生变形。

(2)使用过于软质的蜡。软质蜡的抗变形强度低,尤其在气温高时,易发生变形。

(3)胶模未对好位,注蜡后产生了错位变形。

(4)蜡件结构不合理,缺乏有效支撑,取模时易变形。

解决措施：

(1)注蜡后，应使蜡件在胶模内冷却一定时间后再取出，一般的首饰件要等待1min，对于厚壁件，为缩短取模时间，可以将胶模浸在冷水中，以加快蜡件凝固冷却。

(2)选用较为硬质的蜡，不同地区、不同季节的气温有差别，对于高温时节，可以选择抗软化变形更好的蜡。

(3)胶模要设置有效的定位装置，注蜡时要将胶模对好位。

(4)对于纤细镂空的工件，应在原版上加支撑担位，提高蜡件的抗变形能力。

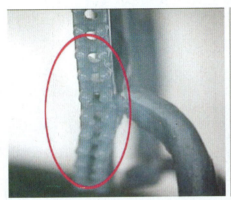

图6-21　蜡模变形

图6-22　蜡模表面粗糙

【案例6-18】　蜡模表面粗糙，如图6-22所示。

导致蜡模表面粗糙的可能原因有：

(1)注蜡时使用了过多的滑石粉或脱模剂。胶模没有经常清理时，这些物质会逐渐积累，导致蜡件表面粗糙。

(2)采用不洁净的回用蜡。当回用蜡料中混入了颗粒状物质时，它们也会被注入蜡模中，形成分散的粗糙区。当这些颗粒转移到铸件表面时，结果更糟糕。

(3)蜡模放置环境不干净，放置时间过长，表面沉积了大量灰尘。

(4)修蜡后，蜡件表面残留蜡屑。

解决措施：

(1)脱模剂或滑石粉要适量，避免滑石粉与脱模剂同时使用。胶模使用过程中注意检查，经常清理内腔壁。

(2)保证蜡料的质量，使用回用蜡时要先处理干净。

(3)保持工作场所的洁净，蜡模表面沉积灰尘或残留蜡屑时，要清洗干净。

可以配制浓度为 0.2%～0.3% 的中性皂液,蜡模先在皂液中清洗,用软毛刷去除表面油污灰滓,再用清水清洗干净。

【案例 6-19】 蜡件过重

很多贵金属首饰都要求控制金重,这需要严格控制蜡件重量。但是在注蜡操作时,如果胶模夹持力不够,或者注蜡压力过大时,胶模腔可产生鼓胀,如图 6-23 所示,另外会在分型处出现披缝,导致蜡件超重。

(a) 型腔应有形状　　　　(b) 变形后的型腔形状

图 6-23　胶模在过高的注蜡压力下产生鼓胀变形,导致蜡件过重

人手夹持胶模注蜡时,不同的人、同一个人在不同的状态下,夹持力都会有所区别,要保持蜡件重量的稳定性,可以采用带机械夹持装置的自动注蜡机,如图 6-24 所示。将橡胶模放入夹模机械手内,输入程序号,按下开始钮即可,然

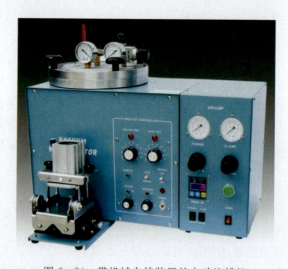

图 6-24　带机械夹持装置的自动注蜡机

后夹模、前进、自动对准注蜡口、真空、一次注蜡、二次注蜡、蜡模凝固保持、夹模开放等动作全自动完成。温度控制准,注蜡效果完美。

薄壁蜡件需要采用高注蜡压力来成型,厚壁蜡件需要较高的补缩压力补充蜡件的收缩,这对于胶模的抗变形承受力来说有时难以保证。为此,对于结构简单的蜡件,可以采用金属压型,它允许很高的注射压力,蜡模重量一致性好。

第三节 倒模坯件质量检验及常见缺陷

一、倒模坯件质量检验内容

倒模坯件的质量对首饰后续加工及成品质量影响巨大,需要在此工序加强质量检验,对坯件存在的问题进行归类,对一些重大或难以修复的铸造缺陷,宁愿在此工序判废,将损失控制到最低。

倒模坯件的质量检验主要在以下方面:

(1)外形:检查坯件的完整性,尺寸是否满足要求,有无残缺、变形、裂纹等。颜色是否符合要求。

(2)表面质量:铸件表面是否光滑致密,有无砂孔、金枯、气孔等缺陷。

(3)内在质量:浇注的金属是否正确,有无错成色或成色不足,硬度、强度、塑形等机械性能是否满足要求等。

(4)其他方面:如有无磁性,可否满足金属释放要求等。

二、影响倒模坯件质量的因素

首饰倒模过程中涉及到的工艺因素非常多,它们都会对倒模坯件质量产生直接或间接的影响,倒模缺陷很多时候是整个过程中由各种因素积累的结果。涉及的工艺因素有以下类别:

(1)金属材料物性参数。包括合金的总体成分、微量元素的含量和种类、脱氧剂和晶粒细化剂的种类及其分布、合金的凝固范围、新旧金的比例、新旧金的洁净状况、旧金过去的受热状况、金属凝固时的收缩特征、金属液在铸造温度下的表面张力、金属的导热性、金属的特征潜热、金属液对铸型的润湿行为、金属液与铸型的热化学作用等。

(2)熔炼工艺参数。包括熔炼气氛、熔炼室的湿度、坩埚形状、坩埚成分、熔炼热源、坩埚寿命、坩埚温度、浇注前金属液在某温度下的保温时间、浇注后铸件的静置时间、助熔剂的成分、助熔剂的用量和状况等。

(3) 铸型工艺参数。包括铸型的导热性、型腔的气氛、铸型温度、铸型结构、铸型温度均匀性、铸型的透气性、铸型的机械强度、铸型的表面粘结强度、铸型尺寸、铸型浇注和冷却时的收缩特征等。

(4) 浇注工艺参数。包括浇注气压、浇注压头的高度、铸型与金属液的实际温度、铸造时金属液流相对工件的方向、真空铸造的浇注速度、坩埚出口的尺寸和形状、离心铸造的转速、离心铸造时铸型与坩埚的距离、真空浇注过程中保持真空的时间、铸型从焙烧炉取出到浇注的间隔时间、铸件凝固后淬水时间、炸石膏的方法等。

三、常见的倒模坯件缺陷

1. 气孔类缺陷

由外来或金属液内气体析出被包裹在金属中形成的孔洞类缺陷,其特征是呈圆形或不规则的孔洞,孔洞内壁一般较光滑,颜色为金属色或者氧化色,当与渣孔、缩孔伴生在一起时较难区别。气孔会影响铸件表面质量,使首饰难以获得平整光亮的抛光面。气孔减少了工件的有效截面,对机械性能产生一定的影响,影响的大小则视气孔的尺寸和形状而定。根据气孔产生的机理,可分为反应性气孔、析出性气孔和卷入性气孔。

【案例 6-20】 铸件内出现反应性气孔。

金属液与内部或外部因素发生化学反应,产生气体而形成的气孔,称为反应性气孔。反应性气孔可分为内生式和外生式两类。内生式反应气孔是指金属液凝固时,金属本身化学元素与溶解于金属液的化合物,或化合物之间发生化学反应,产生气体而形成的气孔。外生式反应气孔是指金属液与铸型、熔渣、氧化膜等外部因素发生化学反应,产生气体而形成的气孔。根据其特征,外生式反应气孔可分为:皮下气孔、表面气孔、内部气孔。

要分析反应性气孔产生的原因,应先仔细观察气孔的特征及出现的地方。如气孔几乎均匀分布在工件断面上,内表面光滑,表明此情况下气孔可能不是由浇注时石膏分解产生的,而更可能的是金属液带入的。例如,使用了含石膏铸粉的回用料,石膏中的硫酸钙会分解释放气体,补口含铜的氧化物也会与石膏反应形成气体,导致出现典型的气孔。如气孔仅在表皮以下分布时,经常的原因是在浇注时石膏发生了分解。当有残留碳存在时,会使石膏的分解温度降低,加剧产生反应性气孔的风险。

以图 6-25 的气孔为例,图中黄色圆圈内的孔洞内部光滑,为典型的气孔,在与之不远的区域用蓝色圆圈标注的为不规则的孔洞,可以推测这是铸型剥落后随同金属液一起进入型腔的颗粒,它被金属液包裹后发生分解和反应,释放出

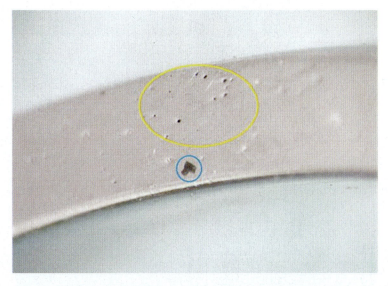

图 6-25 18KW 戒指中形成的反应性气孔

气体,形成了大量的气孔。

解决措施:

(1)如果使用重熔回用料,必须彻底清除粘附的残余铸粉,因为它会与金属液反应形成气体。含有大量气孔的废铸件应该先提纯再重熔。

(2)铸型焙烧要彻底,消除残留碳。

(3)提高铸型强度,减少金属液对铸型的冲刷,避免铸型壁剥落。

(4)适当降低金属液和铸型温度,减少铸型分解的风险。

【案例 6-21】 铸件中出现析出性气孔,随机分布在铸件断面上,如图 6-26 所示。

分析:气体在高温液态时溶解度高,温度下降,溶解度下降,由液态转变为固态,溶解度急剧降低,溶解不了的气体发生析出,当析出的气体来不及排除,被凝固枝晶包裹时,形成析出性气孔。具体原因有以下方面的可能:

(1)采用了潮湿、有油污的金属材料。

(2)熔炼时未进行保护,吸气多。金属液在高温下容易吸收气体,温度越高,吸气越严重,而熔炼完毕又没有对金属液进行有效的除气处理。

要解决析出性气孔问题,应使用干燥洁净的金属材料,控制新旧金的比例,在熔炼时注意控制温度和气氛,对于容易吸气的金属,应尽可能在保护气氛下熔炼浇注。

图 6-26　银首饰上出现的析出性气孔

【案例 6-22】　铸件出现卷入性气孔,如图 6-27 所示。

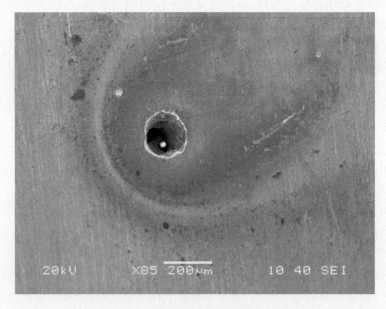

图 6-27　18KW 吊坠中出现的卷入性气孔

分析：浇注过程中卷入气体，气体在凝固过程中来不及逃逸，留在铸件内形成气孔。其特点是分布没有规律性，多呈孤立状分布，有些气孔的体积较大。导致铸件产生卷入性气孔的可能原因有以下方面：

(1) 金属液从坩埚口流出时发生溅散，这种情况下金属液与空气大面积接触，不仅容易氧化，也不可避免大量卷入气体。

(2) 水线开设不合理，金属液通道不顺畅。水线按照封闭式设计时，充型时容易引起紊流而卷气。

(3) 浇注压力过大，金属液充型不平稳。

解决措施：

(1) 要注意检查坩埚口的状况，如果有缺口、结瘤、破损等问题，应先修复处理好再使用，无法修复的弃用。

(2) 开设水线时考虑各部位截面比例，水线与铸件连接部位采用圆角过渡，避免缩颈，避免直角连接引起挂空卷气的现象。

(3) 在满足充填成型的前提下，适当控制浇注压力，例如离心铸造的转速、真空铸造中的压头等，使金属液能平稳充型，不发生喷射。

2. 收缩类孔洞缺陷

(1) 铸造合金的收缩性。液态合金当温度下降而由液态转变为固态时，因为金属原子由近程有序逐渐转变为远程有序，以及空穴的减少及消失，一般都会发生体积减少。液态合金凝固后，随温度的继续下降，原子间距离还要缩短，体积也进一步减少。铸造合金在液态、凝固和固态冷却的过程中，由于温度的降低而发生体积减小的现象，称为铸造合金的收缩性。收缩是铸件中许多缺陷，如缩孔、缩松、应力、变形和裂纹等产生的基本原因，是铸造合金的重要铸造性能之一。它对铸件(如获得符合要求的几何形状和尺寸，致密的优质铸件)有着很大的影响。

铸造合金由液态转变为常温时的体积改变量来表示，称为体积收缩。合金在固态时的收缩，除了用体积改变量表示外，还可用长度改变量来表示，称为线收缩。合金的收缩要经历三个阶段：液态收缩阶段、凝固收缩阶段和固态收缩阶段。

液态收缩：当液态合金从浇注温度冷却至开始凝固的液相线温度的收缩，由于合金处于液体状态，故称其为液态收缩，表现为型腔内液面的降低。

凝固收缩：对于具有一定温度范围的合金，由液态转变为固态时，由于合金处于凝固状态，故称为凝固收缩。这类合金的凝固收缩主要包括温度降低(与合金的结晶温度范围有关)和状态改变(状态改变时的体积变化)两部分。

固态收缩：当铸造合金从固相线温度冷却到室温的收缩，由于合金处于固体状态，故称为固态收缩。在实际生产中，由于固态收缩往往表现为铸件外形尺寸的减小，因此一般采用线收缩率来表示。如果合金的线收缩不受到铸型外部条件的阻碍,称为自由收缩;否则,为受阻线收缩。铸造合金的线收缩不仅对铸件的尺寸精度有着直接影响,而且是铸件中产生应力、裂纹、变形的基本原因。

铸件的铸造收缩率不仅与所用合金的因素有关,而且还与铸型工艺特点、铸件结构形状以及合金在熔炼过程中溶解气体量等因素有关。液态收缩和凝固收缩是铸件产生缩孔和缩松的基本原因。

(2)铸件中的缩孔和缩松。铸件在冷却凝固过程中,由于合金的液态收缩和凝固收缩,往往在铸件最后凝固的地方出现孔洞。容积大而且比较集中的孔洞称为缩孔;细小而且分散的孔洞称为缩松。缩孔的形状不规则,表面粗糙,可以看到发达的树枝晶末梢,故可以明显地与气孔区别开来。

铸件中若有缩孔、缩松存在,会使铸件有效承载面积减小,并引起应力集中,使铸件的力学性能明显降低,同时还降低铸件的物理化学性能,损害表面的致密度和抛光性能。

缩松形成的基本原因和缩孔一样,主要是由于合金的结晶温度范围较宽,树枝晶发达,合金液几乎同时凝固,液态和凝固收缩形成的细小、分散孔洞得不到外部金属液的补充而造成。

铸件中形成缩孔和缩松的倾向与合金的成分之间有一定的规律性。定向凝固的合金倾向于产生集中缩孔;糊状凝固的合金倾向于产生缩松,其缩孔和缩松的数量可以相互转换,但它们的总容积基本保持不变。

【案例6-23】 铸件产生了缩孔或表面缩凹,如图6-28和图6-29所示。

图6-28 925银戒指在水线根部产生了缩孔　　图6-29 纯金锭在表面产生了缩凹

上述两个图片属于同类性质的收缩缺陷,它们的形成过程可用图6-30加以说明。当金属液充满型腔后,由于受到型壁激冷作用,在型壁形成凝壳,同时产生体积收缩,金属液面逐渐下降。随着金属液热量不断向型壁散发,凝固界面不断向液相推进,凝固层越来越厚,液相及凝固收缩形成的缩孔也越来越大。当凝固结束后,形成了倒梨形缩孔。如果水线没有提供足够的金属液补充这个孔洞,则会在铸件内部留下缩孔残余,如图6-28的戒指柄内出现的缩孔。如果铸件表面是敞开的平面,则表面的凝壳层在外界大气压和缩孔内低压或真空下,就会形成图6-29所示的缩凹。

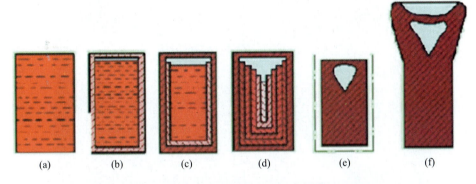

图6-30　缩孔形成过程示意图

缩孔具有如下特点:缩孔常出现于纯金属、共晶成分合金和结晶温度范围较窄的以层状凝固方式凝固的铸造合金中,它们在一般铸造条件下按由表及里逐层凝固的方式凝固;多集中在铸件的上部和最后凝固的部位;铸件厚壁处、两壁相交处及内浇口附近等凝固较晚或凝固缓慢的部位(称为热节),也常出现缩孔;缩孔尺寸较大,形状不规则,表面不光滑。

【案例6-24】　铸件产生了缩松,如图6-31和图6-32所示。

图6-31　14KW戒指柄出现的缩松　　图6-32　925银戒指出现的枝晶状表面及缩松

上述两例的戒指表面,肉眼可见孔洞群体状分布,常在厚大截面发生,工件表面粗糙。在放大镜下观察,可以看见较明显的枝晶状表面。在显微镜下观察,孔洞内壁不光滑,呈现树枝状骨架结构,如图6-33所示,由于这类孔洞表现出来的外观特征,在首饰行业广泛用"金枯"来称呼此类缺陷。

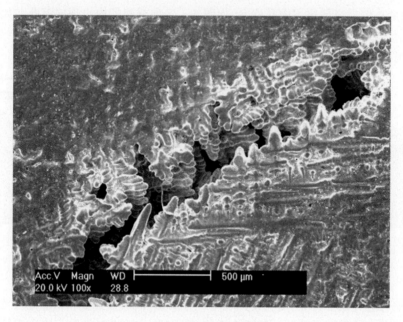

图 6-33 缩松的显微形貌

缩松与缩孔一样,也是由于金属的收缩引起的孔洞缺陷,但是它的形成有自己的特点。金属的凝固表现为晶体的形核和长大,对于具有一定结晶间隔的合金而言,其凝固是形成晶核以及晶体以枝晶形状生长的过程,特别是结晶温度范围较宽的合金,一般按照体积凝固的方式凝固,凝固区内的小晶体很容易发展成为发达的树枝晶。当固相达到一定数量形成晶体骨架时,尚未凝固的液态金属便被分割成一个个互不相通的小熔池,如图 6-34 所示。在随后的冷却过程中,小熔池内的液体将发生液态收缩和凝固收缩,已凝固的金属则发生固态收缩。由于熔池金属的液态收缩和凝固收缩之和大于其固态收缩,两者之差引起的细小孔洞又得不到外部液体的补充,便在相应部位形成了分散性的细小缩孔,即缩松缺陷。如果金属液不润湿铸型,以及石膏分解形成二氧化硫气体,残留的金属液就会被推离表面,而剩下枝晶骨架,这样就产生了典型的枝晶状表面组织。

3. 导致缩孔、缩松的可能原因及影响因素

(1)铸造合金方面。纯金属、共晶成分合金和结晶温度范围较窄的合金,趋向以层状凝固方式凝固而形成集中性缩孔,采用合适的铸造工艺,可将缩孔转移到水线和树芯而获得致密坯件。凝固范围宽的合金,趋向以糊状凝固方式凝固,形成分散性缩松,在选择合金时,应尽量采用凝固范围小的合金。

金属回用料或金属熔炼过程中氧化严重时,会促进石膏铸粉的分解,产生的

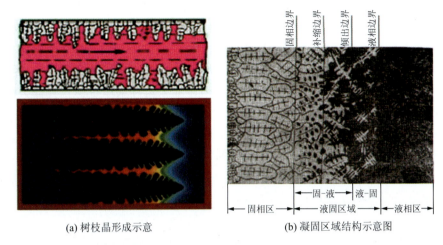

(a) 树枝晶形成示意　　　　　(b) 凝固区域结构示意图

图 6-34　树枝晶形成过程及凝固区域结构示意图

气体在一定程度上促进枝晶面的形成。

（2）铸型工艺方面。铸型温度对缩孔、缩松缺陷影响很大。铸型温度高，铸型表面形核数量减少，有利于形成发达的树枝晶，表面凝壳脆弱，促进枝晶状表面和缩松的形成。石膏铸型的热稳定性较差，当铸型温度或金属液温度过高时，就容易导致石膏分解。当石膏铸型焙烧不彻底，型壁出现残留碳时，会降低石膏分解温度，增加石膏分解的风险，将进一步促进枝晶状表面的形成。

（3）浇注系统方面。当浇注系统设计与铸件的凝固原则相矛盾时，就可能会导致铸件产生缩孔或缩松。主要表现为：树芯的尺寸要能满足整棵金树的补缩要求，并且应保持一定的锥度以利于顺序凝固；水线的尺寸、数量、位置、结构对铸件凝固方式有明显影响，水线应设置在铸件最晚凝固的地方，水线的尺寸、结构应保证它比铸件晚凝固，水线的数量应保证它能覆盖整个铸件的补缩范围；工件的位置也对缩孔、缩松产生影响，应离开树头一定距离以获得足够的补缩压头，工件之间不应过分靠近，以免引起工件之间的铸型过热而导致热分解。

（4）浇注工艺方面。足够的金属液量是消除收缩孔洞缺陷的前提。金属液浇温对缩孔、缩松很敏感，浇注温度过高，金属的液态收缩量增加，冷却凝固慢，枝晶发达，会显著促进缩孔、缩松缺陷。

显微缩松较易产生在枝晶之间，孔洞细小弯曲，弥散分布于铸件整个断面上，补缩压力不够时难以避免或消除。因此，要保持树芯、水线金属液对铸件的补缩通道，克服沿途的阻力，要求外界提供足够的补缩压力。

在种蜡树时，要避免结构差别大的工件种在同一棵树上浇注，因为不同结构的铸件要求的浇注工艺是有差别的,它们同时浇注时容易出现顾此失彼的问题。

(5)工件结构方面。缩孔、缩松缺陷对铸件壁厚也较敏感。厚壁铸件出现缩孔、缩松的倾向大,特别是在厚截面的部件或中心浇道,金属液蕴涵了大量热量,显著提高了铸型表面温度,增加了石膏分解的可能性,会促进气缩孔(松)的产生。从这个角度上讲,要减小铸件的壁厚,但是如果铸件壁厚过薄且光面大时,出现分散缩松的几率增加。铸件壁厚不均匀时,容易在壁厚部分、热节处产生缩孔或缩松。因此,应将壁厚控制在一定范围,并尽量减小壁厚差,另外在水线数量、水线位置、铸型温度、金属液温度、金属性质等方面综合采取措施。

4. 表面粗糙

表面粗糙是指铸造坯件表面不平整光滑,一般有两种情况:一种是原版粗糙引起的;另一种是铸造过程中因铸型质量差引起的。

【案例6-25】 利用快速成型蜡版或者树脂版铸造银版时,在蜡版或者树脂版表面通常都有叠层制造而形成的微小台阶,它们将复制到银版铸件表面,使铸造银版表面粗糙,如图6-35所示。

图6-35 铸造银版表面粗糙　　　图6-36 铸造925银吊坠表面粗糙

【案例6-26】 铸造925银吊坠表面粗糙,如图6-36所示。

原版表面很光滑,但是蜡模或铸型质量不好,铸造工艺不合适,铸造坯件表面出现了大量麻坑点,粗糙不平。

分析:首饰铸件上出现的表面粗糙与原版质量、蜡模质量、铸型质量和铸造工艺密切相关。导致铸件表面粗糙的可能原因有以下方面:

(1)当原版或者蜡模表面粗糙时,用其铸造的坯件一定是粗糙的。

(2)铸型强度较差,易破裂剥落。例如,铸粉的品级低,铸粉贮存很长时间未用,铸粉贮存在潮湿环境中,开粉时水粉比过高等,都会降低铸型强度。

第六章　倒模质量检验及缺陷分析　　　　　　·161·

(3)种蜡树时焊接部位未处理好,如出现了尖锐的角,或者有细小的孔洞,铸型受到浇注金属液的冲击,可能引起破裂。

(4)浇注时金属液冲刷铸型型壁,引起型壁破裂剥落。金属液充填速度越大,对铸型的冲刷力越大,铸粉颗粒剥离的危险性随之增大。离心铸造比静态铸造更易形成这样的缺陷。

解决措施:

(1)提高快速成型原版的表面质量,减少叠层成型时的步长,对成型后的原版进行表面打磨。

(2)提高蜡模的表面质量,注蜡时不可过量使用滑石粉,蜡模不应放置过久,沉积灰尘的蜡模应先清洗再使用。

(3)要控制铸粉质量和开粉过程。选择质量有保障的铸粉,铸粉要密封贮存在干燥环境,且时间不能过长。开粉时如果失去光泽时间异常长,则说明铸粉可能已失效,出现表面粗糙的危险性会显著增加。开粉时要合理控制水粉比,在保证浆料流动性的前提下,适当降低水粉比。

(4)在制作蜡树时,要做到蜡模水口与中心浇道连接光顺。

(5)适当降低金属压头,控制浇注速度,离心铸造时不要使用太高的转速。

5.披锋

披锋是指粘附在铸件边缘的不规则的材料薄片,又称"飞边"。

【案例6-27】　铸造925银吊坠在镂空位、镶孔内出现了大片的披锋,如图6-37。

分析:披锋是铸件上的多余部分,有两种可能引起:一是蜡模上本身就有了披锋,它被复制到铸件上;另一种是在铸造过程中产生的,这种情况的产生源于铸型出现了龟裂,金属液渗入其中而形成了披锋。应从以下几方面解决这类缺陷:

(1)提高铸型强度。铸型强度不够时易开裂。应采用品级优良、贮存合理的铸粉,开粉时水粉比不能过高。

图6-37　铸造925银吊坠上的披锋

(2)灌浆后铸型要保持静置至少1小时,不要随意移动。

(3)采用合理的焙烧制度,升温、降温均应缓慢,避免急冷、急热,尤其要注意在敏感阶段的温度变化快慢。

(4)铸型焙烧后要立即铸造,不要重复焙烧。取铸型浇注时要小心操作,不能碰撞铸型。

6. 砂孔

砂孔是金属液凝固过程中,由外来或金属液中的杂质聚集并被包裹在金属中形成的孔洞。

【案例6-28】 18KR瓜子耳侧表面出现不规则的大砂孔,如图6-38所示。

有些砂孔暴露在铸件表面,孔洞填满了明显的非金属物质,或孔洞起初充满了非金属夹杂物,但在随后的去除型壳和浸酸等处理中去除了。

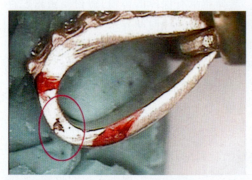

图6-38 18KR瓜子耳侧表面出现不规则的大砂孔

图6-39 18KW戒圈次表面出现的砂孔

【案例6-29】 18KW戒圈次表面出现砂孔,经打磨后暴露出来,如图6-39所示。

有些砂孔只有小部分到达表面,或者潜伏在表皮以下,通常只有执模抛光后才能暴露出来,进一步抛光后反而使孔洞扩大,对机械性能影响不是很大,主要是影响表面质量和抛光性能。

分析:首饰铸件上出现的砂孔,与表面粗糙、披锋等缺陷形成原因有相同之处,与铸型质量和铸造工艺密切相关。当铸型强度低、铸粉颗粒剥落时,就会形成粗糙表面;当铸型开裂时,就会导致铸件披锋;当剥落铸粉颗粒或者外来夹杂物没有及时排出到型腔外,就会陷在型腔某处而导致砂孔缺陷。由于这些物质比金属液轻,如果时间和条件允许,它们将漂浮到铸件表面,因此砂孔经常在铸件表面或近表面处出现。要解决砂孔问题,须从铸型质量、铸造工艺等方面入手,参见上面的表面粗糙和披锋缺陷。

7. 渣眼(夹渣)

渣眼是由于熔渣夹杂在金属液中没有及时分离而形成的缺陷,是在浇注过程中产生的。其特征是孔洞形状不规则、不光滑,里面全部或局部充塞着渣,大部分可以通过炸石膏和铸件清理时去除。

【案例6-30】 18KW吊坠表面出现夹渣,如图6-40所示。

图6-40 18KW吊坠表面的渣眼

分析:从图6-40可推知,渣眼是外部引入金属液中的杂质,至少有一些杂质在熔炼时呈液态,浇注时被卷入型腔中,当金属还是液态时,它们漂浮到铸件表面,凝固后在金属表面形成了这种典型的花椰菜状结构。导致这种缺陷的可能原因有:

(1)金属炉料或坩埚不洁净,熔炼后熔渣多,金属液纯净度差。
(2)熔炼时加入过量造渣剂,形成大量熔渣。
(3)浇注前除渣不干净,浇注时挡渣不好。
(4)浇注时浇口杯没有充满或断流,浇注系统没有发挥好挡渣作用,熔渣随同金属液进入型腔。

要解决此类缺陷,应该从金属炉料、坩埚、造渣挡渣方法、浇注系统设计、浇注工艺等方面采取相应的措施。

8. 残缺、冷隔

残缺是指金属液未能充满铸型型腔而形成不完整的铸件,其特点是铸件壁上具有光滑圆边的穿孔,或者铸件的一个或多个末端未充满金属液;冷隔是指在两股金属汇聚处,因其未能完全熔合而存在明显的不连续性缺陷的铸件,其外观常呈现为类似裂纹的痕迹,但与裂纹相比,它们的边较光顺,痕迹周围表面轻微起皱。

【案例 6-31】 925 银吊坠出现残缺,如图 6-41 所示。该吊坠采用了蜡镶工艺,铸造后有一段未成型,端部呈现圆角,宝石遗失。

【案例 6-32】 首饰铸件出现冷隔缺陷,如图 6-42 所示。

图 6-41 925 银吊坠上的残缺缺陷

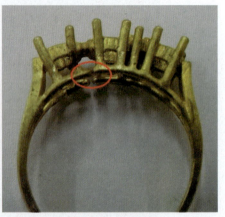
图 6-42 首饰铸件出现冷隔

分析:残缺和冷隔属于同类缺陷,主要因金属液流动性不好引起,程度小的导致冷隔或流痕,严重的导致残缺。这类缺陷会严重损害表面质量,抛光甚至研磨都不能得到很好的表面光洁度,也会影响机械性能,使首饰件受力时在残缺或冷隔处产生裂纹。

导致铸件产生残缺类缺陷的可能因素及相应的解决措施如下:

(1)产品结构设计不合理。例如,铸件过于纤细,或者面大壁薄,使金属液难于完全充填。一般情况下,壁厚小于 0.3mm 时,成型有一定难度,容易出现此类缺陷。在可能的情况下,应对这类设计进行修改,适当增加壁厚,当无法更改设计时,则需采用更复杂的浇注系统,以避免产生这类缺陷。

(2)金属材料本身的流动性差。不同合金的流动性不一样,一般而言,熔点低、结晶间隔小、表面张力小的合金,具有更好的流动性。因此,在不影响其他性能要求的前提下,可优先选择这类材料。

(3)浇注系统设计不合理。例如,水线的截面尺寸过小,水线数量过少,位置不当,分布不均衡,使金属液流程过长,未完成充填前通道就堵塞了。应根据铸件结构来确定水线,除了要考虑金属液在一般情况下的流动状态,还应考虑金属液对型壁的摩擦、金属液的冷却情况和金属液的流动性,要保证有足够的压头高度,并尽可能缩短金属液流程,确保金属液流动平稳。

(4)铸型温度低。加快了从金属液中吸走热量,在金属液未来得及充满铸型型腔之前就可能冷凝了,因此要适当提高铸型温度。铸型透气性差时,易产生充型反压力,阻碍充型,在设计浇注系统、种蜡树时,需要加设透气孔来改善透气性。

(5)熔炼浇注是造成残缺类缺陷的主要原因之一。金属液熔炼质量差时,含气或夹杂多,降低其流动性。金属液浇注温度过低时,充型能力差,容易导致残缺冷隔。浇注操作对铸件质量影响很大,间断浇注会造成金属液充型不均衡,当重新开始浇注后,则易于产生氧化薄膜或吸收气体,这都会妨碍熔融金属的熔合。若浇注的金属液短缺,或者浇注速度过低时,会降低金属液完全充满铸型型腔所需的压力,导致残缺冷隔缺陷。因此,熔炼前要计算好金属液的量,熔炼时要注意保护金属液,适当提高金属液浇注温度,浇注速度不可过慢,浇注过程中应避免液流中断。

9. 金珠

【案例6-33】 铸造坯件上出现了多余的金属珠,如图6-43所示。

分析:金珠并非在蜡模时已存在,说明是在铸型制作过程中出现了空洞,浇注时金属液占据这些空洞而形成的。显然,这主要与开粉有关,影响这种缺陷的可能因素及解决措施如下:

(1)水粉比低,粉浆黏稠,气泡难以抽出。为此,要适当增加水的比例,使粉浆的稠度变稀。

(2)开粉操作工作时间过长,铸模盅在抽气过程已开始凝固。

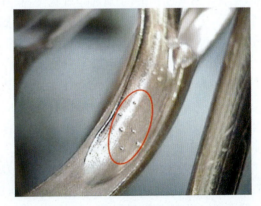

图6-43 18KR手镯内壁出现的金珠

因此,要将开粉操作控制在规定的工作时间内,一般石膏铸粉不超过8~9分钟。

(3)抽真空机运转不正常,铸模盅抽气不完全。要求在制作铸型前,先检查真空机是否工作正常,抽气时要不停拍打振动台面,有利于气泡脱落上浮。

10. 断裂

铸造后金属产生了裂纹或完全断裂,严重损害了工件的机械性能。根据裂纹产生的时间和条件,可以分为以下几类:由成分引起的脆性断裂;由外界机械应力引起的断裂;由热冲击引起的断裂;由组织转变引起的断裂;由氧化夹杂物和冷隔引起的断裂。

(1) 由成分引起的脆性断裂。在金银合金中,除前面提到的 Pb、Bi、As 等杂质元素易引起金属的脆性断裂外,还有其他一些元素,容易形成低熔点合金而易引起脆性。

【案例 6-34】 18KW 手镯底部出现了脆性断裂,如图 6-44 所示。

分析:检查新金的来源没有问题,前几次同样的新金未出现问题。推测是回用的旧金出了问题,材质被污染了。检查生产车间现场,发现在批量使用低温金属模具压制蜡模,制作金属模具的场所与注蜡工序同处一室。由于低温金属含有铅、锡、铋等元

图 6-44 18KW 戒指的脆性断裂

素,在制作模具过程中,金属粉尘难免飞扬,有些就转移到蜡模上,铸造后就转移到金上。经过一段时间积累后,杂质元素达到一定量,引起脆性断裂。因此,要将低熔点模具制作场所移至别处,并将所有旧金停用,经提纯后再重新配金。

(2) 由外界机械应力引起的裂纹。

【案例 6-35】 925 银铸造坯件在工件某处出现断裂。

描述:为减少冲水工作量,倒模后利用压力机将石膏铸树从钢铃中压出,如图 6-45 所示。由于着力点不合适,挤压力直接作用在树头上,引起铸树底头两排的大部分工件出现断裂,如图 6-46 所示。

要避免这类裂纹缺陷,应注意不能让外力作用在工件上,要将钢环放在铸粉上,利用钢环将压力传递到铸粉上,挤压时间要注意按照工艺规定进行控制,金属温度高时强度较低,稍受外力容易引起裂纹。

(3) 由氧化夹杂物和冷隔引起的裂纹。

缺陷描述:铸造后的工件稍受一定力后就出现裂纹或断裂,在断口出现氧化夹杂物,或者没有融合到一起。

【案例 6-36】 铸造 18KW 工件上多处出现了裂纹,有些裂口边为圆边,有些断口出现明显的氧化夹杂物,如图 6-47 所示。

分析:金属的强度与截面积有关,当出现氧化夹杂物时,相当于减少了此处的有效截面积,降低了此处的强度。工件出现氧化夹杂物时,一方面减少有效截

第六章　倒模质量检验及缺陷分析　　　　　　　　　　　　· 167 ·

图 6-45　石膏铸型挤出机

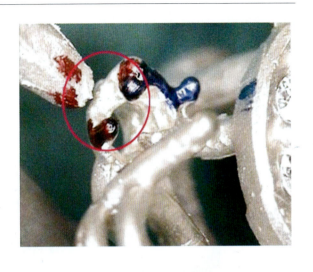

图 6-46　由外界机械应力的裂纹

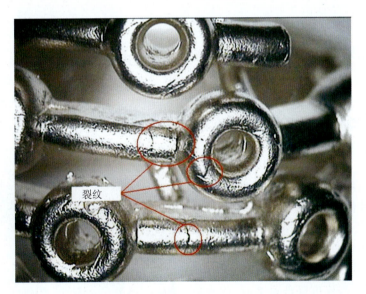

图 6-47　铸造 18KW 工件上的多处裂纹

面面积,另外,氧化夹杂物呈现多角或尖角形时,与金属的结合差,容易在这些地方引起应力集中,形成裂纹源。当金属产生了冷隔时,两股金属的结合力很差,稍受外力时就会断裂。因此,要围绕这些因素采取相应的解决措施,具体可参考前面的案例。

(4)由热冲击引起的断裂。

缺陷描述:铸件在高温时直接淬入水中,在某些部位产生了裂纹,裂纹呈现直线形。

【案例6-37】 18KW铸件上因热冲击引起的裂纹,如图6-48所示。

图6-48 18KW铸件的热冲击裂纹

原因分析:金属从高温到低温是一个由塑性到刚性的过程,当金属处于塑性状态时,金属的延性较好,强度较低,当金属处于刚性状态时,强度较高,延性较差。在冷却过程中,不同地方的冷却速度不一致,发生塑性弹性转变的时间不一致,它们之间产生相互制约,导致拉应力,当拉应力超过金属的强度时,就会导致断裂。当铸件过早淬水时,铸件受到强烈的热冲击,不同部位的热应力加剧,更加容易引起裂纹。因此,要根据合金的性质、铸型的大小、环境条件等因素确定冲水时间,每种合金有其合适的淬水时间,太早淬水时容易导致热冲击裂纹,当然,这并非说淬水时间越晚越好,当温度降低过多时,淬水就不能起到有效的清理作用了。

(5)由组织转变引起的裂纹。

【案例6-38】 在18KR中淬水晚一些时,很容易导致裂纹,如图6-49所示。

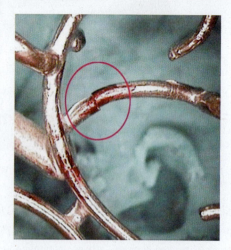

图6-49 18KR铸件淬水过晚引起的裂纹

分析:18KR 是以铜为主要合金元素配制的红色金合金,从图 6-50 的 Au-Cu 二元合金相图可知,当铜含量介于 30~80at% 之间时,在铸造后的冷却过程中,当温度处于 410℃ 以上时,Au-Cu 二元合金呈完全固溶。当温度降低到 410℃ 以下后,依据合金不同的组成,将产生不同的中间相,这些中间相表现为原子的排列呈短程甚至长程有序状况,在材料冶金学上称为发生了有序化转变。有序化结构对 Au-Cu 合金的机械性能影响很大,点阵畸变和有序畴界的存在,增加了材料塑性变形的阻力,显著提高了合金的强度和硬度,但是大大降低了材料的塑性,合金将表现出明显的脆性,使得在对饰件进行铸后处理过程中,稍微受到外力或冲击就可能引起饰件断裂。

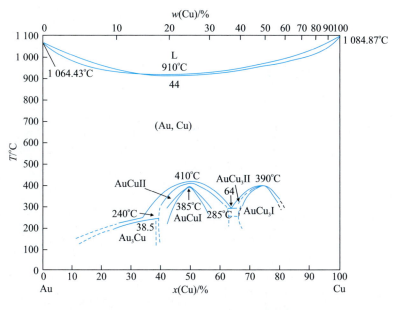

图 6-50 Au-Cu 二元合金平衡相图

影响 K 红金有序化脆裂的因素及解决措施主要包括:

1)合金成分的影响。形成有序固溶体对合金的成分比例有一定的要求,虽然在比较宽的成分范围内均可能产生有序化转变,但是只有在符合这些有序化结构相对应的成分比例情况下,才具有最高的有序度,若合金成分偏离理想成分比例时,就不能形成完全有序固溶体,而只能是部分有序,从而在一定程度上改善合金的性能。

2)冷却速度的影响。金属材料在从高温到低温的冷却过程中会出现热应力,特别是在快速冷却过程中可能产生较大的热应力,导致饰件的变形甚至裂纹,因此一般都尽量采用缓慢冷却的方式以降低热应力。但是在 K 红金首饰的生产过程中,如采用这种方式,则容易出现饰件断裂问题,因为 K 红金本身还存在因有序化转变而引起的组织应力问题。K 红金从无序到有序的转变不是瞬间发生的,它是一个依赖于原子迁移而重新排列的过程,由于原子扩散迁移需要时间,显然如果使 K 红金从高于临界转变温度的区间快速冷却到常温,将会抑制有序化过程的发生,甚至可以保留高温的无序状态。因此,在 K 红金的加工制作过程中,不能仅采取缓慢冷却的方式来减少热应力,而要使热应力和组织应力的总和减小到最低,淬水时间要比 K 黄金、K 白金早,一般不超过 10min。

第七章　执模质量检验及常见缺陷分析

第一节　执模质量检验内容

在首饰制作过程中，执模工序是一道十分重要的工序，它是对倒模或冲压的首饰坯件，采用手工艺和设备进行整合、扣合、焊接、粗糙面加工处理的过程。

执模目的是为恢复原版造型，首饰坯件执模不好将直接影响首饰最终的质量。执模工序的总体质量要求主要在以下几方面：

（1）首饰坯件执模后要与原模版相同，造型要美观大方，制作精细，线条明快流畅，花饰镶口端正。

（2）首饰坯件执模后表面应光洁，必须对首饰铸件进行全面砂磨，不留死角，不留锉痕。

（3）各部位焊接要牢固、无虚焊、漏焊、砂眼、毛边、钩刺、裂纹等缺陷

（4）首饰的成色印记、品种印记、厂名印记都要清晰可见。

不同类别的首饰，在执模时又有各自的特别要求，例如，戒指要求镶口指圈协调统一、圈圆爪全，该穿孔的要穿孔；耳钉要求左右对称、大小一致，长短相同，耳背要有弹性，能卡住耳钉；项链或手链的链身连接平直，链节之连接灵活，链扣松紧适宜，佩戴容易而不会自动脱落；吊坠的瓜子耳大小要适宜；胸针的针焊接部位要合适，长短适中。

为方便QC员开展工作，工厂质检部门应指定明晰的要求，以戒指和吊坠为例，它们的执模检验内容、要求及方法如表7-1和表7-2所示。

表7-1　戒指执模检验内容、要求及方法

项目	内容	检验方法	检验要求
规格	金色	核对发镶单资料	与发镶单数据相同
	货品编号		

续表 7-1

项目	内容	检验方法	检验要求
尺寸	港/日/台度	戒指尺	戒指胚底线与戒指尺对应的尺寸线位,±1/5
	美度		戒指胚中心线与戒指尺对应的尺寸线位,±1/4
	欧/英度		戒指胚中心线与戒指尺对应的尺寸线位,±1/5
形状	实货形状	目视	对发镶单图样形状
外观	嵌件	目视	与货件形相符,从各个方向看没有歪斜
	披锋、夹层		清晰通透,过细砂纸,不可刮手
	光金	10倍放大镜	看不到砂孔、金枯、金渣等,金面要平顺光滑
	底纹	目视	网底完整,凹凸平顺,不刮手
	焊接位		焊位清晰,不可看见接口位
	活动位		活动位要灵活摆动,摇动时,能自然垂直
	胚位	目视,卡尺量度	胚位大小厚薄要均匀,有角度要求的须保证角度

表 7-2 吊坠执模检验内容、要求及方法

项目	内容	检验方法	检验要求
规格	金色	核对发镶单资料	与发镶单数据相同
	货品编号		
形状	实货形状	目视	对发镶单图样形状
外观	嵌件	目视	与货件形相符,从各个方向看没有歪斜
	披锋、夹层		清晰通透,过细砂纸,不可刮手
	光金	10倍放大镜	看不到沙洞、金枯、金渣等,金面要平顺光滑
	底纹	目视	网底完整,凹凸平顺,不刮手
	焊扣位		焊位清晰,吊挂顺直,瓜子耳吊圈要正中,不可歪斜
	活动位		活动位要灵活摆动,摇动时能自然垂直
	瓜子耳		与货件尺寸相配,吊挂正,耳孔能顺利穿链

第二节 常见的执模缺陷

不同类别的首饰,执模操作既有一致的地方,也有各自的一些特殊之处。相应地,在执模缺陷方面,既有共性问题,又有类属问题。

一、各类首饰常见的共性执模缺陷

这类缺陷在各类首饰中都会遇到,主要指的是金属表面质量方面的问题。

1. 锉省类缺陷

执模过程中大量运用钢锉、砂纸等工具对工件表面进行加工,处理的效果跟操作人员的手上功夫、细心程度、考核方式等有直接关系,处理不好时容易出现锉省类缺陷,如执不透、执过头、执不顺等。

【案例7-1】 执不透,如图7-1所示。

分析:工件执模后,在某些部位还残留初始状态的粗糙表面,或者残留其他面工序的粗糙加工痕迹。这样的执模表面状态是不能通过抛光去除的,必须进行补执。

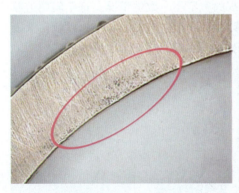 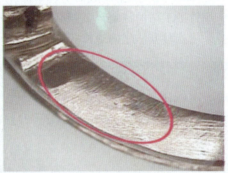

图7-1 执不透　　　　　图7-2 执过头

【案例7-2】 执过头,如图7-2所示。

分析:执模时将工件某些部位磨削过头,致使这些部位的形状不顺,出现了缺损。这种问题出现后,要修复它只能借助堆焊。

【案例7-3】 执不顺,如图7-3所示。

分析:执模后的工件看起来要舒适,没有表面起伏不平、棱边不顺畅等问题。本例的网底棱边有波折线条,俗称"狗牙边"。

图7-3 执不顺　　　　　　　　图7-4 首饰执模工件上的崩缺

【案例7-4】 崩缺,如图7-4所示。

分析:在执模后残留的缺肉型缺陷,多见于产品棱边处。其原因可能是原版或者铸件本来就有此缺陷,经过执模后仍不能去除,也可能是在执模、出水过程中发生碰撞或锉磨过度引起的。

【案例7-5】 大小边,如图7-5所示。

分析:这类缺陷在执模工序常出现,它表现为要求宽窄一致的两个对应的金属边(或者同一个金属边的不同部位)出现的宽窄不一致的情况。这个问题的源头在铸造工序的注蜡环节,胶模发生了移位所致。当出现大小边时,在执模阶段要采用这种办法将两边修顺,必要时采用锉削和补焊相结合的办法修理。

图7-5 大小边　　　　　　　　图7-6 首饰执模工件表面的缩松

2. 金质类缺陷

这类缺陷是指金属的质地不好,它们不是在执模阶段产生的,而是由前面的工序带来的。

【案例7-6】 首饰执模出水后表面呈现明显的缩松,如图7-6所示。

分析：这类缺陷是在铸造坯件上形成的，经过执模也难以去除，常表现为分散的麻点状或枝晶状，严重影响工件的表面质量。执模阶段要修复此类缺陷，一般要用砂窿棍将缩松部位打实，或者用机针将缩松部位挖掉一层，然后在表面堆焊到要求的尺寸，属于各类缺陷中难修复的一类。要彻底解决此类问题，必须从源头着手，在倒模阶段进行严格控制。

【案例 7-7】 首饰执模后在某部位暴露出砂孔，如图 7-7 所示。

分析：这种砂孔缺陷不是执模阶段产生的，而是在铸造工序时就产生了。有些砂孔直接暴露在铸件表面，有些则潜伏在表皮以下，当经过执模后就暴露出来了。此类砂孔产生的原因及解决措施参见第六章。

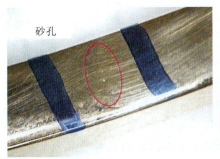
图 7-7 首饰执模后暴露出来的砂孔

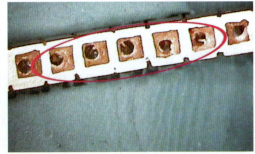
图 7-8 首饰工件执模后还残留披锋

【案例 7-8】 首饰工件执模后还残留披锋，如图 7-8 所示。

分析：铸造或冲压成型的坯件出现披锋，执模时必须将其清除干净。但是有时因披锋在死角位不易处理而出现漏执、残留的情况，除了要加强执模工件的检查外，源头还在于铸造环节如何减少披锋的产生。

【案例 7-9】首饰执模时出现了裂纹，如图 7-9 所示。

分析：执模时在首饰的某些部位出现了微裂纹或穿透性裂纹。导致裂纹的原因是多方面的，例如，首饰材料本身的脆性太大，铸造热应力太大，执模过程中受到大的冲击和机械应力等。具体影响因素可参考第六章。

3.焊接类缺陷

首饰在执模时，经常要借助焊接来组装配件、修补缺陷等，采用的焊接方法主要有激光焊接和火焰钎焊两类。焊接操作不当时，容易导致焊接砂孔、焊不透、焊接弱等缺陷。

【案例 7-10】 首饰焊接部位出现的焊接砂孔，如图 7-10 所示。

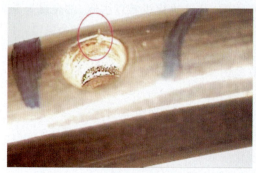 

图7-9 首饰执模时出现了裂纹　　图7-10 首饰焊接部位出现的焊接砂孔

分析：本例中的首饰采用激光焊接修补金边。激光焊接属于脉冲点焊，将焊丝一点一点堆积起来，然后将焊接部位执平。如果各焊疤没有紧密堆积在一起，在执平后就可能出现孔洞现象。

【案例7-11】 焊接时焊料未渗透到焊缝内部，造成虚焊，如图7-11所示。

分析：本例的首饰采用火焰焊接将配件连接到首饰本体上。火焰焊接是采用钎焊料在火焰加热下熔化渗焊。如果焊接位未处理好，有氧化物或杂质，或者焊料的渗透性差，阻碍焊药渗入，都会造成焊接接头中存在母材与母材之间未完全焊透的部分，即所谓的虚焊。

 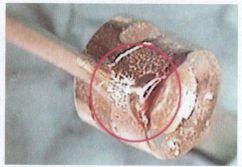

图7-11 虚焊　　图7-12 焊接时将货烧熔

【案例7-12】 焊接时将货烧熔，如图7-12所示。

分析：首饰件焊接时，必须有足够的温度，才能使焊材熔化。但是，当温度过高时，就有可能将货件烧废，焊口附近的金属或货件的某些纤细部位熔化流淌，甚至整件货都有可能熔化。因此，焊接时要严格控制加热温度。

二、各类首饰的类属执模缺陷

除了共性的执模问题外,对于不同类别的首饰,经常会出现相应的类属执模缺陷。

1. 手链、项链执模缺陷

对于手链、项链首饰坯件,需矫正工件坯的形状,使其达到设计要求,然后将链节与链节连接起来,经过锉、扣、焊、执、省等工艺过程,从而组合成一件完美的饰品。要求链与链连接位紧凑贴合,组合灵活,距离要均匀,链身整体要平衡,不能高低起伏。以下是手链项链在执模时常见的一些缺陷。

【案例7-13】 扣圈大小不一,如图7-13所示。

分析:不同链节之间通过扣线连接在一起,要求扣圈大小均匀,既可以获得好的外观效果,又可以使链子较顺直。本例中,有些扣圈过大,降低了货品等级。

 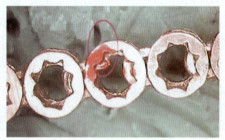

图7-13 扣圈大小不一　　　　图7-14 链节之间的扣线过长

【案例7-14】 链节之间的扣线过长,如图7-14所示。

分析:对于侧扣链,扣线不应超出焊接部位过多,否则会显著影响外观。本例中的扣线过长,在执模时应将多余的扣线剪掉再焊接。

【案例7-15】 不同链节之间的松紧程度不一致,如图7-15所示。

分析:手链、项链一般有多个链节,在不同链节之间的连接要保持一致的松紧度,使整条链柔顺。不可出现过松或过紧的情况,过松时链子折垂,过紧时链子不能灵活转动。

【案例7-16】 焊接位弱,如图7-16所示。

分析:链节之间的焊接要牢固,焊料量要控制合适,过多时造成焊瘤,过少时则导致焊接位太弱,存在断裂的危险。

【案例7-17】 甩焊,如图7-17所示。

分析:在焊接处出现虚焊、脱焊、焊料不能渗入的情况,俗称甩焊。其原因有

图 7-15　不同链节之间的松紧程度不一致

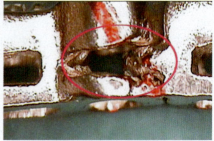

图 7-16　焊接位太弱

多个方面,如焊接位未处理好,氧化物或杂质未清除干净,阻碍焊药渗入;焊料的润湿性和渗透性差;焊接操作方法不正确,焊料受热过高导致严重氧化等。

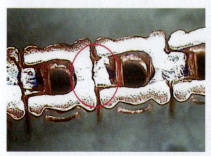

图 7-17　甩焊

图 7-18　焊死

【案例 7-18】　焊死,如图 7-18 所示。

分析:焊接时焊料渗到了邻近链节之间的缝隙位内,使它们焊接到一起,不能相互活动,影响外观和佩戴。导致这个问题的主要原因有:施放焊料位置不当;焊料量过多;助焊剂涂到了连接缝隙位等。

【案例 7-19】　圈仔没焊正,如图 7-19 所示。

分析:要保持一条链子顺畅,首先要求各部位的连接位要顺。在本例中,链节之间通过圈仔连接到一起,其中一处的圈仔明显发生了歪斜,使链子焊接后难以保持顺直。

【案例 7-20】　链节镶口底变形,如图 7-20 所示。

分析:本例中,链节的镶口底产生了拉长变形,将影响镶嵌工序的操作。扣链前应先观察坯件有无变形,如有变形情况,则应选择合适的工具将其矫正。

【案例 7-21】　链子长度不符合要求。

分析:为便于佩戴,手链项链大都有长度要求。手链的长度一般为 6.5 寸或

第七章　执模质量检验及常见缺陷分析

图 7-19　圈仔没焊正　　　　　图 7-20　链节镶口底变形

7寸,检验时可接受的尺寸偏差为±1/4寸;手链的长度一般为 16.5 寸或 17 寸,检验时可接受的尺寸偏差为±1/2寸。本例的手链长度要求 7 寸,实际长度为 7.8 寸,超过了最大允许公差。

【案例 7-22】　鸭利制配合差,如图 7-21 所示。

分析:鸭利制是手链的开合机构,要求鸭利箱内无披锋、金珠,鸭利箱方正、平滑,鸭利与鸭利箱相互吻合紧扣,开关自如。在本例中,制箱内的披锋未清理干净,与鸭利的配合不顺畅。因此,要求在鸭利与鸭利箱制好后,要进行较制。

 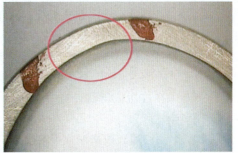

图 7-21　鸭利制配合差　　　　　图 7-22　戒肚不顺

2.戒指执模缺陷

戒指的执模一般要经过锉水口、整形、装配嵌件、焊接、煲矾水、过锉、省砂纸、过漏机等工序,在这些工序的操作中,除了常见的共性执模问题外,还经常出现戒指类属的执模问题,示例如下。

【案例 7-23】　戒肚不顺,如图 7-22 所示。

分析:戒指执模时,要求将戒肚执圆顺,用手寸棒套住戒圈,肉眼不应见到明显的间隙。

【案例 7-24】　戒指内圈不卜,如图 7-23 所示。

分析：为佩戴舒适，许多戒指的内圈要求卜身，本例中，戒指内圈有些部位呈直角边，应将其执成圆弧边。

图7-23 戒指内圈不卜

图7-24 戒肚过薄

【案例7-25】 戒肚过薄，如图7-24所示。

分析：原版的戒肚厚度2mm，执模时要扩张手寸，将戒肚锤打延展，使之过薄，影响佩戴舒适性。

【案例7-26】 戒指手寸不符，如图7-25所示。

分析：戒指手寸有明确要求，本例中的戒指手寸要求港度14号，实际只有12号。在执模时要对每个戒指的手寸进行检验，其公差范围一般为±1/4。如戒指的手寸不够大，差得不多时可用戒指铁和铁锤将其扩大至要求手寸为止，差得较多时须在戒肚处锯断，另加一段并焊牢。如戒指的手寸过大，则需要在戒肚处锯掉多余的长度。

【案例7-27】 戒指网底底窿变形，如图7-26所示。

图7-25 戒指手寸不符

图7-26 戒指网底底窿变形

分析:许多高档的戒指都要求加网底,将戒指内圈封起来。网底一般做成镂空的片,上面的镂空图案要求规则。在执模操作中,常出现因粗心、操作不当等导致底窿变形的问题。

【案例7-28】 戒指镶爪变形,如图7-27所示。

分析:戒指镶爪应对称,不歪斜。本例中的一个镶爪向外扭折,与其他爪头不平齐。在执模时应该将镶爪矫形。

图7-27 戒指镶爪歪斜

图7-28 男戒侧边无角度

【案例7-29】 男戒侧边无角度,如图7-28所示。

分析:有些男戒的两个侧边要求很平,呈固定的夹角。在锉、执时要采用合适的工具及操作手法,不可损坏工件的整体角度。

【案例7-30】 车水口伤到戒圈,如图7-29所示。

分析:戒指执模时,首先要将工件的水口残余锉掉。为提高生产效率,目前大都采用车水口机代替手工锉削。由于砂轮的车削力强,如果控制不好就容易车伤工件,本例中戒指的水口车削即过头而伤到了戒圈。在车削操作时要注意观察水口的位置,确定工件的车磨角度,将戒指在砂轮上轻轻转动,一边车一边观察,直到与戒指外圈基本平顺。

【案例7-31】 戒指花头不正,如图7-30所示。

分析:为减少生产难度,有时将一件产品拆成若干个部件分别铸造,然后在执模阶段将这些部件装配焊接到一起。本例中的花头与戒圈分开铸造,在装配时花头没有坐正中,发生了偏斜。解决这类缺陷,在装配时要先确定位置对正后再焊接,必要时可在原版上设置简单的定位装置,或者在焊接时做一个简单的胎具来辅助定位。

图7-29 车水口伤到戒圈　　　　　图7-30 戒指花头不正

3. 耳环执模缺陷

耳环的执模要经过锉水口、整形、扣摔线、焊接、煲矾水、过锉、省砂纸、过漏机等工序,在这过程中,常见的耳环执模缺陷如下。

【案例7-32】 耳环较位过紧,耳针不能与针孔配合,如图7-31所示。

分析:在耳环的装配方法中,其中一种方法是在耳环中部开较位将其分成两半,在其中一半的开口一端焊耳针,在另一半的对应位置开针孔,通过较位打开和关闭,通过耳针与针孔的配合来锁紧。本例中,较位过紧,使得耳针不能进到针孔与之吻合。

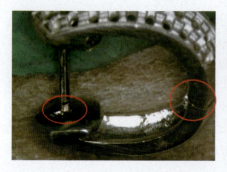

图7-31 耳环较位过紧,耳针不能与针孔配合　　　　图7-32 耳针过长

【案例7-33】 耳针过长,如图7-32所示。

分析:耳针的长度主要根据耳环的货形来选择,在生产工单上一般都有要求,长度允许偏差为±0.5mm内。执模时如果粗心大意,可能会用错耳针型号。

【案例7-34】 耳针烧熔,如图7-33所示。

分析:耳针相对耳环本体来说非常纤细,焊耳针要特别注意控制火力的大小、强弱,否则容易使耳针烧熔。

第七章　执模质量检验及常见缺陷分析 · 183 ·

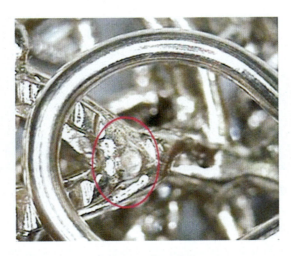

图 7-33　耳针烧熔

【案例 7-35】　耳环不对俏,如图 7-34 所示。
分析:作为成对佩戴的耳环,都要求两边对俏,这包括形状、尺寸都要一致。本例中的耳环本体有不一致的地方,需要执模进一步修整。

图 7-34　耳环不对俏

【案例 7-36】　耳环开口变形,如图 7-35 所示。
分析:本例中,要求耳环开口尺寸为 8mm,但是右侧的耳环开口尺寸超过了规定的要求,导致两边不对俏,需要对其修整。

【案例 7-37】　耳拍过紧,活动不畅,如图 7-36 所示。
分析:耳拍是通过铰筒与耳环本体配合锁紧的,要求耳拍开合顺畅,打开时能完整展开,闭合时能合到位。本例中的耳拍铰筒需要进一步修整,做到开启闭合手感松紧一致,听到"啪"的声响。

图7-35 耳环开口变形

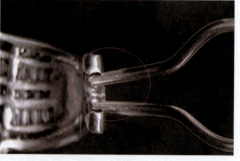
图7-36 耳拍过紧,转动不畅

【案例7-38】 耳针不直,如图7-37所示。

分析:耳针作为耳环本体一部分,要求顺直。本例中左边的耳针产生了明显的弯曲,在执模时应对其进行调整矫正。

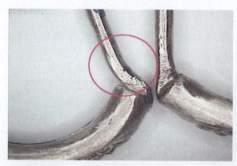
图7-37 耳针不直

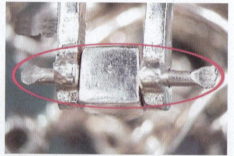
图7-38 耳拍扣线过长

【案例7-39】 耳拍扣线过长,如图7-38所示。

分析:耳拍通过扣线连接到耳环本体,扣线长度应与耳拍两端平,不可过长,否则会影响佩戴。

4.吊坠执模缺陷

吊坠是与链子配合使用的挂件,其执模过程包括锉水口、校形、焊瓜子耳、过锉、省砂纸、出水等工序,除了共性的执模缺陷外,常见的吊坠执模缺陷如下。

【案例7-40】 吊圈不圆整,如图7-39所示。

分析:吊坠的吊圈是用来穿瓜子耳的,要求圆整,保证吊直时瓜子耳在线圈正中垂直。本例中的圆圈呈偏圆形,其原因可能是原版有缺陷、唧蜡圆圈断裂修补不圆、执模未将圆圈矫形等。

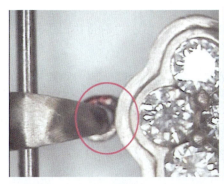
图 7-39 吊圈不圆整

图 7-40 吊圈与瓜子耳不匹配

【案例 7-41】 吊圈与瓜子耳不匹配,如图 7-40 所示。

分析:瓜子耳尖端穿过吊圈后焊接起来,瓜子耳在吊圈内要能直立起来,活动自如。但是本例中的圆圈内高与瓜子耳尖端高度不匹配,没有足够的空间使瓜子耳竖立。

【案例 7-42】 瓜子耳孔太小,穿不过链,如图 7-41 所示。

分析:客户在生产项链时,一般指定了项链直径,在配制瓜子耳时,须保证链子能顺利穿过瓜子耳孔。本例的吊坠在执模时配错了瓜子耳,应采用更大的型号。

图 7-41 瓜子耳孔太小,穿不过链

图 7-42 吊坠吊挂不正

【案例 7-43】 吊坠吊挂不正,如图 7-42 所示。

分析:本例的吊坠分成上下两部分,通过中间的镶口连接在一起,三者组合后不能悬垂成一条直线。原因在于它们之间的匹配有相互制约的地方,需要执模时调顺。

【案例7-44】 吊坠角位被锉卜,如图7-43所示。

分析:本例的吊坠底部两个角要求有角位,在执模时左边的角执出了角位,但不小心将右边的角位锉成了卜位。

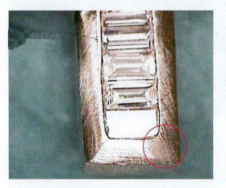

图7-43 吊坠角位被锉卜　　　　图7-44 吊坠背部穿孔

【案例7-45】 吊坠背部穿孔,如图7-44所示。

分析:本例中的吊坠背部穿孔缺陷不是执模产生的,而是在铸造坯件上已经出现,其形成原因与铸造工艺、铸型条件、熔炼浇注等都可能有关。尽管穿孔出现在吊坠的背部,没有直接影响外观效果,但是在执模时要将它焊补修复。

【案例7-46】 吊坠装饰孔大小不一致,如图7-45所示。

分析:吊坠上有一圈装饰孔,形状大小参差不齐,执模时必须将它们修整,做到大小均匀一致。

图7-45 吊坠装饰孔大小不一致　　　　图7-46 吊坠镶钉断

【案例7-47】 吊坠镶钉残缺,如图7-46所示。

分析:镶钉完好是保证能够镶嵌质量的基础,本例的镶钉残缺,是在铸造阶段形成的,执模时必须对镶钉进行焊补修复。

5. 手镯执模缺陷

【案例 7-48】 鸭利制箱崩边,如图 7-47 所示。

分析:对于两半开合的手镯,一般需要通过鸭利制来开合锁紧,要求鸭利箱方正、平滑,与鸭利相互吻合紧扣。在本例中,制箱的一边发生了崩边,与鸭利的配合不严密,要对崩边缺陷进行补焊修复。

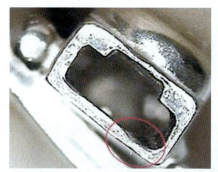

图 7-47 鸭利制箱崩边　　　　图 7-48 鸭利锁紧无力

【案例 7-49】 鸭利锁紧无力,如图 7-48 所示。

分析:本例中的鸭利弹片弹性不够,使鸭利锁紧无力。在执模时,应选择合适的材料来制作弹片,使之具有良好的弹力,当鸭利插入鸭利箱时,应能听到"嗒"的一声脆响,这样才是鸭利与制箱形成了完整的吻合而锁紧,否则应重作调整。

【案例 7-50】 鸭利制位太紧,导致制头断裂,如图 7-49 所示。

分析:鸭利制是鸭利与制箱两个配合后,形成的开合机构,在本例中,鸭利的

图 7-49 鸭利制位太紧,导致制头断裂　　　　图 7-50 手镯较筒焊死

尺寸偏大，与制箱的配合显得太紧，每开合一次都使鸭利制头形变硬化一次，在多次开合后，鸭利制头的形变硬化达到材料的极限而引起断裂。因此，在鸭利与鸭利箱制好后，要进行较制，使鸭利与制箱相互吻合，开关自如。

【案例7-51】 手镯较筒焊死，如图7-50所示。

分析：两半开合的手镯是通过较筒来转动的，如果摔线与转筒焊死在一起，就无法正常转动，本例就是这种情况。要避免此问题，执模时要将转筒位置放正，检查较筒与手镯的接合状况，采用点焊法将较筒与手镯之接触位焊牢，要注意避免焊料渗入较筒内，可在转筒上涂上牙膏以防焊死。

【案例7-52】 手镯较筒位脱焊，如图7-51所示。

分析：手镯较筒是通过摔线与较筒配合而转动的，摔线插入较筒后，要将两端锉平，并在摔线端部施焊，使其与手镯本体平顺。本例中的摔线头焊接不牢，对焊疤进行执模发生了脱焊。

图7-51 手镯较筒位脱焊　　　　图7-52 手镯"8"字制过松

【案例7-53】 手镯"8"字制过松，如图7-52所示。

分析：手镯设"8"字制的目的是使手镯的两部分连接更紧凑，防止脱落。"8"字制的松紧要合适，太松时就起不到"制"的作用，因此应以搭扣时稍用点力能嵌合为宜。

【案例7-54】 手镯内圈不圆，如图7-53所示。

分析：为保证外观效果和便于佩戴，手镯要求内圈圆顺。执模时需对手镯形状进行矫正，将手镯合好后套在铜厄上，用手按压，使手镯与铜厄完全贴合，成为尺寸适合的标准镯形。

【案例7-55】 执得太薄，如图7-54所示。

分析：手镯执模要求圆顺，不可厚薄突变。本例中手镯的局部地方锉省过多，使这些地方过薄。

第七章　执模质量检验及常见缺陷分析　　　　　　　　　　・189・

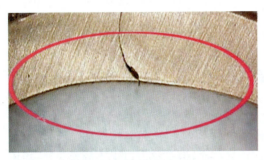

图 7-53　手镯内圈不圆

图 7-54　手镯局部执得太薄

【案例 7-56】　底窟不正,如图 7-55 所示。

分析:为减轻金重及凸显宝石效果,有时在手镯开设底窟,要求其形状周正。出现畸形、边不顺等问题时,应通过执模修整到要求形状。

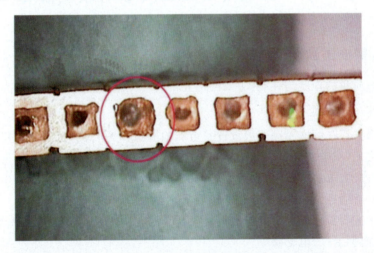

图 7-55　手镯底窟不正

第八章　镶嵌质量检验及常见缺陷分析

镶嵌首饰最耀眼的部分当属镶嵌其中的形态各异、色彩绚丽的宝石，镶嵌工艺质量直接影响到首饰的外观效果和货品档次，但是镶嵌以手工操作为主，镶嵌质量与操作者的工作态度、技能水平及熟练程度密切相关，因此在生产过程中要加强对镶嵌质量的检验。

第一节　镶嵌质量检验内容及质量要求

一、镶嵌质量检验内容

镶嵌质量的检验与控制，主要围绕宝石质量、镶工质量方面进行。

1. 宝石质量检验

首饰工厂在镶嵌工序一般设置了宝石检验员和配石员，目的是在将宝石用于镶嵌之前，对它们进行品质检验，并按照订单要求配备质地、品级、尺寸、颜色、数量等符合要求的宝石，由收发人员将配好的宝石、底托（蜡或金属）、生产任务单一并发给镶石工人，防止有问题的宝石进入生产工序。

用于宝石质量检验及配石的主要工具有放大镜、宝石夹、QC灯、海绵盆、钻石量规、游标卡尺、电子磅等。

检验时，按照订单要求，对客户提供的宝石进行称重、验数，检查宝石是否有崩、花、烂等现象，以及宝石的颜色、净度等级是否与订单要求相同。严格按订单要求给工件配石，用蜡托或金托试石，检查宝石形状、规格与镶口是否合适，发现问题及时反馈给客户。

2. 镶工质量检验

用于镶工质量检验的主要工具有放大镜、索嘴、钢针、油性笔等。检验员先要熟悉订单的镶嵌要求，核对镶嵌的石数、位置、镶法是否符合订单要求，然后逐粒检验宝石的镶工，包括镶嵌宝石的完好性；镶嵌宝石的位置、方向、稳固性等；以及金属边（爪）等的处理状态。

二、镶嵌质量要求

常见的镶嵌方法主要有倒钉镶、爪镶、包镶、窝镶、飞边镶、起钉镶、迫镶、无边镶等,而按照宝石镶嵌的底托类别,又可分为蜡镶和金镶两大类。每种镶嵌方法的操作有各自特点,但是出现的质量问题有许多是共性的,大致可以分为宝石问题及镶工问题,要求宝石完好,镶嵌牢固,不能有松石、斜石、高低石、扭石、歪石等情况,爪、窝、钉、边、执、铲光顺,外观效果好。对各类镶嵌方法的质量要求如下:

(1)爪镶。爪要对称,爪头要圆整或规则,贴石,不变形;同一颗石的爪不能有高低、大小、爪弱等现象;爪不能遮石多于石侧面的2/3,爪头和底筒不能有金屑。

(2)窝镶。窝要圆,深浅要一致;石要镶在窝的正中;同尺寸的石不能有大小窝;石面不能高于窝面;金边要均匀,窝不可存在崩边的现象。

(3)迫镶(包镶)。金边厚薄一致,面金要贴石,不能遮住石侧面超过1/3;迫圆钻时,石的间距要一致;迫梯方及田字迫时,不应用石间隙,不能叠石;田字迫的十字要对称,边要成直角且长短要一致。石边与石底不能有金屑;金边要保留0.3~0.4mm的厚度。

(4)起钉镶(倒钉镶)。钉头要圆、对称及贴石,不能有大小钉;钉头遮石不可多于石侧面的2/3;钉边钉底不能有金屑;边不能太薄及崩裂。

(5)飞边镶。钉位要均匀,起钉方向要一致;钉要贴石,不能有大小钉;钉长控制在石侧面的一半,不能过长及过短;镶石孔边要均匀,厚薄一致。

第二节 常见的镶嵌问题

一、宝玉石质地问题

在镶嵌首饰生产时,经常会遇到各种各样的宝石质地问题,主要包括宝玉石材质、宝玉石品级、宝玉石切工、宝玉石尺寸、宝玉石颜色、宝玉石数量等方面。

1. 待镶嵌的宝玉石与订单要求的材质不符

【案例8-1】 客来天然水晶中掺有人造锆石

分析:某首饰工厂制作一批镶嵌天然水晶的首饰,晶石由客户提供,在对这批晶石进行检验时,发现里面掺杂了少量人造锆石,颜色接近,容易混淆。要避免此类问题,首饰工厂必须配备专业的宝石检验员及必要的检测仪器,对客来石进行检验确认。

【案例8-2】 钻石在镶嵌过程中被调换

分析:配石员按照订单要求配好了 VS 级的白钻,镶石工人在镶嵌过程中为牟私利,将其中几颗钻石偷换成白锆。

2.宝石品级问题

宝玉石一般按颜色、净度、切工或加工特性、单晶粒度或玉石块度大小等进行质量分级。不同种类宝玉石划分品级的标准并不相同,不同国际组织或大公司对同一种宝玉石的划分标准也不一定相同。

对钻石而言,GIA 美国宝石研究院首创现今业内公认的钻石分级标准,包括颜色、净度、切工和克拉重量,称为 4C 标准。

【案例8-3】 钻石净度达不到要求,如图8-1所示。

分析:在钻石底部表面有比较明显的裂隙,达不到客户对货品的质量要求。净度是衡量钻石品级的 4C 标准之一。钻石是天然矿物,多少会含一些其他矿物或裂纹等天然瑕疵,这些包裹体越少,钻石价值越高,所以就根据它的瑕疵大小、数量、颜色、位置及特性等分级。在首饰加工行业,钻石内的瑕疵被俗称为"内花",可分为轻微内花、小内花、严重内花,或半号花、一号花、二号花等。

图8-1 钻石净度达不到要求　　　　图8-2 钻石有崩角

【案例8-4】 钻石有崩角,如图8-2所示。

分析:石崩指宝石表面有缺陷或缺口,可分为边崩、棱面崩、台面、底尖崩、角崩。本例中钻石的一个角发生了崩缺。

【案例8-5】 钻石刻面数不够,为单翻石,如图8-3所示。

分析:切工的好坏直接影响钻石的火彩度。当钻石以恰当的比例切割时,可使光线在钻石内部产生全内反射,大部分的光线从钻石冠部折射出去,散发出耀眼夺目的光芒。切工不良的钻石,边缘显得不够锐利,光线会从底部或侧边流失,光芒锐减。

本例中,订单要求为足翻钻石,但是提供的石料中混有单翻石。单翻钻石一般只有 17 个刻面,拥有 1 个台面、8 个冠部刻面和 8 个底部刻面,可能有 1 个或没有底尖。足翻钻石具有至少 57 或 58 刻面的切割钻石。明亮式切割钻石在冠部具有 32 个刻面,底部 24 个,以及 1 个台面,可能有 1 个或没有底尖。单翻钻的物理反光度明显比足翻钻差。

图 8-3　钻石刻面数不够

图 8-4　钻石腰部过厚

【案例 8-6】　钻石腰部过厚,如图 8-4 所示。

分析:钻石腰围质量高低直接影响到钻石的火彩与肉眼观察效果。太厚的腰部会使同等质量的钻石外观看起来比薄腰的钻石小很多,使进入钻石的光线泄漏,甚至有时候腰部的影像会折射入钻石内部,造成灰色的阴影。太厚的腰也不利于镶嵌。因此,腰部太厚是钻石切工不好的反映。当然,如果腰太薄,受到碰撞或受压时,容易造成缺口或裂痕。腰围的厚度应该以足够抵御外力的作用为佳。

二、配石问题

配石是保证镶嵌质量及生产效率的重要环节,以下是一些常见的配石问题。

【案例 8-7】　钻石外形不合镶,如图 8-5 所示。

分析:宝石镶嵌的一个基本要求是跟形,即宝石的形状应与镶口的尺寸、形状基本匹配,这要求从配石开始就要注意。本例中的首饰逼镶镶口在某处出现了大的折角,采用图示的钻石时,会出现中间露出大空隙、两角埋入金属过多的问题,钻石越宽问题就越明显。因此,配石时应合理选择钻石的尺寸,必要时对钻石进行切磨修整,使之与镶口更好地吻合。

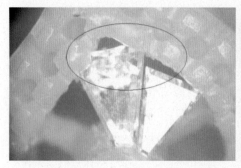 

图 8-5　钻石外形不合镶　　　　　图 8-6　配石时摆石角度不对

【案例 8-8】　配石时摆石角度不对,如图 8-6 所示。

分析:本例中,从镶槽在中部的某个位置开始配石,只照顾到左边一侧,右侧将难以配上适合形状的钻石。要求配石时不能只考虑单粒布置,应考虑整体效果。

【案例 8-9】　钻石过长,如图 8-7 所示。

分析:本例中,除了转角位的钻石不合镶外,其左侧的钻石过长,一个角已伸入外围的虎爪镶口中。这样,在镶嵌虎爪石时,容易损坏该粒钻石。

 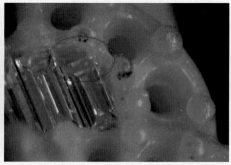

图 8-7　钻石过长　　　　　　　　图 8-8　钻石过短

【案例 8-10】　钻石过短,如图 8-8 所示。

分析:本例中,边角的钻石配得过短,镶嵌时将出现明显的金石间隙,影响钻石稳固及外观效果。

【案例 8-11】　宝石颜色反差大,如图 8-9 所示。

分析:对于有色宝石,即使是在同一供应商采购的同一批宝石,颜色也难免出现波动,配石时需要从石料中挑选颜色接近的宝石来搭配。本例中的左右耳环的宝石颜色明显有差异,不对俏,必须重新配石。

图 8-9 耳环宝石颜色差别大

三、镶工问题

镶工问题既牵涉到宝石的镶嵌效果,又牵涉到金属爪(边)的处理效果,镶工是衡量一件镶嵌货品档次的重要指标之一。不同镶嵌方法遇到的镶工问题有共性问题,也有该镶法的类属问题。

1. 钉镶常见的镶工问题

钉镶通常不用于主石镶嵌,而用于较小(直径小于 3mm)的配石或碎钻群镶。它充分利用了贵金属具有良好延展性的特点,运用专用工具,铲出小金属齿,卡住宝石腰面,从而固定住宝石。钉镶是广泛应用于小颗粒宝石的镶嵌方法,依据钉的多少可分为两钉镶、三钉镶、四钉镶与密钉镶。

检验钉镶镶工的好坏,应从宝石的平整状况、紧固状况、完好状况、钉头处理状况等方面进行,要求镶好的宝石不能有斜石、石不平整、甩石、松石、烂石等现象;宝石周围的光金位和金边不能划花;钉头要圆,不能压扁及钉边不能出现金屑;钉不能过长或过短,等等。常见的钉镶问题示例如下。

【案例 8-12】 钉镶圆钻发生了烂石,如图 8-10 所示。

分析:不论哪种镶嵌方法,镶嵌后不可出现宝石崩裂问题。钉镶工艺是依靠金属钉来固定宝石的,宝石在镶嵌过程中,要用力将镶钉压住宝石边,如果用力不当,就有可能损坏宝石,使其发生崩裂。

【案例 8-13】 钉不贴石,如图 8-11 所示。

分析:镶钉与宝石边不贴合时,宝石是不稳固的,容易发生掉石、脱落的危险。

图 8-10 钉镶圆钻发生了烂石

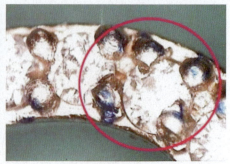
图 8-11 钉不贴石

【案例 8-14】 密钉镶车坑位太大,石不平,如图 8-12 所示。

分析:密钉镶是用钉镶工艺将多粒宝石镶嵌在同一件货品上的方法,它要求宝石不能出现高低不平的现象。本例中,坑位车得太大,使宝石放入镶口后明显下沉。因此,操作时应根据工件的外形及宝石的尺寸,确定坑位的位置。观察宝石是否平整,应从工件的整体外形来观察,将宝石面与镶口位作对比,把宝石面看作一直线,分别从四个方向与镶石位作比较,若平行则宝石平整。

图 8-12 密钉镶石不平

图 8-13 钉镶钉头不圆

【案例 8-15】 钉镶钉头不圆,如图 8-13 所示。

分析:钉镶工艺要求钉头圆顺,不能出现压扁、钉带帽等问题,否则会影响外观效果。本例的钉头不圆顺,出现了明显的带帽问题,其原因在于吸珠操作不当。

【案例 8-16】 钉镶边太弱,如图 8-14 所示。

分析:本例中,内外两圈密钉镶圆钻都出现了金属边太弱的问题,影响外观效果。

图 8-14 钉镶金属边太弱

图 8-15 钉头过长

【案例 8-17】 钉头过长,如图 8-15 所示。

分析:本例的密钉镶圆钻中,出现了钉头过长、爬到圆钻台面的情况。影响钻石的外观及光泽度。应控制钉头的长度,过长过短都不好,通常控制在卡住石面腰部的一半为宜。

【案例 8-18】 钉大小不一致,如图 8-16 所示。

分析:好的钉镶工艺要求钉头大小一致,分布均匀。本例中的镶钉采用手工分钉,出现了尺寸不一的问题,影响外观效果。

图 8-16 钉大小不一致

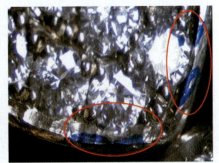
图 8-17 密钉镶中钻石边超出镶石区

【案例 8-19】 密钉镶中钻石边超出镶石区,如图 8-17 所示。

分析:本例的密钉镶多粒钻石中,有两粒钻石边明显超出了镶石区铲边范围,影响外观效果。这种问题与镶石孔位置偏、宝石尺寸不适合、镶嵌移位等有关。

【案例 8-20】 钉镶迫石,如图 8-18 所示。

分析:密钉镶中,石与石之间应该间隔均匀,不能出现本例中的一颗石,叠压在另一颗石上的情况。

图 8-18 钉镶迫石

图 8-19 爪镶烂石

2. 爪镶常见的镶工问题

爪镶是传统工艺的代表,它是用较长的金属爪(柱)紧紧扣住宝石,金属很少遮挡宝石,让大量光线从各方向进入,使跳脱的光芒展露无遗,使它看来更大更闪烁。爪镶适用于不同大小的宝石,即使硕大的主石亦能稳当固定,成为市场上受欢迎的独粒钻饰镶嵌工艺。爪镶的镶爪有圆爪、方爪、三角爪、指夹爪、八字爪、六爪、四爪、三爪、二爪、单爪、公共爪等形式。

好的爪镶镶工,应做到爪要紧贴宝石;宝石必须平整,不能有斜石、高低石、松石、烂石、甩石等现象;爪的长短应一致、对称,不能歪斜;爪头要规则,不能钳花爪背;爪的握位要深浅、高低一致等。常见的爪镶问题示例如下。

【案例 8-21】 爪镶烂石,如图 8-19 所示。

分析:爪镶一般是用尖嘴钳将爪钳紧来固定宝石的,操作时如用力不当或者直接钳到了宝石,就可能造成宝石崩烂。因此,钳爪操作时,应用尖嘴钳分别将对称的爪略钳紧,使爪贴石,再将相邻的两只爪钳正,钳紧,注意不能用力过度。

【案例 8-22】 爪痕太深,如图 8-20 所示。

分析:钳爪时如钳子边太锋利,或者用力过度,将在镶爪上留下很深的钳痕,执锉时不易去除,或者为去除它而使镶爪变弱。

【案例 8-23】 吸爪弄花石面,如图 8-21 所示。

分析:宝石镶紧后,要锉修爪头并将其吸圆整,要选用合适的吸珠凿吸爪,由内至外与两侧均匀摇摆,直到将爪头吸圆。操作时如吸珠凿运转不平稳,发生跳动或震动,就有可能将石面碰花。

图8-20 爪痕太深　　　　图8-21 吸爪弄花石面

【案例8-24】 宝石边与坑位留有空隙,爪不贴石,如图8-22所示。

分析:爪镶是通过坑位与宝石腰线配合来紧固宝石的,在镶石前要进行车坑位。坑位的车法直接关系到宝石的稳固程度及外观效果,本例中,坑位的张角、深度与宝石腰线不吻合,使宝石边与坑位留有空隙。解决此类问题,要根据宝石的大小、厚薄来定坑位的位置和尺寸,应做到坑位深浅、高低一致,钻石坑位深度一般为爪的四分之一至三分之一。

图8-22 宝石边与坑位留有空隙,爪不贴石　　　　图8-23 爪位不正

【案例8-25】 爪位不正,如图8-23所示。

分析:本例为四爪镶,要求四个爪对称分布,不能出现偏移。

【案例8-26】 爪太短,如图8-24所示。

分析:爪镶工艺中宝石的固定是依靠镶爪卡住宝石腰线的,这就要求镶爪有起码的长度,有足够的金属压在宝石腰线上,否则就有松石、掉石的风险。

【案例8-27】 爪太长,如图8-25所示。

分析:镶石后要考虑宝石的光学效果、佩戴的舒适性和安全性。本例中,镶

图 8-24　爪太短

图 8-25　爪太长

爪明显高出石面,不仅影响宝石的外观效果,还使得首饰在佩戴过程中容易勾衣物,甚至引起宝石掉落。应先用剪钳剪爪,再用锉将爪锉到符合吸爪的高度,爪高一致。

【案例 8-28】　断爪,如图 8-26 所示。

分析:爪镶一般是用尖嘴钳将爪钳紧来固定宝石的,由于镶爪直径一般较细,强度有限,如果操作不当将可能引起断爪。其原因可能有:镶爪上存在缺陷影响强度和韧塑形;车坑位过深导致镶爪脆弱;钳爪时多次弯折导致镶爪变脆等。

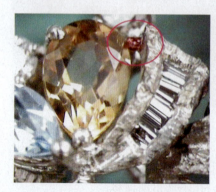
图 8-26　断爪

图 8-27　爪歪

【案例 8-29】　爪歪,如图 8-27 所示。

分析:本例的爪镶水滴形宝石中,底部的一个爪明显歪斜,两边爪不对称,其原因是执模时,未将歪斜镶爪矫形,或者镶石钳爪时用力不当,将爪钳歪了。

【案例 8-30】 角位没对正,如图 8-28 所示。

分析:本例为四爪包角镶,要求每个石角两边有对称的镶爪包围,不能出现偏移到一边的情况。

图 8-28 角位没对正

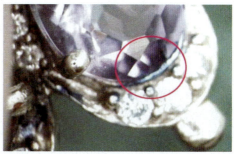
图 8-29 爪镶宝石见底框

【案例 8-31】 爪镶宝石见底框,如图 8-29 所示。

分析:在爪镶水滴形、蛋形、心形等宝石时,宝石与镶口底框的位置要对正,不可向一端偏移而使另一端显露底框,这样会严重影响外观效果。因此,在镶石前要认真度石,合理布置宝石的位置,在钳紧镶爪时要留意勿使宝石发生扭转和偏位。

【案例 8-32】 三角爪不正,如图 8-30 所示。

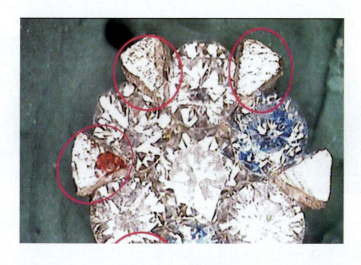
图 8-30 三角爪不正

分析：每种镶爪对爪头的形状都有要求，圆爪要求爪头圆整，四方爪要求爪头方正，三角爪则要求爪头呈规则的三角形，本例中的三角爪头出现了多处边不直、角崩缺等问题，必须进一步执顺。

3. 迫镶常见的镶工问题

迫镶又称为逼镶、夹镶，它是在镶口侧边车出槽位，将宝石放进槽位中，并打压牢固的一种镶嵌方法。高档首饰的副石镶嵌常用此法，另外一些方形、梯形钻石用迫镶法来镶嵌，外观效果更佳。

常见的迫镶方法有卡镶和轨道镶。卡镶是利用金属的张力固定宝石的腰部或者腰部与底尖的部分，宝石裸露较多，有利于展露其光辉。轨道镶是先在贵金属托架上车出沟槽，然后把宝石夹进槽沟之中的方法，此方法中宝石一颗接一颗连续镶嵌于金属轨道中，利用两边金属承托宝石，使首饰表面看起来更平滑。轨道镶法既适用于相同直径的圆钻形琢型宝石，也适合不断变化的梯方形琢型宝石。

迫镶宝石应做到宝石平整、高低一致、疏密一致，不能有松石、甩石、烂石、斜石现象；根据宝石的形状、数量及镶石位的长度，合理控制宝石的间距；金边紧贴宝石边；镶完宝石的工件，不能出现变形及金面凹凸不平的现象等。常见的迫镶问题示例如下。

【案例8-33】 迫打金边时将钻石打烂，如图8-31所示。

分析：迫镶宝石时需要用迫镶棍敲打金边，使其压住宝石腰线达到稳固的目的，在敲打过程中，如果迫镶棍着力点不当，就可能直接作用到宝石边或宝石面，将宝石打崩烂。

图8-31 迫打金边时将钻石打烂　　图8-32 迫打时钻石走位

【案例8-34】 迫打时钻石走位，如图8-32所示。

分析：迫镶钻石时，其基本操作是先在金属镶口边车出坑位，将钻石腰线塞入坑位中，再将其迫紧。由于钻石腰线与坑位间有一定间隙，在逼打时如果手法不对,就可能使钻石震动移位。正确的操作应该是:根据钻石边的厚度,选择合适的轮针车坑,然后根据钻石的厚度用轮针斜扫底金,使两边底金与宝石吻合。将钻石的一边放入坑位内,再用适当的力将另一边按下去,并将钻石排好放平,用迫镶棒垂直于金面,向内倾斜迫打镶石位的边角,直到将钻石迫紧,再用迫镶棒垂直于金面,迫打金边,直到压紧钻石。

【案例 8-35】 迫镶多粒钻石时,石面高低不平,如图 8-33 所示。

分析:在迫镶多粒钻石时,钻石的排列要跟随金属镶边外形,保持平整顺畅,不能出现高低不平的情况。要解决本例中的石面不平问题,除配石要注意使石的厚度基本一致外,关键是车坑位时要使坑位高低合适,使面金厚度相近。

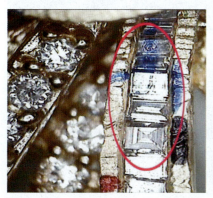
图 8-33 迫镶多粒钻石时,石面高低不平

图 8-34 迫镶钻石间隙位过大

【案例 8-36】 迫镶多粒钻石时,钻石之间、钻石与金边之间隙位过大,如图 8-34 所示。

分析:迫镶多粒梯方钻石时,要求钻石连续排布,并且最外边的钻石与金属边紧密接触,没有明显的间隙,否则会明显影响外观效果。要解决本例中隙位过大的问题,在配石时要认真比对度石,配石时也要注意考虑石的排布方式和次序,以头位(第一粒石)为标准,依次落其他钻石,并要求做到钻石平整,疏密均匀。确实不合镶的要调换合适的宝石再镶嵌。

【案例 8-37】 宝石歪斜,如图 8-35 所示。

分析:对于迫镶多粒长方形钻石,要求钻石排列平行,相互紧密接触,操作时请合理控制两金属边的坑位深度,将钻石入坑位后要调整其方位再迫紧,在迫打过程中也要防止钻石震动,注意检查是否有斜石情况,如有则观察宝石斜向哪边,在相应对称的另一边加迫直至宝石平整。若斜石太厉害,需视情况拆石重车位再镶。

图 8-35　宝石歪斜　　　　　　　图 8-36　迫镶掉石

【案例 8-38】　迫镶掉石,如图 8-36 所示。

分析:迫镶钻石时先要车坑位,要留意坑位到面金的厚度,面金要保持一定厚度,一般要有 0.4~0.5mm,不能太厚,否则容易造成工件变形,也不能太薄,否则易出现松石、掉石现象。底金不能车得太空,车得太空则容易造成落石过松。长距离迫镶多粒宝石时,一般在镶口底部设置担位防止金边变形,在镶嵌时不能将担位车断。

【案例 8-39】　坑位底车穿,如图 8-37 所示。

分析:坑位底是托住宝石边的,如果将其车穿,容易造成宝石掉落、宝石面不平等问题。因此,车坑操作时要谨慎,如不慎将坑位底车穿,应进行焊补修复。

【案例 8-40】　迫镶金边太薄,如图 8-38 所示。

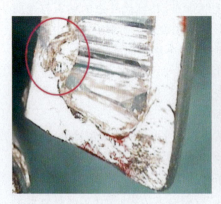 

图 8-37　坑位底车穿　　　　　　图 8-38　迫镶金边太薄

分析：迫镶工艺中宝石的固定是靠两侧的金边压住宝石腰线的，如果金边太薄，在后面的抛光清洗或佩戴过程中，就有掉落的风险，因此要求控制金边厚度约 0.4～0.5mm。

【案例 8-41】 边不顺，如图 8-39 所示。

分析：迫镶工艺中，将金边逼打紧固后，金面及内侧的两个金边变得凹凸不平，需要将其执平铲顺。铲边时，用平铲将遗留石面的金屑铲走，用平铲铲顺金边，以便观看金边，是否紧贴宝石。铲边的效果与磨铲的质量有关，也与铲边操作手法有关。磨铲时，手腕与手前臂成一直线，手臂台面保持一定的角度与高度，利用手腕控制针与油石的角度，将铲磨出 95°角，这样的角度磨得更薄更利，有利于铲除金属。磨铲时注意手不能左右摆动，铲的两个面大小应一致，表面要平滑，有亮度，不能形成弧形及多个刃面，铲的锋口要呈锋利的直线。在铲边时手要稳定，运铲方向要跟形，防止将金边铲出波浪线或划花。

图 8-39 边不顺

图 8-40 角位没铲正

【案例 8-42】 角位没铲正，如图 8-40 所示。

分析：迫镶梯方钻中，最边侧钻石的金边、角位要保持原版的形态，不可将其铲过头、铲变形。本例中的角位要求是折角，但是铲成了外凹的圆角。

【案例 8-43】 金边凹陷，如图 8-41 所示。

分析：本例中的金边在迫打后变得凹凸不平，需要通过执边将其修顺滑，本例中出现的金边凹陷是在执边后暴露出来的。其原因可能有：金属质地不好，该处存在皮下气孔、缩松、夹杂、砂眼等缺陷；迫打时用力不均，该处迫打过度形成深凹。解决此问题，应针对上述原因采取相应措施。

【案例 8-44】 金边宽度不一（俗称大小边），如图 8-42 所示。

分析：迫镶宝石时，一般要求两侧金边宽度一致，不能出现大小边，且边需紧贴宝石。导致大小边的原因可能有：原版已出现大小边；执模时将镶口执成大小

图8-41 金边凹陷

图8-42 金边宽度不一

边;镶石铲边不注意。

【案例8-45】 金边残留金屑,如图8-43所示。

分析:铲边时未将石面上残留的金屑铲干净,遮住了部分石面。

【案例8-46】 镶石后金件残留火漆,如图8-44所示。

分析:迫镶宝石一般要用火漆固定金件,以便进行迫打,镶石后再用天那水将火漆清洗干净。本例中的火漆未清洗干净,将影响后续的工作,需重新清洗。

图8-43 金边残留金屑

图8-44 镶石后金件残留火漆

4.无边镶的镶工问题

无边镶是一种新型的宝石镶嵌方式,它以诱人的宝石外观效果而深受市场欢迎。其基本原理是,在镶嵌多排宝石时,在宝石底部侧边开出浅槽位,将固定宝石的金属从石面转移到石底槽位,利用外力逼迫将金属挤入槽位而紧固宝石。因此,只看见宝石最外边的金属,宝石之间是看不到金属的,俗称"见石不见金"。无边镶嵌技术打破了传统的镶嵌手法,它使钻石的腰部以上没有任何金属的遮挡,冠部、腰部能获得最佳的进光量,让宝石的火彩更完美地绽放出来,从而保证钻石呈现出最完美的光学效果,使得整件首饰的外观效果进一步提高。特别是对于群镶钻石,由于在钻石的周围不会出现金属爪或边,使得钻石与钻石的拼接及颜色过渡更加完美、更加自然,可以创造出更多的优雅图形,而没有了传统的金属爪位的阻隔,光线在钻石间的传播空间范围更广,使得钻石更加璀璨夺目。

无边镶的镶工要求如下:宝石平整、石紧、高低一致,不能有空隙见到横担,不能出现松石、烂石、甩石、斜石等现象,宝石与宝石要对齐,十字位要正。但是,无边镶是一种手工技艺要求很高的镶嵌方法,容易出现镶工问题,常见的无边镶镶工问题示例如下。

【案例8-47】 钻石排列不整齐,出现缝隙和错位,如图8-45所示。

分析:无边镶要达到无边、无隙的效果,起码要做好三个环节的工作。一是钻石的切磨很关键,每颗钻石的形状尺寸要一致,这需要经过精密计算及切割才能保证。二是在制作金属底托时,要准确把握缩水量,较好原版的镶口位,在倒模、执模时避免镶口变形。三是镶嵌操作要正确,按照从中间向两边的顺序排石镶嵌,钻石排列整齐,十字位要正,每粒钻石的石边要将横担遮住一半,两粒石落下去后要将横担完全遮掩,钻石与钻石之间没有明显缝隙。

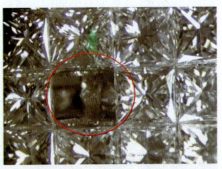

图8-45 无边镶公主方钻出现错位和缝隙　　图8-46 无边镶方钻掉石

【案例8-48】 无边镶方钻掉石,如图8-46所示。

分析:无边镶要达到见石不见金的效果,须将固定宝石的金属从石面转移到石底槽位,通过外力逼迫金属挤入槽位而紧固宝石。与其他镶嵌方法相比,该工艺中钻石的固定是借助钻石底部的小凹槽来实现的,因而操作难度很大,更容易出现掉石问题。要解决此问题,应从几个方面进行:一是金属底托的结构要具有足够的强度,特别是对于大面或长排的无边镶嵌,在制作原版时除足够强度的横担外,还需加设底担,以使首饰具有一定的抵抗变形的能力,防止宝石掉落。为使宝石稳固,同时不影响宝石的外观效果,对横担和底担也有具体的要求。一般要控制横担金属厚度 0.35~0.45mm,高度比两边金属面低 0.75~0.85mm。底担是起加固作用的,鉴于它会影响宝石的光亮效果,其尺寸按照满足力学要求的前提下尽可能小的原则设置。二是钻石底部槽位的高度、深度要合适,太高时钻石不易固定,且迫打时容易引起碎石,太低时可以从宝石顶面看见沟槽,影响外观效果。一般控制在距离宝石腰线 0.5~0.6mm 处车铣沟槽,沟槽开口宽度 0.2~0.3mm,深度 0.1~0.2mm。三是镶嵌时要注意开槽、入石及迫紧方式,在金属底托上车出合适的槽位,中间横担槽位开口尺寸 0.2~0.3mm,深度 0.1~0.2mm,高度距离金属顶面 0.2~0.3mm;两侧金属槽位开口尺寸 0.25~0.35mm,深度 0.2~0.25mm,高度距离金属顶面 0.4~0.5mm。较好槽位后用平铲或镊子沾印泥落石,先落要迫打那边,然后轻轻将石有槽位的一边按下横担的槽位内,像齿轮一样吻合。如果是三行以上的无边镶,较好横担后落石都要从中间开始,因中间的石是没有面金迫打的,控制其松石是靠落石和两边的石将横担向中间迫紧,所以较位一定要准,落石不能松,否则在迫打时中间很容易被挤高。

由于只有微小的金属卡住宝石坑位,很容易出现松石、掉石问题。为此有工厂采用严苛的 40 小时高温高频振荡测试工艺,即利用超声波机的高频振荡及高温 100℃ 的水,测试宝石镶嵌的牢固程度。

【案例 8-49】 无边镶石角崩,如图 8-47 所示。

分析:在迫紧钻石时,石角发生了崩缺。解决此问题,要控制好面金的厚度不可过薄,迫打石要控制力度、位置及方向,要避免迫镶棍直接敲打在石面上。

图 8-47 无边镶石角崩

图 8-48 无边镶中金遮石面过多

【案例 8-50】 无边镶中金遮石面过多,如图 8-48 所示。

分析:为获得良好的外观效果,无边镶中要求控制石边的宽度和厚度,金边最多不能遮石侧面的 2/3,多余的应铲掉。在配石时也要注意,石的尺寸要与镶口相配。

【案例8-51】 无边镶中金不贴石,如图8-49所示。

分析:在镶嵌后出现宝石与金边无法贴紧,中间出现间隙的情况,影响宝石稳固性及外观效果。其原因可能有钻石偏小,与镶口不配;镶石车位偏向一边;迫打时用力方向不当;铲边时铲过头等。

图8-49 无边镶中金不贴石

5. 包镶常见的镶工问题

包镶是用金属沿宝石周围包围嵌紧的镶嵌方法,可分为有边包镶和无边包镶两类。有边包镶是在宝石周围有一金属边包裹,工艺上称为"石碗",是常见的宝石包镶;无边包镶是在宝石周围包裹的金属无一环状边,主要用于小颗粒宝石或副石的镶嵌。另外,根据金属边包裹宝石的范围大小,又可分为全包镶、半包镶和齿包镶,其中齿包镶为马眼形宝石的镶嵌方法,只包裹住宝石的顶角,又称"包角镶"。

包镶镶嵌宝石比较牢靠,适合于颗粒较大、价格昂贵、色彩鲜艳的宝玉石镶嵌,如大颗粒的钻石、弧面形或马鞍形的翡翠等玉石戒面;但由于有金属边的包裹,透入宝石的光线相对要少,而且所看到的宝石面积也较原石有所减少。因此不利于较透明、欲突出火彩,以及颗粒较小的宝石镶嵌。

包镶是具有一定难度的镶嵌工艺,要求镶嵌后的宝石平整,在镶口正中,不能出现斜石、松石、烂石、甩石、高低石等现象,迫完后工件不能变形,金边要顺,面金要保留一定厚度,不能太厚或太薄。常见的包镶镶工问题示例如下。

【案例8-52】 镶口崩缺,如图8-50所示。

分析:镶口崩缺时不能完整地包住宝石,导致镶石不稳、外观效果差。崩缺的原因可能有倒模残缺、执模锉蚀等。

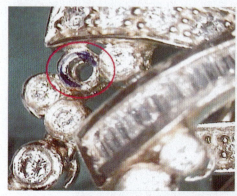

图 8-50　包镶镶口崩缺

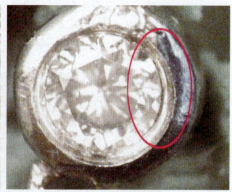

图 8-51　包镶边不贴石

【案例 8-53】　包镶边不贴石,如图 8-51 所示。

分析:宝石边与金属边存在缝隙,金边没有压住石边,将出现掉石风险。导致此问题的可能原因有:宝石尺寸偏小,与镶口不匹配;镶石车位偏向一边;入石时未放正;迫打金属边时力度和方向不对。

【案例 8-54】　包镶边不顺,如图 8-52 所示。

分析:本例中的包镶圆钻,镶嵌后金属边呈现多边形,严重影响外观效果。包镶工艺中,在迫紧宝石后,必须进行执边和铲边,铲边要跟形,包镶圆钻的金边必须铲圆顺。

【案例 8-55】　包镶辘珠边不顺,如图 8-53 所示。

图 8-52　包镶边不顺

图 8-53　包镶辘珠边不顺

分析:本例中,包镶圆钻后的金属边辘珠,出现了珠边不顺,时有时无的情况。要获得好的辘珠效果,操作时应掌握正确的手法,珠凿不可脱离金边,来回辘压时,要按原来的轨迹,不可发生偏离。

6.光圈镶常见镶工问题

光圈镶又称抹镶,工艺上类似于包镶,宝石深陷入环形金属石碗内,边部由金属包裹嵌紧,宝石的外围有一下陷的金属环边,光照下犹如一个光环,故名光圈镶。根据金属石碗内是否有金属钉又可分为光圈镶和齿光圈镶。齿光圈镶又称飞边镶、批丝镶或意大利镶,它是在金属环边上,用手工雕出几个金属小齿来镶住宝石,光圈镶由于金属光环的存在,在视觉上给人感觉到宝石增大了许多,而且圆形光环也有一定的装饰性。

良好的光圈镶镶工质量,应做到宝石平整、石紧,不能出现烂石、斜石、甩石等现象;窝边要平均,厚薄应一致,且要光亮,不能刮花;钉头不能太长或太短,起钉方向一致,钉要对称,大小一致,钉头要贴合。常见的光圈镶镶工问题示例如下。

【案例 8-56】 飞边镶十字钉位不正,如图 8-54 所示。

分析:本例中的飞边镶,四个钉位置不对称,影响外观效果。

图 8-54 飞边镶十字钉位不正　　图 8-55 飞边镶钉爪断裂变形

【案例 8-57】 飞边镶钉爪断裂变形,如图 8-55 所示。

分析:本例中的飞边镶,有的钉爪产生了断裂,有的产生了卷曲变形,影响外观效果。

【案例 8-58】 飞边镶石走位,如图 8-56 所示。

分析:镶嵌后宝石偏离了正中位置,其原因可能有:宝石尺寸偏小,不合镶;镶嵌时宝石没放正;铲钉压紧石宝石发生了移位。

【案例 8-59】 飞边镶光圈边残缺,如图 8-57 所示。

分析:飞边镶宝石的外围有一圈碗状的金属环边,由于顶边很薄,生产时可能出现倒模残缺、执模锉蚀等。

图 8-56 飞边镶石走位　　　　图 8-57 飞边镶光圈边残缺

7. 蜡镶铸造中的镶嵌问题

蜡镶是首饰制作行业广泛使用的镶嵌方法,尤其在制作镶嵌宝石数量众多的首饰件,蜡镶工艺已成为降低生产成本,提高生产效率,增加产品竞争力的重要途径。所谓蜡镶,是相对金镶而言的,它是在铸造前将宝石预先镶嵌在蜡模型中,经过制备石膏型、脱蜡、焙烧后,宝石固定在型腔的石膏壁上,当金属液浇入型腔后,金属液包裹宝石,冷却收缩后即将宝石牢牢固定在金属镶口中。蜡镶技术以传统的熔模铸造工艺为基础,但是在各生产工序中,又有其特殊性和难度,给首饰加工企业带来效率的同时,其中也隐含了一定的风险,只有对蜡镶工艺有充分的认识和了解,并严格按要求进行操作,才能保证蜡镶质量的稳定,真正发挥出蜡镶工艺的优势。

蜡镶铸造技术是一项集铸造工艺学、宝石学、金属学、首饰制作工艺学、美学等多方面知识于一体的综合技术,涉及知识面广,影响因素多,任何因素的变化都可能对蜡镶铸造效果产生影响,导致最终产品出现质量问题,甚至报废。因此,如果这个工艺过程得不到有效控制,则蜡镶铸造的成本可能比常规首饰铸造的成本还要高。

常见的蜡镶问题有:朦石、烂石、黑色、掉石、石不均匀或走位、金覆石面等,示例如下。

【案例 8-60】　蜡镶钻石碎裂,如图 8-58 所示。

分析:蜡镶铸造中经常出现有些宝石崩裂或碎裂,主要出现在逼镶多粒石的工件中。引起蜡镶宝石碎裂的可能原因有:

(1)宝石的质量有问题或不适合蜡镶铸造,不管是何种宝石,如果其内部含裂隙、潜在解理或大量内含物等缺陷,则宝石经受高温及热冲击后很有可能产生

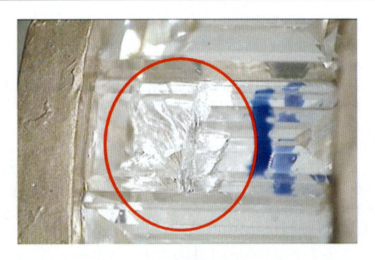

图 8-58　蜡镶钻石碎裂

开裂、碎裂等。

（2）母版的收缩率不对，如果母版的收缩率预留小，而实际收缩大时，可能会引起宝石碎裂问题。

（3）镶石时宝石间隙过小或互相接触，铸造收缩时会使宝石间相互挤压而碎裂。

（4）焙烧升温速度过快，宝石在承受高温、热冲击和热应力时，有出现裂纹的危险。

（5）浇注温度过高，由于金属液直接接触宝石，使宝石瞬间受到很大的热冲击，浇注温度越高，热冲击越大，出现碎裂的机会也越多。

（6）合金本身不太适合蜡镶铸造，如合金的熔点高、流动性差时，为保证有效成型，生产者往往要提高浇注温度，使热冲击更大。

针对上述原因，相应的解决措施如下：

（1）使用适合蜡镶铸造的质量较好的宝石，要求宝石能承受相当高的温度，以及对不均匀加热和冷却有一定的承受能力，避免使用有裂隙或对温度、热冲击敏感的宝石。

（2）橡胶模、注蜡、铸造过程中，都会发生一定量的收缩，它们对镶嵌宝石都会产生重要的影响，设计和制作原版时必须综合考虑橡胶模、蜡模和金属的总收缩。

（3）合理分布宝石，使之有均匀、足够的间隙，对紧密排列的宝石更要注意。要按照收缩率计算出预留间隙的大小，一般在要求宝石紧密排列的情况下，宝石间隙控制在 0.015～0.04mm，而且宝石间隙要均匀一致，尽量避免出现叠石、石挤石、石角接触、V形间隙等问题。由于在拐角位容易出现V形间隙,因此,镶嵌操作时应遵循拐角部位优先安排镶石的原则,必要的时候安排个别石倒插以保证宝石间隙。

(4)控制焙烧升温速度,铸型的焙烧是蜡镶铸造的一个关键所在。要求焙烧炉能精确控温,并使铸型尽量均匀受热,减少宝石由于经受热冲击和热应力而出现裂纹的危险。

(5)注意控制铸树上的工件数量,并在保证成型的前提下,尽可能降低金属液的温度。铸造设备最好能进行精确控温,使铸件具有一致稳定的质量。

(6)选用适合蜡镶铸造的合金,用于蜡镶铸造的合金应具有较低的熔点、较好的流动性及抗氧化性能,生产管理时要将蜡镶铸造回用料与常规铸造回用料分开放置,并要注意及时提纯。

【案例8-61】 蜡镶铸造后宝石变朦,如图8-59所示。

图8-59 蜡镶铸造后钻石变朦

分析:钻石蜡镶铸造后失去了原来的光泽,变成了奶白色。导致朦石的可能原因有:

(1)宝石的质量。如果宝石内部含有较明显的夹杂物,则可能在铸造过程中变成奶色或霜色;其次,不能承受高温或在高温下会改变颜色的宝石是不适合蜡镶的,这类宝石包括紫晶、蓝色托帕石、黄水晶等,它们当中尤其是一些通过人工处理来改善颜色的宝石,加热后颜色会改变或褪色,祖母绿对加热的承受能力很弱,尤其是不均匀加热,因此也不宜用蜡镶铸造工艺;再次,在高温下会燃烧的宝石也是不适合蜡镶铸造的,像珍珠、琥珀、珊瑚、绿松石等,它们在高温下会燃烧,使宝石表面粗糙,内部出现轻微的云状,故不能使用蜡镶铸造工艺。

(2)铸粉中没有采取保护措施,采用一般的铸粉来制作铸型。蜡镶铸造中宝石随铸型长时间在焙烧炉内高温烘烤,浇注时高温金属液对宝石也产生热冲击,宝石易产生变色、失去光泽等问题,生产中一般用硼酸液加以保护,硼酸在蜡镶铸造中起防止宝石变色的作用。

(3)焙烧温度过高,或者金属浇注温度太高,超过了宝石的承受能力。

针对上述原因,应采用相应的解决措施:

(1)使用适合蜡镶铸造的质量较好的宝石。

(2)采用蜡镶专用铸粉,或者在一般铸粉中按规定量添加硼酸等保护剂。

(3)控制焙烧温度不超过规定上限,铸造时要根据铸件结构等调整铸型温度。

(4)选择合适的补口配制金属,尽量降低金属液浇注温度。

【案例8-62】 蜡镶铸造后钻石显黑,如图8-60所示。

分析:之所以称为显黑,是因为将钻石从货件上拆下来时,发现钻石本身并没有变黑,很多时候是由覆盖在钻石底部的金属引起的光学效果。钻石底部出现金属披锋引起黑色的可能原因有:

(1)底部预镶孔太小,阻止光线进入,且纤细的石膏柱容易开裂,引起钻石底部覆盖金属,如图8-61所示。

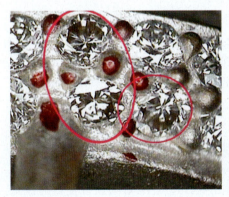
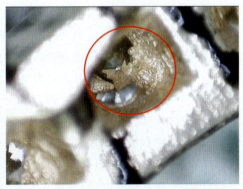

图8-60 蜡镶铸造后钻石显黑　　　　图8-61 蜡镶钻石底部覆盖的金属披锋

(2)制作蜡模时未认真检查,镶孔内已有披锋。

(3)镶石时不开设坑位,直接加热宝石使之嵌入蜡中,蜡受热熔化后在石底三角形覆盖一层蜡膜,铸造后形成金膜,如图8-62所示。由于宝石镶嵌在金属托中,石底的透光状况直接影响宝石的光亮度,石底被遮盖面积越多,石头光亮度越差,表现出的黑石程度越严重。

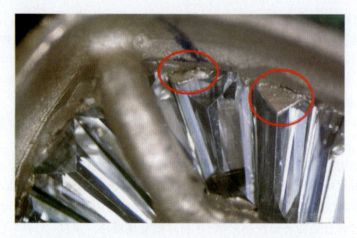

图 8-62 镶石时加热宝石面引起石底三角形覆盖金膜

(4)种蜡树时蜡模在蜡树的方向不合适,将石面朝上、底镶孔朝下,在抽真空时气泡滞留在石底,不易抽出,铸造后形成金属珠而引起黑色。

(5)混制石膏浆料时,粉水比不合适,水量偏少,石膏浆料过于黏稠,不易充满底镶孔。

(6)铸造后底镶孔清理不干净,残留石膏粉。

针对上述原因,应采取的解决措施如下:

(1)使尾部预镶孔尽可能大,孔的直径至少是宝石直径的 2/3。

(2)蜡镶前仔细检查蜡模,将预镶孔打通,清除内部的披锋。

(3)镶嵌时要在蜡模上开设尺寸适合的坑位,使钻石的腰线卡入坑位中。一般将坑位开成"<"形,开口尺寸约 0.25~0.35mm,坑位深度约 0.2~0.25mm。要避免直接加热宝石使其嵌入蜡模中的做法,如确实需要这样做,也只能稍微加热宝石,保证宝石不被蜡覆盖。在处理底蜡时,要在保证镶石稳固的前提下,尽可能将底蜡减少。对于直排迫镶多粒宝石,底蜡相对容易处理,而对于呈弧形的产品,特别是在大拐角部位,在镶长方或梯方宝石过程中,容易出现宝石与镶口位不太合镶,导致石头两角伸入蜡边过多,而另两角悬空的情况。此时,不能直接用蜡封满而不对石底作进一步处理,这样在石底容易堆积蜡,铸造后造成石底堆积金属而导致黑石情况产生,而且由于石的梯度与弯位的弧度往往有出入,蜡镶时如果不注意调整石的摆放方式,很容易形成三角形间隙,既影响了外观效果,且容易在角位造成石角接触,铸造后导致烂石。因此在蜡镶操作中,应遵循尽可能减少底蜡的原则,在弯位较突出的地方,采用台阶蜡的模式,如图 8-63 所示,这种处理方式并没有影响石的外观效果,却大大减少了底蜡的遮光作用和

热冲击作用,保证了宝石的光亮度。

(4)蜡模种在蜡树上,将宝石面朝下、底镶孔朝上,这样不易在宝石底滞留气泡引起金珠。

(5)混制石膏浆料时,适当降低粉水比,提高浆料的流动性。

(6)铸造后要认真冲洗铸件,浸泡酸液清除底镶孔内残留的石膏,在执模时要将石底执干净。

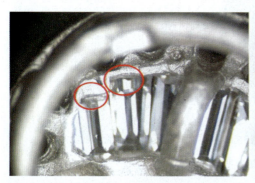

图8-63　迫镶梯方钻时局部采用台阶形底蜡　　图8-64　蜡镶铸造后钻石表面覆盖金膜

【案例8-63】　宝石间覆盖金膜,如图8-64所示。

分析:蜡镶铸造后宝石的表面出现一层金膜,或局部被金覆盖,影响宝石的光泽。由于钻石是亲油性的,因此蜡镶操作中,石面容易覆盖一层很薄的油膜,此外在调整石头间隙和处理蜡位时,有时难免在石底面上出现蜡屑,这些都需要用酒精将其彻底清理,否则铸造后会形成金膜,影响透光而引起黑石。因此,蜡镶操作结束后,要注意检查石面、石底的洁净状况,用酒精将蜡屑、灰尘等杂物清除干净。

【案例8-64】　蜡镶铸造后固石不牢或宝石掉落,如图8-65所示。

分析:蜡镶铸造是将宝石直接镶嵌在蜡模上,铸造后金属边将宝石固定的,由于蜡镶设计到多个工艺环节,如果工艺参数或操作不当,将导致蜡镶铸造后固石不牢或宝石掉落。导致蜡镶铸造掉石的可能原因及解决措施如下:

(1)原版的预镶孔不合适。蜡镶时宝石要留在石膏型中且保证宝石固定在原位,为了防止宝石在灌石膏浆、焙烧及铸造时产生移位或松动,宝石至少要在两个位置得到铸型的支撑。因此,一般在镶口底部开孔,并尽量做大些,甚至大至宝石直径的一半以上,避免铸造后在宝石底部表面覆盖金属或宝石固定不稳。

(2)宝石镶在蜡模中不牢固。主要原因包括:宝石不合镶,宝石在蜡模中没有足够的支撑,蜡镶时底蜡掏得太空,宝石与蜡边间隙大等。为此,镶嵌之前要

图 8-65 蜡镶铸造后宝石已掉落

认真细致地做好观石、摆石、铲坑、定位的准备工作，将石放入镶口度位，看石是否合镶，明显不合镶时需要返配。镶石时跟形调整石的高度以及石伸入两边蜡位的深度，对石两端表面封蜡边，使石稳固。

(3) 铸造工艺不合适，铸件产生残缺缺陷，导致宝石掉落或不稳固。主要有几个方面，一是浇注系统设计不合理，例如水线的截面尺寸过小、水线数量过少、位置不当、分布不均衡等，使金属液流程过长，未完成充填前通道就堵塞了。应根据铸件结构来确定水线，除了要考虑金属液在一般情况下的流动状态，还应考虑金属液对型壁的摩擦、金属液的冷却情况和金属液的流动性，要保证有足够的压头高度，并尽可能缩短金属液流程，确保金属液流动平稳。二是铸型温度低，加快从金属液中吸走热量，在金属液未来得及充满铸型型腔之前就可能冷凝了，因此在不影响宝石质量的前提下可适当提高铸型温度。三是熔炼浇注操作有问题。如金属液熔炼质量差，含气或夹杂多，降低其流动性；金属液浇注温度过低，充型能力差，容易导致残缺冷隔；浇注速度过慢，或者浇注不顺畅，断断续续；浇注的金属液短缺等。因此，熔炼前要计算好金属液的量，熔炼时要注意保护金属液，适当提高金属液浇注温度，浇注速度不可过慢，浇注过程中应避免液流中断。

第九章 电金生产质量检验及缺陷分析

不同的首饰生产企业,其组织架构划分是有所区别的,大部分将完成执模、镶嵌后的首饰抛光、电镀或其他表面处理工艺合成一个部门,称为电金部。电金既属于半成品工序,又是产品走向成品的最后一道工序,因而对货品的检查涵盖了半成品检验和成品检验,检验要求更高。在首饰生产中,虽然每批货在到达电金部之前,已经过各部门质检员的检查和认可,但很多时候只是从某个工序片面地开展检验的,存在检验不到位、漏检等情况。因此,经常可以见到首饰生产企业的电金部,生产不顺畅、返修产品堆积的情况。

第一节 电金质量检验内容及方法

根据货品的表面装饰要求,电金部的生产工艺流程可分为几种:一种是只需要抛光的光金货,其工艺流程为:车磨打→除蜡→清洗→成品。另一种是需要单色电镀的货品,其工艺流程为:车磨打→除蜡→清洗→除油→清洗→浸蚀→电镀→成品。再一种是需要电镀、表面喷砂等的货品,其工艺流程一般为:车磨打→除蜡→清洗→贴保护纸→喷砂→除油→清洗→浸蚀→电镀→成品。

在除蜡清洗后设置打磨抛光QC,通常它属于半成品QC,在电镀后设置成品QC。作为最后一道工序,电金质检员要具备较全面的检验能力,熟悉各类货品的生产流程及部门的工作程序,认真负责地对待检验工作,及时检验上道工序流转来的产品,并将发现的问题快速反馈到有关人员;严格按照公司产品标准或客户要求检验成品质量,严把产品质量关,避免不合格产品出厂。

电金质量检验的内容及方法如下:

(1)读懂生产工单的要求。QC员收货点清件数后,接着读单,了解该批货的大概情况,比如货的成色,要求打的字印、货品尺寸(手寸)、来石资料,是否要辘珠边、推沙,是否要求分色及货品所要达到的效果。QC员要熟悉产品质量的通用标准,还要看清每个客户的特别要求。

(2)检查石质及石的镶嵌质量。质检员应该掌握常见宝石的基本鉴别方法,对照订单上的来石数据及镶嵌要求,对每颗石进行仔细的检查,看石质、尺寸、切工、颜色等是否与订单要求相符。要根据不同镶嵌方法的特点及要求,认真检查镶工质量,看是否有花石、烂石、松石、斜石、高低石、扭石、歪石等问题,爪、窝、钉是否打磨抛光得光亮。

(3)检查货品尺寸、字印。如果订单标有货品的尺寸,检验时须度量货品的实际尺寸是否和订单要求一致。检查字印有无漏打和错打,位置是否正确,字印是否清晰。

(4)检验货品的功能。如检查耳环时,要留意耳针是否直,耳迫的灵活性,弹力及松紧度;手镯的制的功能及较位活动时是否顺畅,两边的金间隙是否太长;链扣是否灵活;胸针扣针除了注意弹力及灵活性之外,还要留意针的方向(由右向左扣);吊坠的瓜子耳要灵活,圈子要圆。

(5)检查金质。仔细检查货品有无金质方面的问题,常见的金质问题有金枯、砂孔、金裂、欠顺、金渣等缺陷,存在这些问题时,需要进行返工处理。辘珠边和推沙货因辘珠边、推沙后要进行彻底的车磨打,因此在辘珠边和推沙前可以忽略打磨不透,但必须保证货品没有镶嵌、尺寸、活动位功能、金质等问题后方可辘珠边或推沙。辘珠边后的货要注意检查珠边是否均匀,有无烂石或崩边;推沙后要求沙到位、整齐,不能过界和起纹。电金前通常再检查一次有无松石,有无蜡屑,石底有无金屑,且电金前后要注意保持货的干净、清洁。

(6)检验货品的整体质量。根据订单要求或对照样板,检验货品的整体质量。要检查货品金边的线条,角度及层次是否存在漏执的问题,做到线条顺畅,角度明显,层次要分明,该圆则圆,该方则方。宝石镶嵌稳固,位置方向正确,石孔通透。金成色符合要求,金面金边要顺,无变形,无明显砂孔、金枯,无金裂,夹层干净。电金不能出现阴阳面,电白不能有灰黑、黄色斑点及电朦等问题。

对于不同类型的货品,还要注意各自的特别要求,例如,戒指类货品,戒脾大小、厚薄要一致,手寸正确,圈口圆;耳环类货品,耳针长度与订单对应,耳针要直,走透焊,坏要对俏,耳迫灵活;吊坠类货品,瓜子耳要灵活,走透焊,圈子要圆;项链手链类货品,要顺,变曲的角度要一致。由于链的金比较薄,要特别注意活动关节有无断裂的现象,以及摔线位走焊要透,不可留有明显的摔线痕;手镯类货品,制位功能要灵活,制合上时较位应要紧密结合,不可有太大的间隙。

(7)处理问题的方法。质检员将货品的缺陷检验出来后,根据问题的轻重程度,采取不同的处理方法。一般在电金部设修理组,除金属底托存在的金枯、裂纹、欠顺及砂孔之外,还有因加工不当而引起的戒圈欠圆,戒肶不顺,制较位过松或过紧,扣位不顺、不灵活,漏执,字印不清,断链,抛光过头,爪大小不一等问题,这些都可交给修理组返工修理。货品在电镀前一定要处理好所有问题,避免电镀后再对货品进行修理或车磨打,这样会对货件带来较大的损害。

第二节 常见的电金缺陷

不同类别的首饰既有通行的质量要求,也有各自独特的要求。在电金缺陷方面,还有共性问题和类属问题之分。

一、各类首饰常见的共性电金缺陷

这类缺陷在各类首饰中都会遇到,主要涵盖了金属质地、镶工质量、电镀质量或其他表面处理效果等方面。

1. 金属质地方面的问题

【案例9-1】 成色达不到标准要求

问题描述:货品要求材质为18KW,用荧光光谱仪检测货品的成色,金含量只有74.6%,达不到最低75%的要求。

分析:贵金属首饰的成色必须严格遵守标准要求,达不到成色要求的货品坚决不予出货。成色基本上是由倒模工序决定的,配制合金时应结合本厂的损耗状况指定内控标准,例如18K金不按照75%配制,而是适当加微小的余量,例如按照75.3%或75.5%配制。除倒模工序外,在执模工序的焊接也可能对成色检测造成影响,当使用的焊料比货品本体成色更低时,就会影响到合金总体的成色,如图9-1所示。因此,焊接时应采用与本体同成色的焊料。

【案例9-2】 玫瑰金易变色,如图9-2所示。

图9-1 采用低于金属本体成色的焊料焊接,导致货品成色降低

图9-2 玫瑰金首饰易变色

分析：在饰品用金合金系列中，玫瑰红金因其色泽华丽典雅，成为风行于当今国际首饰和钟表行业的潮流时尚。作为饰用玫瑰红金，应具有较好的玫瑰红色和光亮度，抗晦暗能力好，在存放和使用过程中不易变色。但是，目前玫瑰红金饰品经常出现颜色不佳、晦暗变色等问题，给生产企业和用户带来了诸多困扰。目前还没有一种不会变色的玫瑰金，但是从变色倾向和严重程度来看，不同合金的抗晦暗变色性能有明显差别，生产企业要合理选择并进行必要的试验，可采用人工汗液浸泡、电化学试验等方法来推断合金的抗变色能力。

【案例 9-3】 货品抛光后暴露出砂孔，如图 9-3 所示。

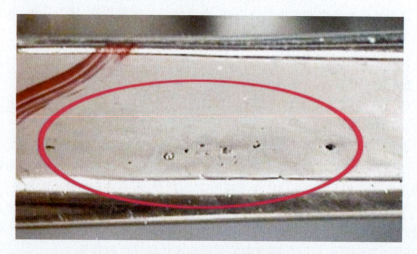

图 9-3　货品抛光后暴露出砂孔

分析：砂孔是在倒模过程中形成的，但潜伏在表皮以下，当货品进行抛光时，砂孔暴露到表面，此时应将砂孔清理干净，露出金属质地，然后对该缺陷进行焊补。由于货品上已镶好宝石，为避免宝石受热损害，应优先采用激光，不要用火焊。

当工件抛光后在表面暴露出砂孔时，必须进行修理。对于尺寸较小的砂孔，修理时将砂窿棍安装在打磨机上，用砂窿棍将工件上的砂孔磨掉，用砂纸将工件打磨平滑后再抛光。对于尺寸较大的砂孔，修理时将牙针安装在摩打吊机上，用牙针将砂孔磨新。浸一下硼酸水，用火枪将工件预热，并将修补用的金属粒烧熔。用镊子沾金珠后点硼砂，然后把金珠放在工件的修补处，将凹陷位补上。将修补后的工件放入装有矾水的矾煲里，并有火枪将矾水加热至沸腾，以除去工件的硼砂和其他杂质。用清水清洗并吹干。用砂窿棍将修补处磨平，再用砂纸磨滑。

【案例 9-4】 货品抛光后呈现严重的缩松,如图 9-4 所示。

分析:缩松是一种常见的金属质地缺陷,它是在倒模工序形成的孔洞缺陷,明显地影响首饰表面的质量。缩松往往从表面延伸到内部,执模时一般只对表面进行打磨,不能消除缩松,即使采用砂窿棍时也难以压实,因此在抛光后缩松容易暴露在表面。对于此类缺陷,需要加强倒模环节的控制,改善倒模质量。

 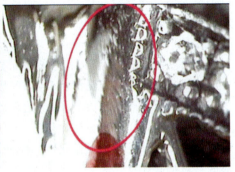

图 9-4 货品抛光后呈现严重的缩松　　图 9-5 18K 白金抛光后表面出现钢砂

【案例 9-5】 抛光后金属表面出现钢砂(金渣),如图 9-5 所示。

缺陷描述:首饰抛光时发现表面有硬点,肉眼观察是黄褐色的硬质点,呈大尺寸的单颗粒或巢状小颗粒群,俗称钢砂(金渣)。难以将金属表面抛光亮,出现了许多彗星尾似的抛光痕。

分析:硬点缺陷的来源可能有以下几个方面:

(1)镍的偏聚。常表现为在饰件表面出现了比较集中的鼓包状凸起。这类硬物主要是熔炼不彻底、搅拌不均匀,出现了镍的偏聚造成的。由于镍的熔点较高,比重比金小,熔炼时如时间过短或不注意搅拌,就可能出现镍的偏聚而形成硬点。

(2)形成硅化镍。这类硬点常见于添加了硅的合金。在镍漂白的铸造 K 白金中,为改善合金的铸造性能,经常加入少量的硅,它有助于提高合金的流动性和充型性能,减少合金的氧化吸气,使铸件表面更光亮,并减少合金的缩松倾向,使合金整体的铸造性能得到改善。但是,对于同时含镍和硅的合金,在熔炼时如果工艺不正确或操作不注意,比较容易出现硅化镍硬点缺陷。

(3)硅的氧化。含硅的镍漂白金合金在熔炼时,如果处于氧化性气氛、熔炼温度过高等情况,由于硅的活性强,优先氧化,容易形成二氧化硅,特别是当坩埚中残留少量金属液,直接进行下一炉的熔炼时,硅的氧化更严重。此外,二氧化硅在金属中会产生累积作用,因此如过多采用回用料,经过一段时间后将容易产生批量的硬点问题。二氧化硅的密度较小,倾向漂浮到工件表面,因此常在铸件的一侧出现。

(4) 晶粒细化剂的偏聚。首饰用金合金中,细小致密的晶粒有利于获得优良的抛光表面,尤其在含硅的合金中,由于硅具有显著的粗化作用,因此必须采取措施来细化晶粒。铱、钴、稀土等是镍漂白金合金中常用的晶粒细化剂,它们可以形成高熔点的异质晶核,增加晶核的数量,从而使晶粒细化。但是,这些元素的合金化比较困难,要使其均匀溶入金属液中,需具有合适的熔炼温度和时间,否则容易产生偏聚而形成硬点。

(5) 外界混入的硬异物。这种情况范围较广,包含回用料、熔炼操作等多个方面。最常见的是回用料的污染,如回用料中夹带残留石膏铸粉。石膏铸粉的主要耐火成分是石英和方石英,粘结剂是硫酸钙。由于硫酸钙的热稳定性差,在高温金属液中容易产生分解,形成二氧化硫气体,导致逐渐出现气孔,而二氧化硫还加剧镍和硅反应形成硅化镍。此外,铸粉中固有的二氧化硅进入金属液中,形成二氧化硅硬点。

【案例9-6】 18K红金出现裂纹,如图9-6所示。

分析:如第六章案例6-37所述,18K红金是以铜为主要合金元素配制的红色金合金,它在410℃会发生有序化转变,显著提高了合金的强度和硬度,但是大大降低了材料的塑性,合金将表现出明显的脆性,稍微受到外力或冲击,就可能引起饰件断裂。这种转变不仅在铸造冷却阶段会出现,在退火或焊接过程中如果冷却缓慢,也可能会产生一定程度的有序化转变。要解决此问题,除选择合适的补口外,在对首饰热加工时,不能仅采取缓慢冷却的方式来减少热应力,而要使热应力和组织应力的总和减小到最低。

【案例9-7】 18K白网底出现裂纹,如图9-7所示。

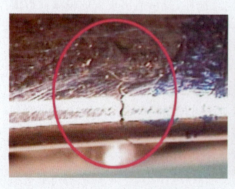

图9-6 18K红金出现裂纹　　　　图9-7 18K白网底出现裂纹

分析：网底是装配在首饰内圈的配件，一般较纤细，将其装配固定时，有时难免使网底内部产生残余应力，当应力超过其强度时，就会导致裂纹。有些裂纹在执模阶段已出现，经过车磨打后暴露到表面，有些则是在车磨打阶段加剧了内应力而萌生裂纹。

2. 形状类问题

【案例9-8】 货不对版，如图9-8所示，左图为样板，右图为生产产品。

分析：批量生产的产品，一般先要制作样板，经客户检验确认后作为批量生产的检验依据之一，如果批量生产时，出现货不对版的问题，客户有权拒收。导致货不对版的原因是多方面的，例如生产下错单、用错胶模、装错配件、产品变形等。

图9-8 货不对版

图9-9 飞边镶镶口变形

【案例9-9】 产品变形，如图9-9所示。

分析：本例中，飞边镶镶口不圆整，产生了明显的变形。对于此类问题，一方面在执模及镶石工序要注意矫形，加强检查；另外由于镶口边缘较薄，在车磨打时要注意抛光方向和力度。

【案例9-10】 未割除底担，如图9-10所示。

分析：类似本例的产品，其结构呈现多个圆环状，圆环之间留出一定的间隙，要求各圆环有很好的同心度。生产时为减少变形引起圆环不同心的问题，在圆环之间增加了几条底担，以起到增加强度、防止变形的作用。这些底担只是为保证生产顺利的工艺措施，并不是产品本身所要求的。因此，在产品接近完工时，应将底担割除。

【案例9-11】 产品底孔畸形，如图9-11所示。

分析：镶石底孔是改善镶嵌宝石光学、减少货品用金量、增加货品装饰效果的必需措施，要求底镶孔规整通透。本例中的部分底孔产生了严重变形，需要在执模阶段就将其修饰，而不能流转到电金部。

图 9-10 未割除底担

图 9-11 产品底孔畸形

【案例 9-12】 边不顺,如图 9-12 所示。

分析:本例中,逼镶梯方钻石的金边在抛光后不顺畅,其主要原因在于镶石阶段铲边不顺。

图 9-12 边不顺

图 9-13 大小边

【案例 9-13】 大小边,如图 9-13 所示。

分析:本例中,两侧的金属边宽度应一致,但是其中一侧的金边宽度明显变窄,且出现了波浪起伏现象,其可能原因是多方面的,例如原版、蜡模、执模、抛光等工序可能引起。

【案例 9-14】 金边崩缺,如图 9-14 所示。

分析:此类问题在首饰制作过程中较常出现,其原因可能有:原版的边已崩缺;在制作蜡模或倒模时发生残缺或损坏;执模时将货件碰坏或执坏;镶石时将金边执坏,抛光时将金边车蚀等。

3. 抛光质量的问题

【案例 9-15】 车不透,如图 9-15 所示。

第九章 电金生产质量检验及缺陷分析

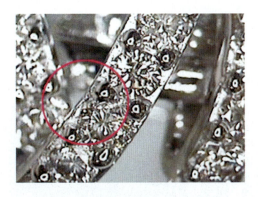

图 9-14 金边崩缺

图 9-15 车不透

分析：所谓车不透是指产品的某些部位没有进行彻底的抛光，还残留原有表面状态或者前面工序的加工痕迹。车不透问题最容易出现在产品的死角位、内凹处、缝隙处等部位，因为这些地方常没有合适的工具，或者操作者易忽视。

【案例 9-16】 产品字印不清，如图 9-16 所示。

分析：字印正确清晰是首饰产品的基本要求，国家标准对此做出了明确规定。由于首饰产品一般较纤细，字印也就比较小，在铸造时不易铸健全。执模时应将字印执省清晰，减少抛光难度。如果字印质量要求高，则尽量避免铸造，而采用在产品抛光后激光打字印，这样的字印既纤细又规则清晰。

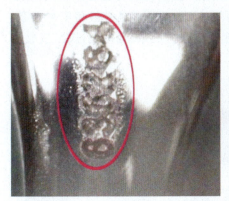

图 9-16 产品字印不清晰

图 9-17 金面穿孔

【案例 9-17】 金面穿孔，如图 9-17 所示。

分析：首饰抛光后，在表面某些部位出现了穿孔现象，导致此问题的原因有：原版、蜡模或铸造坯件在某些部位的壁厚过薄；执模时将某些部位执得过薄；车磨打时将某些部位车得过薄。当坯件出现砂眼、夹渣等缺陷时，为获得好的表面抛光质量,操作时常将这些部位使劲打磨下去,导致穿孔。

【案例9-18】 金面不平,如图9-18所示。

分析:首饰经车磨打,要达到金面平顺、高度亮泽的效果。但是如果操作手法不当,抛光时金面不平整,出现了阴阳面时,将影响表面观感和光亮度。

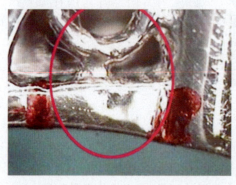

图9-18 金面不平

图9-19 抛光过度

【案例9-19】 抛光过度,如图9-19所示。

分析:本例中,采用毛扫抛光镶爪根部时,毛扫类型选择不当,或者抛光用力过度或时间过长,导致根部金属过多地被车掉,大大降低了镶爪的强度,存在断爪掉石的危险。毛扫有不同的材质、结构和尺寸,硬度高的毛切削力强,但是要注意防止打磨过度。在打磨镶口位、弯位或凹位时,要不停地变换角度去打磨,不能长时间地扫磨同一地方,也不能以一个角度去打磨,以免抛光过度,造成边车塌、爪车扁、钉车尖等。

【案例9-20】 抛光面有划痕,如图9-20所示。

分析:首饰抛光的目的是使金属表面获得平整、光亮的镜面效果。由于许多首饰金属材料的硬度不高,抛光后容易因摩擦而产生划痕。因此,要求首饰抛光后要注意轻拿轻放,不要让货品互相碰撞,或接触砂纸、机针等容易引起划痕的物品。

【案例9-21】 电解抛光效果不佳

问题描述:首饰生产中经常

图9-20 抛光面有划痕

遇到石黄、石黑、镶口光泽度差等问题,依靠机械抛光时,不仅费时费力,而且效果不佳,因此广泛采用化学抛光方式。以往采用的化学抛光工艺是氰化钾＋双氧水,其特点是抛光效果好,效率高,但是它有显着的缺点,氰化钾为剧毒化学物品,对环境和操作人员均有很大的安全隐患,采用无氰电解抛光工艺是必然趋势。但是,在采用无氰电解抛光处理K金产品时,常遇到处理效果不佳的问题。

分析:电解抛光的基本原理是,工件接阳极,通电后表面形成电阻率高的稠性黏膜,其厚度是不均匀的,表面微观凸出部分较薄,电流密度较大,金属溶解较快;而微观凹处部分较厚,电流密度较小,金属溶解慢。由于稠性黏膜和电流密度分布不均匀,使微观凸起处减少快,微观凹处减少慢,从而使表面得到平整。金属电解抛光的阳极溶解过程比较复杂,它受到许多因素的影响,如金属的表面性质、金相组织的均匀性、电解液的成分、电解质溶液的温度、操作电流密度、溶液流动、抛光时间长短、阴阳极面积比、极间距离等,这些因素的变化都直接关系到抛光效果和质量的好坏。如果阳极溶解不均匀,有时甚至会出现被加工表面比原来状况更糟的情形,有时也可能出现无光泽,或出现麻点、局部腐蚀等状况。因此,要取得好的电解抛光效果,应重视几个方面:

(1)电解抛光液的选择。选择电解抛光液时,需考虑以下因素:有一定的氧化物使表面凸出部活性溶解;有足够的络合离子,使表面的溶解产物能络合沉淀,并保持电解液的清新;有足够数量的半径大、电荷小的阴离子,以促进离子的迁移,提高表面的溶解效率,提高抛光的速度和质量;有足够的黏度,在阳极表面形成黏性膜层,在凸出较薄而凹处较厚,以保证表面的抛光质量;有较宽的操作温度范围,溶液性能稳定,使用寿命长;对环境不产生污染。

(2)电解上挂方式。电解上挂前,要考虑极间距离及工件之间的位置,视情况应用屏蔽,保证电力线均匀分布;要使导线与工件之间有良好的接触保证通电;要考虑电解抛光过程中析出的气体能及时排出。图9-21是几种典型工件的上挂方式。

图9-21 典型工件的上挂方式

(3)电解工艺参数。要根据工件结构合理选择电压、时间、温度、搅拌等工艺参数。

(4)电解液的维护及贵金属回收。在生产中要避免灰尘杂物进入电解液;每两周进行一次金回收,清洗电极板吸金袋,并清除电极袋上的结晶物;使用过程中需要根据消耗药剂量予以及时补充;当电解货量达到某个程度后,应更新电解液。

4. 镶工问题

【案例9-22】 胶水未清除,如图9-22所示。

分析:在镶嵌操作中,有些有机质宝石,如珍珠、琥珀等一般采用胶水固定,也有些宝石在采用逼镶、无边镶等镶法时,为防止宝石在迫紧过程中发生移位,有时会在镶口坑位中添加胶水。如果胶水添加量过多,在宝石紧固时就会挤出到坑位而流到宝石表面,要求镶紧后要马上擦干净,否则等胶水固化后就不易清除,影响宝石外观。

图9-22 胶水未清除

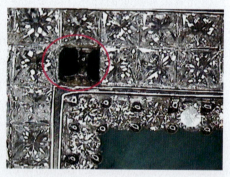
图9-23 抛光时掉石

【案例9-23】 抛光时掉石,如图9-23所示。

分析:本例中的无边镶石吊坠在抛光时发生了钻石掉落问题。在抛光过程中需要将货件压向抛光轮获得抛光效果,这对于镶嵌的宝石(特别是一些承力敏感的镶嵌方法)有一定的风险,抛光时要注意控制力度和角度,发现有宝石松动的迹象,应立即停止抛光,将宝石重新紧固后再进行操作。

【案例9-24】 珍珠表面被弄花,如图9-24所示。

分析:珍珠的镶嵌一般采用插镶,即在珍珠上打一个孔,将插针涂上胶水,擦入珍珠孔中,胶水硬化后将珍珠固定。这个工序一般安排在最后一道工序,因为珍珠较软,且不能接触腐蚀性化学溶液。在本例中,珍珠表面出现的划花问题,主要是在擦拭过程中采用了不干净的布料,因为珍珠硬度比空气中的粉尘还低,与不干净的布料摩擦时,很容易出现磨损或划伤。

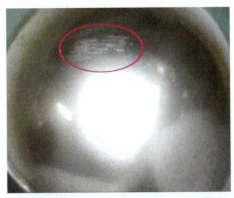
图 9-24 珍珠表面划痕

图 9-25 抛光后石走位

【案例 9-27】 抛光后石走位,如图 9-25 所示。

分析:本例中,钉镶首饰在抛光后,位于最外边的一颗钻石发生了移位,出现了较明显的缝隙。这种情况是由于镶嵌时未将钻石腰线完全卡住,抛光受力时钻石松动而产生移位。

【案例 9-26】 抛光时货品甩脱引起钻石碎裂,如图 9-26 所示。

分析:抛光工件时必须高度集中注意力,不要一边工作一边想着其他的事,尤其是在抛光缝隙、爪头的时候,稍不留意就会"打飞机"(指手没有抓住工件,使工件从手中脱离、飞走的现象),造成宝石损伤、工件报废等后果。

图 9-26 抛光时货品甩脱引起钻石碎裂

图 9-27 超声波清洗时甩石

【案例 9-27】 超声波清洗时甩石,如图 9-27 所示。

分析:超声波清洗是利用空化作用产生的冲击波,对工件表面的抛光膏、蜡类及其他油污产生冲击力使之剥落干净而达到清洗的目的,在此清洗过程中,也对镶嵌的宝石产生冲击作用。如果宝石没有镶嵌稳固,在持续的冲击波作用下,就可能发生脱落问题。

【案例 9-28】 宝石高低不平,如图 9-28 所示。

分析:逼镶多粒宝石时,宝石的排列要跟随金边,做到平整顺畅,不可出现高低不平的现象。当此类问题流转到电金工序时,修理人员应先对不平的宝石进行返镶,达到要求后再进行抛光。

图 9-28 宝石高低不平

图 9-29 宝石发黑

【案例 9-29】 宝石发黑,如图 9-29 所示。

分析:本例中,边上的碎钻采用蜡镶铸造,产品经抛光清洗后,有两粒钻石看起来发黑。将钻石拆下来,发现钻石本身并没有出现变黑,说明这主要是错视效应引起的。造成错视效应的原因主要有:①镶口底部孔偏小。宝石要呈现良好的光泽和其自然颜色,需要其对光的正常吸收和反射。镶嵌在金属底托上的宝石,依靠从镶口底部孔吸收光源,当底部孔偏小时,其亭面被金属覆盖较多,影响了宝石对光的吸收。因此,在设计母版时,要保证镶口底部孔有足够的尺寸。在蜡镶铸造中,一般镶口底部孔的直径在宝石直径的一半以上,这有利于铸造过程中宝石的固定。②尽管母版的镶口底部孔尺寸足够大,但镶口位与宝石直径匹配不好也会出现错视效应。因此,镶石前应先配石、度石,不合适的应先修整镶口位,并将宝石放置在镶口上度位。若宝石直径大于镶口尺寸,则须用合适的飞碟车位,使镶口位与宝石大小相匹配;镶石后要认真清理镶口底部。③在浇灌石膏浆料制备石膏模的过程中,如果气泡附在镶口底部,则浇铸金属后气泡被金属取代,形成金属豆。此时宝石往往表现为在镶口坑位附近有发黑现象。如果将饰件反转观察镶口底部,则可以见到明显的金属豆。当石膏的强度不足或宝石与石膏浆料的润湿性不好时,会出现宝石被金属包覆的现象,将严重地影响宝石的颜色和光泽。要解决这个问题,则须注意混制石膏浆料的水粉比、抽真空的时间、真空度、润湿性等。

【案例9-30】 爪高刮手,如图9-30所示。

分析:当镶爪过高时,不仅影响宝石的光学效果,也给佩戴使用带来麻烦,容易在佩戴过程中刮手、勾衣物等,甚至引起宝石掉落。因此,应合理控制镶爪的高度,爪高一般应略低于石面。为此,镶嵌时当镶爪高度过高时,应先用剪钳剪爪,再用锉将爪锉到符合吸爪的高度,爪高一致。剪爪后,要用三角锉将爪锉到符合吸爪的高度,并与爪高一致。之后,再用竹叶锉将爪内侧修整至贴石,再将爪外侧修圆,以便于吸爪与吸珠。

图9-30 爪高刮手　　　　图9-31 钉不圆

【案例9-31】 钉不圆,如图9-31所示。

分析:这是在镶石工序预留下来的问题,在抛光前未认真检查,使成品货依然存在钉不圆的问题。要求在抛光前对货品进行检查,存在钉不圆的问题时,应先将它们修整到圆整,然后再进行抛光。

【案例9-32】 钉头不光顺,如图9-32所示。

分析:本例中,钉镶的钉头在抛光后不光顺,呈现明显的"带帽"现象。这主要是由镶石工序中使用的吸珠不合理、吸钉操作不当引起的。要求吸珠的内孔必须正中,不可歪,内壁要圆顺光滑。孔不宜钻得太深或太浅,深度则要根据倒钉镶的钉长而定。吸珠的大小是根据钉头的大小而定,过大、过深则钉头不贴石,容易烂石,太小则容易在钉头上压出台阶,形成"带帽"问题。

【案例9-33】 飞边镶爪断裂,如图9-33所示。

分析:飞边镶是用金属边围住宝石,并在金属边上起出镶爪来固定宝石。为使宝石获得好的光学效果,镶爪一般铲成薄片状,较纤细。在车磨打时要特别注意力度和方向,否则很容易将其车蚀或车断。

图9-32 钉头不光顺　　　　　图9-33 飞边镶爪断裂

【案例9-34】 田字迫镶边大小不一,如图9-34所示。

分析:田字迫镶公主方钻石中,不仅钻石要排列整齐,分布匀称,金属边也要求一致。本例中的金属边出现了大小不一致的问题,这主要是镶石车坑位或铲边不一致引起的,抛光前应进行修理,同时抛光时也要注意避免各镶边抛光程度要一致。

 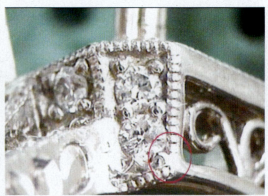

图9-34 田字迫镶边大小不一　　　　　图9-35 钉珠未分离

【案例9-35】 钉珠未分离,如图9-35所示。

分析:镶石边有时要求辘珠边,辘珠与镶石钉应用铲分离,不能混在一起。

5.电镀类问题

【案例9-36】 除蜡不干净,如图9-36所示。

分析:工件经过打磨后,表面和空隙位会附上打磨蜡和各种混合物,除蜡就

第九章　电金生产质量检验及缺陷分析 · 235 ·

图 9-36　除蜡不干净

是要将这些脏物除去,使工件清洁。除蜡不干净时,电镀会出现不上镀、镀液污染等问题。要获得满意的除蜡效果,应从几方面来保证:首先,抛光后的工件要尽快拿去除蜡,否则,如果停留了很长时间,残留的蜡层将结块,增加了清洗的难度;其次,除蜡液的配比要合理,既不可过浓而削减激震力,也不可过淡或使用过久而失效;再次是超声波的激震要够力,清洗时间要足够。

进行除蜡操作时,把打磨后的货品挂在挂具上,对于容易掉石的货品应镶石位朝向上,而且放入装有除蜡水的勺子里进行除蜡;将除蜡水加热至操作温度(60~80℃),并开启超声波,除去工件表面蜡垢。晶石、大钻石应将除蜡水的温度调至 40℃ 左右,为了避免它们因温度差大而造成损坏,除蜡前应经过预热的纯水后,再放入除蜡水,除蜡后不可立即用常温纯水清洗,要经过预热的纯水后,然后进行清洗;用纯水清洗货品的表面,采用三级逆流冲洗方式,时间为 3~5 分钟;仔细检查表面的清洁程度,注意石底(底纹)及镶石位是否留有残余的蜡垢,有需要可重复除蜡工序直至蜡垢完全清除。

对一些难以清洗的货品,应用以下清洗方法:用蒸汽将一些蜡垢及因打磨过程残留的棉花挤压出来;还不能处理的,应用手工针挑出来(用手工针的时候应注意不要刮花货品)。除完蜡以后立即冲水,因为货品在超声波除蜡出来后,会带一层油污出来,如果在空气中停留一定的时间会使其干固后就很难清洗,达不到除蜡效果,还会对金水产生污染。

【案例 9-37】　除油不彻底,如图 9-37 所示。

分析:金属表面的洁净状况决定了电镀效果,一旦除油不彻底,表面残留油污灰尘时,将阻止金属的正常沉积,镀层沉积速度缓慢,导致镀层出现白点、发

图9-37 除油不彻底

朦、发黄、水渍、镀层过薄,甚至不上镀等问题。检验除油质量的方法常用水润湿法,这是利用工件表面只要有油脂便不能被水润湿的原理来进行的,主要包括两种:一是水滴试验法,将水滴至工件表面上,若水均匀铺展开,形成一层连续水膜,则表示除油干净;若水形成球形,当工件摆动时,球形水珠立即会滚落下来,则表示除油不彻底。二是挂水试验法,将工件浸入清水中,然后提出,观察工件表面状态,若工件表面形成一层连续的水膜,则表示除油干净;若工件表面形成一层不连续、有间断状态的水膜,则表示除油不彻底。

为彻底使金属件表面除油,首饰生产中均需要采用电解除油工艺,它是将工件置于一定配方的溶液中通电,按先阴极后阳极进行电解处理,除去表面油污,借助电极上析出的 H_2 和 O_2 的作用,促使工件表面油膜的强烈撕裂而变成不连续的油滴,并使溶液搅拌而强化除油过程。在电解除油过程中,要合理选择工艺参数,电压决定了电流密度,电流密度高可以相应提高除油速度和改善深孔除油的质量。一般选择电压在9~11V。除油时间根据货件的大小及单次入除油缸数量确定,大件货品在100s左右,一般的在60s左右。提高温度可以降低溶液电阻,进而提高电导率和除油效率。温度过高时除油剂会分解挥发,污染环境,且电解液表面出现一层油污,选择在65~70℃。

电解除油溶液表面的污物会影响除油质量,在电化学除油的反应过程中,在分解油污的同时会产生肥皂、甘油、硬脂酸酯等物质,这些物质以及尚未与碱液起作用的游离油污悬浮于溶液表面,当工件进出溶液时即会粘附在工件表面上,严重危害工件的除油质量。要定期对电解除油液表面进行清洁维护。

电解除油时工件的悬挂方法不当会影响除油效果,当工件在电化学除油时,如在某些部位出现窝气,则会影响这一部位油污的去除,导致除油不彻底。除油时可以移动阴极,不断晃动工件,从而防止气体吸附。在工件挂入除油槽时,先在碱液中抖动几下,以漂去工件入槽过程中与碱液表面接触时粘附上的污物。工件出槽时也应先在碱液中抖动几下,并趁液面上的污物向周围扩散时迅速提出。

【案例9-38】 镀层颜色检验不规范,需方对检验结果有异议

镀层颜色是电镀质量的重要指标,许多首饰工厂在检验镀层颜色时较随意,

主观性强,检验结果得不到客户认可。为此,要尽量形成规范的检验条件、方法和流程,并双方商议确定。目前,应用较多的方法是制作电镀色版,配置标准色温灯箱。QC员在检验过程中,要佩戴检测用的薄棉纯白手套,同时要检查手套上面是否存在脏物或夹着硬物,防止手套接触产品时造成其表面划花。打开灯箱的开关,调节光源的强度,使它的色温稳定在 6500K 标准色温。把电镀色版与待检货品放入对色的标准光源灯箱中,进行初步检查。改变产品的位置,以不同的角度来检查产品的表面有无发朦、发黄、有划痕等问题;把电镀色版及待检货品靠近,对其进行电镀的色度和白度进行对比,操作方法如图 9-38 所示。

图 9-38 在标准色温灯箱内进行颜色比对

图 9-39 镀铑颜色不够白亮

【案例 9-39】 镀铑颜色不够白亮,如图 9-39 所示。

首饰电镀白铑时,要求有很好的白亮度,但是实际生产中经常遇到颜色不够白亮的问题。导致这个问题主要有以下方面的原因:

(1)镀液中含铑量不够。在一定温度和电流密度情况下,镀铑溶液中铑的浓度对镀层颜色影响较大。铑含量低于 1.0g/L 时,镀层颜色发红,没有光泽,允许的电流密度低,电流效率也很低,所以镀件脆性大,有的镀层发生龟裂,因此生产时经常要加入高浓度硫酸铑液。随着铑含量的增多,镀层的白度逐渐增加,电流效率也随着增高。铑含量高于 1.5g/L 时,白度变化不大,当铑含量大于 3.0g/L 时,镀件有发白现象,且电镀速度太快,镀层不均匀,与基体金属结合力不好。电镀时铑含量一般控制在 1.0~2.5g/L 。

(2)镀液温度不够。温度低于 20℃时,电流效率很低,镀层应力大,镀层不亮。随着温度的升高,允许电流密度值随之增大,电流效率也提高,镀层应力减小。但温度太高,溶液蒸发量大,且夹带大量的硫酸雾汽,恶化操作条件。一般采用在 40℃左右电镀。

（3）镀液中硫酸含量过多。硫酸根离子是铑离子的主要络合离子,提高硫酸浓度,三价铑与硫酸根离子的络合作用越强,配位体被置换的反应倾向越小,但硫酸浓度太高时,若工件不带电入槽,会有很强的腐蚀作用。硫酸的加入能增加镀液的导电性和酸度,起稳定镀液的作用。一般随着镀液中游离硫酸含量的增加,电流效率降低,镀层应力增加,但含量太高时,若工件不带电入槽,会有很强的腐蚀性,另外会使镀层内应力增大,镀层易出现裂纹;硫酸含量低于 15 ml/L 时,镀层色泽变暗,所以应控制一定的硫酸含量。

（4）镀液中的添加剂不足,导致镀液变质。随着镀铑时间增加,镀液颜色由亮黄色变成暗棕色,使镀液不稳定。主要是因为阳极发生析氧反应,而氧气氧化能力较强,使镀液变质。为此,镀液要经常用活性炭进行吸附过滤,也要添加一些添加剂改善镀液性能。添加剂有整平剂、润湿剂、光亮剂等,它们对镀液有很大的影响,可改变电沉积金属的动力学性质、沉积层和电解液的性质,如降低镀层内应力,防止裂纹产生,提高镀层的抗蚀能力,特别是对镀件的白度影响较大,使镀层结晶细致、平滑、光亮以及电解液的稳定。

图 9-40 电黄石

【案例 9-40】 电黄石,如图 9-40 所示。

分析:本例中,钉镶钻石的 18KW 首饰在镀铑后,有些钻石看起来泛黄。将其中一粒钻石拆开取下,并没有发现钻石本身已变黄。因此,这种问题应归结为钻石底部周围的金属映衬造成的错觉,是由于该处上镀不好、镀层泛黄的结果。影响镀层泛黄的因素包括:阴极电流密度低;铑含量太低;镀层太薄;镀层清洗不彻底。

【案例 9-41】 电朦,如图 9-41 所示。

分析:首饰表面经电镀铑后,在局部出现了白色雾状斑块。出现这种问题的可能原因有:①金属坯件除油不彻底,阻碍金属的正常沉积;②金属质地不致密,存在缩松缺陷,此处电位低,上镀速度慢或难上镀,应修理后再电镀;③电镀时间过长,导致电镀层发暗变灰;④电流密度过大会导致镀层表面出现暗、灰现象,要控制在规定范围内;⑤电镀时间过长。

【案例 9-42】 耳环底部不上镀,钻石呈现黑色,如图 9-42 所示。

分析:耳环底部结构较复杂,有许多盲孔。车磨打后抛光蜡渗入小孔内,由

第九章 电金生产质量检验及缺陷分析 · 239 ·

图 9-41 电朦

图 9-42 耳环底部不上镀,钻石呈现黑色

于圆钻位底部小孔过小,并且小孔口有披锋,除蜡工序难以把蜡屑除干净,导致电金不上色。要解决此问题,镶石后要将披锋彻底执掉,结合电解抛光工艺对石底仔细进行抛光,并将这些部位除油清洗干净后才能进行电镀。

【案例 9-43】 网底电哑色,如图 9-43 所示。

分析:所谓哑色是指没有光亮度,本例中,网底的镂空壁虽经过电镀,但是与网底表面相比,明显缺乏光亮度,其原因在于抛光时镂空壁抛不到或者未抛透。

图 9-43 网底电哑色

图 9-44 电解除油时变色

【案例 9-44】 电解除油时变色,如图 9-44 所示。

分析:电解除油时,将工件连接到阴极,表面进行的是还原过程,有氢气析出。将工件连接到阳极,表面进行的是氧化过程,有氧气析出。阴极除油的优点是除油速度快、一般不腐蚀工件,但是容易渗氢,影响镀层力学性能,易引起小泡;阳极除油时基体不发生氢脆,能除去工件表面上的浸蚀残渣,但是除油速度相对较慢,会使工件遭受一定腐蚀。由于金属表面腐蚀时会严重影响光亮度和镀层沉积,故生产中一般采用阴极除油,本例中采用的也是阴极除油。但是,当采用的电流密度过大、工件过分靠近阳极时,首饰金属表面可接触到阳极释放出来的氧气而引起氧化变色。

图 9-45 镀层针孔麻点

【案例 9-45】 镀层针孔麻点,如图 9-45 所示。

分析:针孔是指电镀层表面出现了微细孔眼,像被针刺过一样,一般很细小,肉眼不可见,用高倍放大镜或试验方法可检测出来。麻点是在电镀层上有未贯穿的凹下坑点,在凹下部分也有电镀层,但比其他部位的铸层薄而形成凹坑。大的麻点肉眼即可见,细小麻点则要放大后才能察觉。针孔、麻点不仅影响镀层的装饰效果,还会降低镀层的防护性能。产生针孔、麻点的基本原因,是电镀时阴极有氢气析出,吸附在镀件的表面上,阻碍着镀层金属的沉积。如果氢气泡在镀件表面停滞的时间长,就形成针孔;停留的时间短,就形成麻点。影响针孔麻点的因素较多,如镀件前处理的清洁程度、镀液中各种杂质的积累、润湿剂含量的多少、pH 值的高低、阴极电流密度的大小、工件的移动等因素,都会直接影响氢气泡的吸附状况,具体分析如下:

(1)前处理不良。除油不彻底或加工时存放不当,灰尘落到表面上,灰尘与油脂混粘在一起,难清除;抛磨时,磨料和抛光膏等嵌入表面微凹坑中,难洗净。当这些部位一直无法上镀形成镀层,就形成了针孔,如果上面仅靠镀层外延生长而覆盖金属,但比干净地方的镀层薄时,就形成了麻点。

(2)基体缺陷的影响。肉眼看起来完好的基体表面,在微观检查下实际上存在不少缺陷,如砂眼、裂痕、杂质富集区等。相对于电镀层金属原子,它们的体积相当硕大。当电镀层不足以将其孔眼完全覆盖堵塞时,就会形成针孔,当镀层金属原子大量消耗于填孔时,微孔处的电镀层薄得多,从而形成细微麻点。粗糙面上氢的超电势低,电镀时析氢更严重,会产生更多的针孔和麻点。

(3)润湿剂含量不足。析出的氢气留在电镀层表面,阻碍金属的沉积而出现针孔或麻点。润湿剂有助于降低电铸液的表面张力,提高电铸件表面的亲水性,降低氢气泡的附着力,使其快速离开电镀件表面而不会滞留。

(4)操作条件控制不当引起。当阴极电流密度太高时,阴极析氢加剧;镀液温度太低时,氢气泡上浮逸出的阻力增加;pH值过低时,阴极析氢副反应加剧;工件移动速度不够,电镀液与工件表面之间的相对运动弱,冲刷作用不足,不利于粘附在镀层表面的气泡逸出。

在实际生产中,可以根据镀层的针孔和麻点的形状、分散程度以及在镀件上出现的位置等,来判别是哪种因素影响的结果,然后对症下药加以处理。

二、各类首饰的类属电金缺陷

1. 吊坠电金缺陷

【案例9-46】 瓜子耳与圈仔扣不住,如图9-46所示。

分析:吊坠瓜子耳要与圈仔配合扣接在一起,才能保证吊坠的外形和正常使用,如果扣不住,在佩戴时就很容易偏斜和不灵活。

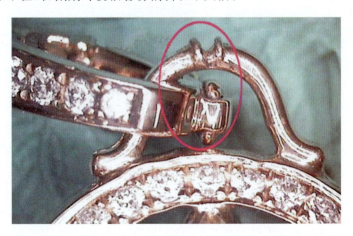

图9-46 瓜子耳与圈仔扣不住

【案例9-47】 瓜子耳过小,链子不易穿过。

分析:瓜子耳是与项链配合使用的,要求项链能顺利穿过瓜子耳,且能活动自如。如果瓜子耳过小,即使项链能穿过,在佩戴时也容易发生蹩劲,活动不畅,影响佩戴。

【案例9-48】 瓜子耳焊接位有缺陷

分析:瓜子耳与圈仔装配时,通常先将瓜子耳掰开,将圈仔套入其中,然后在开口尖端进行焊接。焊接质量是影响吊坠质量的重要方面,不允许有焊接缺陷。但是在实际生产中,焊接位经常出现气孔、夹渣、焊瘤、裂纹等缺陷,车磨打时不能消除这些缺陷,需要进行执模返工。

【案例9-49】 圈仔不圆,吊坠不正,如图9-47所示。

分析:垂直吊正是吊坠的一个基本要求。本例中,圈仔与镶口侧窗扣接,由于圈仔不圆,使两者装配后无法吊正,吊坠向一边歪斜,影响外观及佩戴舒适性。检验吊坠时,要注意挂件的侧视重心和正视重心,当吊起挂件时,俯视不能有往前或往后的倾向,正视整体重心必须垂直,不能歪斜。

图9-47 圈仔不圆,吊坠不正

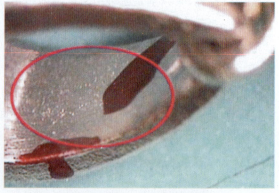
图9-48 瓜子耳内壁缩松

【案例9-50】 瓜子耳内壁缩松,如图9-48所示。

分析:瓜子耳比表面积较小,铸造时较易出现内壁缩松问题,但是由于穿链位较小,执模时操作受局限,或者由于疏忽而留下缩松缺陷。为此,要选择合适的工具进行处理,对缩松部位进行返工处理,将其打实后执顺,再进行车磨打。

【案例9-51】 瓜子耳与圈仔焊死,不能活动

分析:焊接时应将焊接位与圈仔隔离开,避免加热时焊料流淌到瓜子耳与圈仔接触部位,使两者焊死在一起。

2.戒指电金缺陷

【案例9-52】 字印位置不当

分析:客户一般会指明打字印的地方,如果没有指定,通常选择在不影响首饰外观效果的地方打字印。对戒指而言,一般将字印打在戒指内圈上,但是不应打在戒脾底正中位,而应将其偏离一些。

【案例9-53】 戒圈不对称,如图9-49所示。

分析:对于爪镶单粒大石的戒指,要求两边沿中心垂线对称,而不应出现本例中的不对称问题。

【案例9-54】 花饰变形,如图9-50所示。

分析:戒指侧壁的镂空花饰较纤细,在抛光时容易受力变形或抛过头。操作

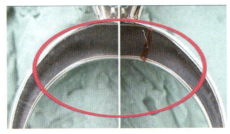
图9-49 戒圈不对称

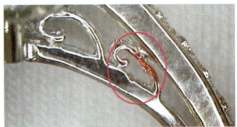
图9-50 花饰变形

时要注意手法及力度。

【案例9-55】 嵌件歪斜,如图9-51所示。

分析:本例中,戒指花头部位的皇冠为嵌件,与戒圈装配焊接在一起时,发生了明显的歪斜。其原因在于皇冠两个平行的定位孔靠得太紧,其中一个定位孔和定位钉之间缝隙太大,导致定位出现偏差。要解决此问题,可以将两个平行的定位孔改为上下定位孔,尽量拉开距离,孔与钉之间的配合要紧密。

图9-51 嵌件歪斜

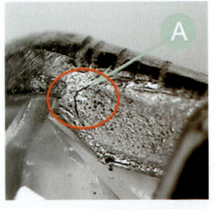
图9-52 14KW爪镶戒指的镶爪发生应力腐蚀开裂

【案例9-56】 14KW爪镶戒指的镶爪发生应力腐蚀开裂,如图9-52所示。

分析:本例中,戒指的材质是含镍的14K白色金合金,在制作过程中镶爪上产生了残余应力,当戒指佩戴一段时间后,残余应力与腐蚀环境的共同作用可能引起应力腐蚀,导致镶爪开裂。

所谓残余应力,是指在没有对物体施加外力时,物体内部存在的保持自相平衡的应力系统。它是固有应力或内应力的一种。引起戒指镶爪上出现残余应力的原因较多,如表 9-1 所示。

表 9-1　戒指镶爪出现残余应力的原因

操作过程	引起残余应力的原因	与应力有关的可能后果
将镶爪焊接到戒圈上	焊接时镶爪加热速度过快;温度过高	热应力可能导致断裂
戒指焊接或加热后淬火	焊接后工件淬火过早	外部冷却快,中心冷却慢,导致热收缩不一致,引起镶爪产生应力和裂纹
镶爪上开坑位	操作不当时产生过热	引起镶爪的脆性和裂纹
将镶爪钳压到宝石面上	钳爪时用力过大,弯曲过多,引起镶爪晶粒组织的改变	产生残余应力、显微裂纹和最终断裂

　　残余应力一方面降低了合金的电极电位,使材料的耐腐蚀性下降;而镶爪本身也比较纤细,甚至会引起应力腐蚀裂纹。另一方面,残余应力会引起显露或潜在的微裂纹。这些微裂纹不易发现,它们往往是腐蚀介质聚集的地方。由于首饰品在使用过程中,往往有皮脂皮屑粘附在镶爪内侧。当首饰品接触到各种各样的腐蚀介质,如人体的汗液、自来水或游泳池中的氯、各种盐类等,这些皮脂皮屑就容易吸附腐蚀液或残留盐,在这些腐蚀介质的作用下,应力高的部位成为阳极区,发生电化学腐蚀,使材料弱化甚至断裂。腐蚀介质的浓度越高,接触时间越长,温度越高,镶爪越纤细,则镶爪的弱化越快,加剧了镶爪的应力腐蚀裂纹作用而引起失效。要有效防止镍 K 白金的应力腐蚀裂纹,不仅在生产过程中要设法消除材料的残余应力和微裂纹,在使用过程中也要注意清洁首饰,减少腐蚀介质在敏感部位的积聚。

【案例 9-57】　戒肚过薄

分析:戒肚厚度一般不小于 0.8mm,太薄时容易变形,且佩戴不舒适。

【案例 9-58】　戒指手寸不合要求

分析:戒指成品货必须全数检验手寸,当实际手寸超出了手寸公差±1/4 的标准,必须将其修整到要求范围内。

3.手链、项链电金缺陷

【案例 9-59】　隙位过大,链折,如图 9-53 所示。

分析:对于手链项链,要求链身基本垂直,链节均匀,活动自如,不打结。如果出现本例中隙位过大的问题，链身很容易折垂。

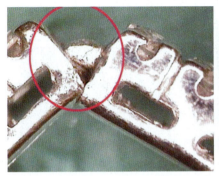

图9-53　隙位过大，链折

图9-54　隙位不均

【案例9-60】　隙位不均，如图9-54所示。

分析：出现隙位不均时，不仅影响外观，也使得链子佩戴时不柔顺。

【案例9-61】　甩焊，如图9-55所示。

分析：此工件焊接部位看上去似乎是焊在一起，但是没有达到牢固地融合为一体的程度，结合面的强度很低，在后续加工工序中发生了脱开现象，是属于典型的虚焊。其实质是焊接时焊缝结合面的温度太低，熔核尺寸太小，甚至未达到熔化的程度，焊料堆积在焊缝上，焊缝两边的金属勉强结合在一起，所以看上去焊好了，实际上未能完全融合。无论是激光焊接还是火焰钎焊，都有可能出现甩焊。要解决甩焊问题，操作时应注意以下事项：待焊接的工件要彻底清理干净，将焊口和焊料保持洁净，去除氧化、油脂、浸酸的残留液、抛光后残留黏附物等。小心将工件焊口吻合好，这样有助于获得强度好、干净的焊接区，减少清理工作量。采用葫芦夹、焊夹等将工件固定，防止焊接时移位。焊接前先用硼酸酒精将整个工件浸一遍，然后稍微加热工件，使硼酸在表面形成一层保护层，防止氧化。焊口应很好地用硼酸保护，硼酸起助焊剂的作用，它可以很快烧失，为焊料和焊口提供很好的保护。焊接时，要使热量从工件传给焊料，不要用火焰猛烈加热焊料，强迫其流入焊缝，这样做的结果通常会导致焊口质量差。

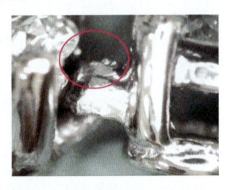

图9-55　甩焊

【案例 9-62】 断链,如图 9-56 所示。

分析:链子是通过链扣连接在一起的柔性组件,链扣的连接强度对链子的安全使用至关重要,如果链子受到的外力超过连接强度,就可能引起链子断裂。链子的加工需要经过铸造、扣链、焊接、执省、抛光、电镀等工序,链扣的连接强度受多方面的

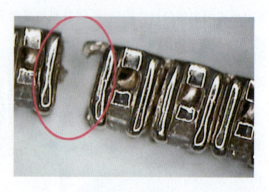

图 9-56 断链

影响,例如,链扣的冶金质量、扣链操作方法、焊接质量、执省和抛光方法等。如果链扣的冶金质量差,存在夹杂、砂眼等缺陷,就会减少链扣的有效截面积,降低链子的机械强度;如果扣链时对链扣来回反复弯折,就会降低链扣的塑形;如果焊接时存在虚焊、夹渣等缺陷,就会降低焊接部位的强度;如果执省和抛光时使链子过分受力,甚至发生缠卷,也容易引起链子断裂。

【案例 9-63】 链子规格不符

分析:要求链子采用直径 1.5mm 的十字链,但是实际采用了直径为 1.3mm 的索骨链。

【案例 9-64】 挂件不在正中

分析:对于带挂件的项链而言,以项链的挂件与龙虾扣为中心,两侧的链子长度要求一致。但是本例中的项链在生产时两边配链长度不一致,导致佩戴时龙虾扣会偏移到一边。

【案例 9-65】 链子长度不合要求,如图 9-57 所示。

分析:手链的长度要求为 7 寸,允许的尺寸公差为 ±0.5 寸,但是实际只有 6.25 寸,超出了许可范围。

图 9-57 链子长度不合要求

【案例9-66】 皮绳固定不牢,从皮绳扣中掉脱

分析:手链、项链有时采用皮绳,固定皮绳的方式一般是将皮绳端头装入皮绳扣筒中,利用胶水和钳压结合的办法来固定。当未钳紧、胶水粘力不够时,就会发生掉脱问题。

4.耳环电金缺陷

【案例9-67】 耳针位焊接不对俏,如图9-58所示。

分析:耳环左右对俏是基本的质量要求,在焊接耳针时,两边的耳针位要对称分布。本例中,左边的耳针焊接在耳环边缘,右边的耳针则焊接在内部的网底上,不对俏。

 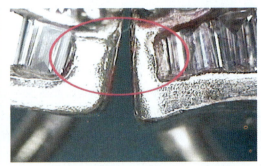

图9-58 耳针位焊接不对俏　　　　图9-59 耳环大小边,不对俏

【案例9-68】 耳环大小边,不对俏,如图9-59所示。

分析:本例中,耳环本体的镶石边宽度不一致,不能满足对俏的要求。

【案例9-69】 耳环面不对俏,如图9-60所示。

分析:本例中,耳环正面的装饰凸台高度和角度不一致,不能满足对俏要求。

图9-60 耳环面不对俏　　　　图9-61 扣圈变形,残缺

【案例9-70】 扣圈变形,残缺,如图9-61所示。

分析:耳环常采用吊件,要求吊件垂直吊正,活动自如。本例中,吊件的扣圈残缺变形,吊件与扣圈装配焊接后,吊件发生了歪斜。

【案例9-71】 耳墩薄,如图9-62所示。

分析:本例中,耳环的耳墩过薄,影响其机械强度,容易产生变形。

图9-62 耳墩薄

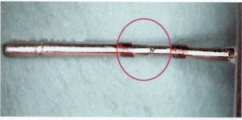

图9-63 耳针有车痕

【案例9-72】 耳针有车痕,如图9-63所示。

分析:耳针的尺寸一般为0.8～0.9mm,长度一般为11mm左右,要求针尖圆钝,从针尖开始5mm处有凹槽,夹头两边各有一条凹槽,以防左右滑出。耳针的其余部位应光滑,佩戴舒适,但是本例中,在要求光身的部位出现了较深的车痕。

【案例9-73】 耳迫弹片太松,如图9-64所示。

分析:耳迫是珠宝首饰的专用名词,指耳环上用于固定耳钉的小配件,位于耳朵背后。佩戴耳钉时,穿上耳钉后,将耳迫从耳朵后卡住耳钉。耳迫材料要有一定弹性,或者是结构上有一定的弹性,来保持佩戴和拆卸的方便。常用的耳迫结构包括橄仔耳迫、飞碟耳迫、螺丝弹片耳拍、活动弹片耳迫等。本例采用的是活动弹片耳迫,但是弹片太松,不能保证佩戴的牢固性。

【案例9-74】 耳针歪斜变形,如图9-65所示。

图9-64 耳迫弹片太松

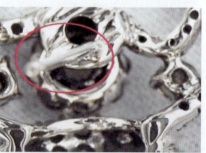

图9-65 耳针歪斜变形

分析：耳针要求垂直于耳环面，不出现歪斜变形，本例中的问题是抛光时耳针受到外力所致，由于耳针较纤细，容易发生变形，应在抛光后对其进行矫形。

【案例9-75】 耳针断裂，如图9-66所示。

分析：耳针通过焊接固定在耳环本体上，由于耳针很纤细，焊接时要注意防止熔失、虚焊等问题，抛光时要注意耳针根部不能抛过头，否则容易引起耳针断裂。

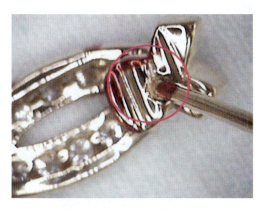 

图9-66 耳针断裂　　　　　　　图9-67 耳环转轴甩脱

【案例9-76】 耳环转轴甩落，如图9-67所示。

分析：开合耳环是通过转轴制来实现转动功能的，转轴制是转轴与转筒组成的结构，转轴装入转筒内，两端焊接后执平。如果焊接不牢固，发生虚焊，在抛光时就可能造成转轴松脱。

【案例9-77】 耳环转轴焊接位裂纹，如图9-68所示。

分析：耳环转轴焊接时出现虚焊，将焊接位抛光后，只有部分地方还连接在一起，其余部位呈现裂纹和脱开状况。

【案例9-78】 耳环转轴位刮手，如图9-69所示。

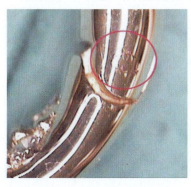 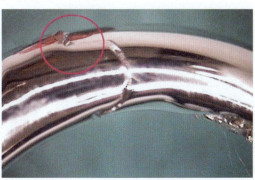

图9-68 耳环转轴焊接位裂纹　　　　　图9-69 耳环转轴位刮手

分析：两边开合的耳环，要求在开合位结合平顺，不能出现卷边、凸起等问题，否则将影响佩戴安全性和舒适性。

【案例9-79】 耳拍不在耳针正中，如图9-70所示。

分析：要求耳针处在耳拍的正中，不能向左右偏移。导致本问题的原因在于耳拍加工定形时错位，或者在车磨打时将耳拍车变形。

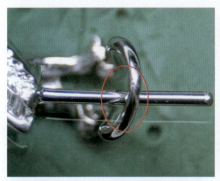

图9-70 耳拍不在耳针正中　　　　　图9-71 耳迫大小不一致

【案例9-80】 耳迫大小不一致，如图9-71所示。

分析：耳环是要求对俏一致的，耳迫作为其中的配件，一般是从市面采购，由于规格有多种，生产下单时要注意配型。

5. 手镯电金缺陷

【案例9-81】 手镯不圆顺，如图9-72所示。

分析：手镯的镯身要求平整圆顺，俯视镯身时，整个手镯的弧度要自然。出现此问题，需要将手镯重新整形后再抛光。

图9-72 手镯不圆顺　　　　　　　　图9-73 手镯开启不灵活

【案例9-82】 手镯翘曲变形

分析:手镯面应做到平整顺畅,将手镯平放在玻璃板上,用手指镯身的任何一点,应无翘动的感觉。本例中的手镯面发生了翘曲变形,需要重新整形。

【案例9-83】 手镯开启不灵活,如图9-73所示。

分析:手镯的转轴与转筒配合实现手镯开启功能,两者配合状况直接影响开启灵活性。如果两者配合过紧,或者镯身与转轴不垂直,在开启时产生憋劲,都会阻碍手镯的顺畅开启。但是两者配合也不能太松,否则两半手镯会产生晃动。开启角度要接近90°,过小时不方便佩戴。

【案例9-84】 八字制扣不紧,如图9-74所示。

分析:开合手镯一般在鸭利制两侧边设置保险装置,防止鸭利制失灵时发生脱出。八字制是最常见的保险装置,要求其松紧合适,太紧有可能因长期磨擦而折断,太松又起不了"制"的作用,故以搭扣时稍用点力就能嵌合为好。

图9-74 八字制扣不紧　　图9-75 开口手镯尺寸不符要求

【案例9-85】 开口手镯尺寸不符要求,如图9-75所示。

分析:开口手镯对手镯直径和开口尺寸都有具体的要求。本例中,要求开口手镯的开口尺寸为3.51cm,实际尺寸为3.84cm。由于手镯是张开的,生产过程中可能发生变形,导致尺寸不符合要求,特别是在材料强度偏低时更容易发生。解决此问题,一方面要选择有足够弹性的材料,另一方面要在抛光时注意对手镯进行尺寸校正。

【案例 9-86】 手镯开合部位佩戴刮手,如图 9-76 所示。

分析:为增加佩戴舒适感,手镯开合部位要圆顺,不刮手,无凹凸不平。

图 9-76 手镯开合部位佩戴刮手

第十章　QC 七大手法在首饰生产质量检验中的应用

QC 七大手法是根据事实发掘问题与解决问题的科学方法，它首创于美国，20 世纪 60 年代被日本采用，70～80 年代开始普遍在全世界工业界使用。QC 七大手法是极为有效的管理方法，常用于品管部门，以协助品管问题的解决。随着首饰企业生产质量管理的要求不断提升，QC 七大手法也引入了首饰企业并逐渐得到应用。

QC 七大手法包括：特性要因图、柏拉图、检查表、层别法、散布图、管制图和直方图，这些手法有不同的特点和侧重点，概括而言，有如下口诀：鱼骨追原因、检查集数据、柏拉抓重点、直方显分布、散布看相关、管制找异常、层别作解析。

第一节　特性要因图

一、定义及分类

特性要因图（Cause and Effect Diagram）又名鱼骨图、因果图、石川图等，主要用于分析品质特性与影响品质特性的可能原因之间的因果关系，通过把握现状、分析原因、寻找措施来促进问题的解决，是一种用于分析品质特性（结果）与可能影响特性的因素（原因）的一种工具。采用特性要因图，可以实现找原因和做判断同时进行，有效防止陷入思考障碍，是用来分析导致质量问题的原因的有效方法。

特性要因图可分为两种类型：一是追求原因型，它在于追求问题的原因，并寻找其影响，以因果图表示结果（特性）与原因（要因）间的关系；二是追求对策型，它追求问题点如何防止、目标如何达成，并以因果图表示期望效果与对策的关系。从图 10-1 可以看出两者的区别。

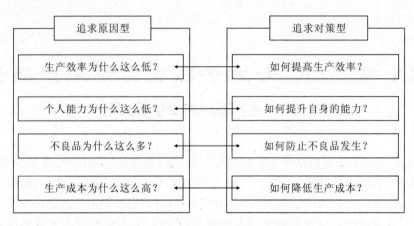

图 10-1　两种类型的特性要因图的区别

二、绘制步骤

（1）确定问题点，明确问题的评价特性，即能具体衡量事项的指标和尺度，如表 10-1 所示。

表 10-1　项目的评价特性

项目	评 价 特 性
品质	不良率、错误率、抱怨次数
产量	产量达成率、作业效率、交期延迟率……
成本	制造费用、材料成本、损耗率……
安全	意外件数、工伤工时、安全自我检查不合格率……
士气	出勤率、提案件数、QC 参与率

（2）画出干线主骨。从左向右画一条粗的箭头线，并在右侧写上评价特性，如图 10-2 所示。

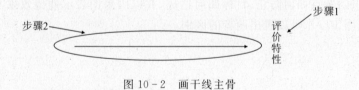

图 10-2　画干线主骨

(3)画大骨(大要因)。大骨以4~8个较适当,通常从5M1E,即:Man(人)、Machine(机)、Material(料)、Method(法)、Measure(测)、Environment(环)六个方面,全面找出原因。大要因以方框圈起来,并加上箭号到背骨、大骨与背骨相交一般取60°较合适,如图10-3所示。为避免要因遗漏,可加其他项。

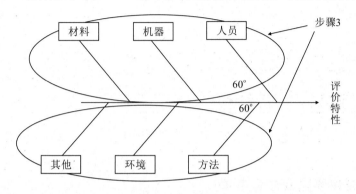

图10-3 画大骨

(4)在各大骨上依序画中骨、小骨及确定原因。依据重大原因进行分析,发动全体组员运用头脑风暴法,反复追问为什么,追至中原因和较具体的小要因,绘至因果图中,如图10-4所示。

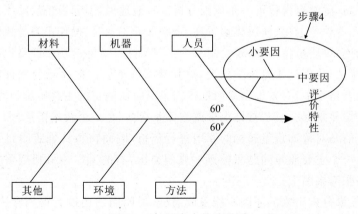

图10-4 画中小骨及要因

(5)挑出目前影响问题较大、最可能是问题根源的要因,用红笔或特殊记号标识为主要因,如图10-5所示。

(6)整理并记录必要事项。

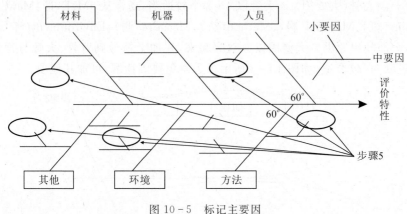

图 10-5 标记主要因

三、应用要点及注意事项

(1)确定原因要集合全员的知识与经验,集思广益,以免疏漏。

(2)原因解析越细越好,越细则更能找出关键原因或解决问题的方法。在实际应用中经常出现原因分析过于简单,未作深入剖析的情况,例如,某 QC 小组在精雕机设备效益差进行因果关系分析时,其中,在设备大因素方面分析认定设备故障率高,就没有再作进一步原因分析。一般地说,引起设备故障率高的原因很多,存在着设备老化、使用频率过高、维修保养不及时、操作不当等原因。

(3)有多少质量特性,就要绘制多少张因果图。实际应用中经常出现主要质量问题(特性)分析过于笼统的情况,例如某 QC 小组在提高限金重首饰重量的一次验收合格率中,对首饰重量超标作因果图时所确定的主要质量问题是"首饰重量调整偏差指标"。但"首饰重量调整偏差指标"是一个技术指标,而 QC 小组所要研究的是对首饰重量超标的原因进行剖析,因而该特性确定得过于笼统也不确切。一个主要质量问题只能画一张因果图,有的 QC 小组则把多个质量问题画在一张因果图上。

(4)如果分析出来的原因不能采取措施,说明问题还没有得到解决,要想改进有效果,原因必须要细分,直到能采取措施为止。

(5)在数据的基础上客观地评价每个因素的主要性,要明确因果关系的层次。实际应用中往往存在着大、中、小原因关系没有理清,混淆在一起的情况。本应是中原因,却表现为小原因,而把小原因认为是大原因。例如某 QC 小组在分析首饰重量偏差时,对人的因素进行分析的大、中、小因素关系依次为:"人—质量意识—制度不健全—管理不到位"。显然,质量意识和制度不健全、管理不到位,不是同一方面的问题原因,他们的递进关系也不对。一般来说,管理不到位表现为制度不落实、措施没有有效执行等。

(6)把重点放在解决问题上,并依5W2H的方法逐项列出,绘制因果图时,重点先放在"为什么会发生这种原因、结果",分析后要提出对策时则放在"如何才能解决"。

(7)因果图应以现场所发生的问题来考虑。

(8)因果图绘制后,要形成共识再决定要因,并用红笔或特殊记号标出。

(9)因果图使用时要不断加以改进。

在绘图过程中,要注意运用上述要点,否则容易用错。下面用图10-6的案例来分析该特性要因图有哪些不当之处。

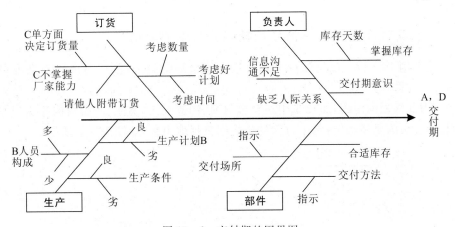

图10-6 交付期的因果图

分析:

(1)关于A特性,也就是制作因果图(特性要因图)时最右边竖方框中所列出的要分析的特性、结果或问题。作因果图所用的特性应选取以数值表述的不良率、交付期(交货期、工期)、效率、生产量等。而不能简单地以"交付期"作图,必须将该"交付期"的现实状态,即"特性"所处状态表示出来。本例的"特性"应这样来表述"某某部件交付期延误(天数、件数)"。单纯以"交付期"作图表达不出真正问题所在。

(2)关于B"生产"的原因,有"生产条件——良、生产计划——良"项,显然"良"不是交付期延误的原因,只有余下的"劣"才是其真正原因。而"人员构成——多"也同样不是延误的原因。还要注意,"多、少","良、劣"这类表示同一级原因的正、反词语,在因果图上应尽量避免同时使用。

(3)关于 C"订货"的原因,从"不掌握厂家能力"到"单方面决定订货(计划、数量),这里中(中类)原因与小(小类)原因放置反了。出现这种错误易导致找不到真正原因。为避免因果关系的倒置,有必要进行因果关系检查。

(4)再回到 D,特性要因图有"追求原因型"与"追求对策型"两类。"追求原因型"的特性(结果)表述方法,如前面所讲,应表示为某某部件交付期延误"。若是作成"追求对策型"因果图,则其特性应表述为"消除某某部件交付期延误"。

因此,要制作出有用的因果图,归纳起来应切记以下几点:

(1)特性(结果、问题)要用带数字的词语来表达,表现出其问题的严重性;

(2)原因与结果不能位置放错,为此,作图后应进行因果关系确认;

(3)"良、劣","多、少"这类属于同一级别原因的词语决不应同时使用,换言之,只能用其一。

四、特性要因图在首饰生产缺陷分析中的应用

【案例 10-1】 以首饰铸造时出现的缩松缺陷为例,制作追求原因型因果图。

引起缩松的因素,主要集中在合金材料、铸造工艺、浇注、产品结构等几个方面,通过头脑风暴法,将每个方面的影响因素提取出来,如图 10-7 所示。

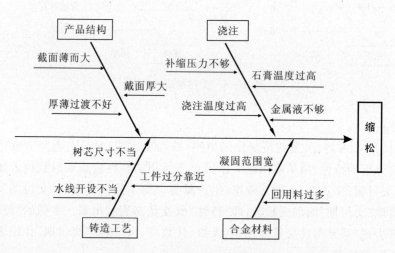

图 10-7 首饰铸件缩松的因果图

【案例 10-2】 以首饰原版易变形为例,制作追求对策型因果图。

首饰原版变形问题与原版结构、合金材料、出蜡倒银及执版操作等都有直接的关系,要在这些方面提出解决措施,如图 10-8 所示。

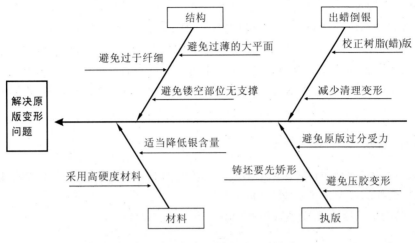

图 10-8 首饰原版变形的因果图

第二节 查检表

一、定义

查检表(Check Sheet)又称调查表,是用一种简单的方式将问题查检出来的表格或图,它是在收集数据时设计的一种简单的表格,将有关项目和预定收集的数据,依其使用目的以很简单的符号填注,而且很容易汇集整理以了解现状,作分析或作为核对点检使用。查检表是 QC 七大手法中最简单、也是使用得最多的手法。

查检表具有如下特征:
(1)记录数据时很简便。
(2)问题所在能迅速把握。
(3)记录完毕后,对全体的形态能一目了然。
(4)很多项目能同时一次查检。
(5)数据能以各种不同的层别法作分析。

二、分类

查检表可以在同一张表上,以简单的方式连续记录某期间的数据,以便把握整体状况。按照工作的种类或目的,查检表可以分为两类:

(1)记录查检表。又称为改善用查检表,主要用于不良主因或不良项目的记录。例如缺陷位置调查表,不合格项目统计表,不合格原因统计表等。

(2)点检用查检表。主要功用是为要确认作业实施、机械设备的实施情形,或为预防发生不良或事故,确保安全时使用。这种点检表可以防止遗漏或疏忽造成缺失的产生,把非作不可、非检查不可的工作或项目,按点检顺序列出,逐一点检并记录之。如设备点检表、工具明细表等。

三、查检表的设计与制作

(1)首先要明确目的。了解存在什么样的问题,有哪些影响因素,相应地确定数据收集的对象范围,以利分析解释。

(2)确定从哪个角度进行检查项目分类。

(3)确定查检项目。

(4)确定查检表的格式。

(5)确定数据记录方式。可分为质量管理时常用棒形记号"〧〧〧〧",一般用的"正"字记号以及图形记号"○、×、△、V"等。

(6)确定数据收集方式。用5W1H法明确下列事项:收集人员;测定、检查判定方法;收集数据的期间、周期、时间;检查方式是抽验,还是全检;如何抽样及样本个数。

在设计和制作查检表时,应注意以下事项:

(1)设计时查检项目的用词尽量简要、具体、明确,要一眼能看出整体形状。

(2)设计时能参考多数人的意见,并让使用人共同参与。

(3)设计时尽量考虑多角度层别。

(4)尽量用简单符号、数字等填写,以便正确迅速地记录。

(5)数据来历要清楚,并考虑数据的可靠性。收集数据时可考虑不同来源以利比较及相互检定。

(6)项目尽量减少,查检项目以4~6项为原则。

四、查检表在首饰生产质量检验中的应用

【案例10-3】 某首饰厂在过去一年的生产质量检验中,对发现的缺陷进行统计,制作成缺陷分类统计表,如表10-2所示。

表 10-2 某首饰厂在过去一年中的生产质量缺陷分类统计表

月份	外观佩戴类缺陷	镶石类缺陷	抛光电镀类缺陷	资料要求类缺陷	金质类缺陷	其他类缺陷
1	148	1 240	432	184	189	56
2	109	619	370	153	147	62
3	183	744	405	366	209	54
4	276	1 421	1 095	498	291	416
5	282	1 564	1 000	790	247	88
6	167	1 058	722	342	179	45
7	410	1 967	1 380	634	215	59
8	474	2 504	1 796	732	233	261
9	332	1 772	1 128	539	167	95
10	231	1 906	975	475	146	176
11	189	1 852	970	543	203	238
12	210	1 758	1 070	398	273	207
合计	3 011	18 405	11 343	5 654	2 499	1 757

【案例10-4】 某QC员在检验首饰执模质量时，按照要求记录检验过程中发现的每名操作工人的执模缺陷，制成缺陷记录表，如表10-3所示。

表 10-3 首饰执模缺陷记录表

生产班组：执模一组　　　　　　　时间：2013年10月16日　　　　　　QC员：张英

员工姓名	执不顺	未执透	大小边	变形	金枯	砂眼	…	合计
李华平	正	下	下	T	T	一		15
周小键	正下	正	正	一	T	T		22
刘明辉	正	T	正	下	一	下		18
高玲玲	下	正T	正	一	下	一		21
…								
合计	21	16	17	7	8	7		

【案例 10-5】 某首饰企业大批量生产冲压千足金首饰件,为保证产品质量及安全生产,要求对冲压设备进行严格检查,填写日常点检表,如表 10-4 所示。

表 10-4　冲压设备日常点检表

设备名称:冲压机　　　　　设备编号:JMCY0011　　　　　时间:2013 年 12 月

序号	检查内容	1	2	3	4	5	6	7	8	9	10	11	12	…
1	机台是否清洁,有无油垢、杂物、锈蚀													
2	机台是否加油(每天 2 次)													
3	润滑油系统是否异常,油路是否畅通,是否低于最低油位													
4	模具是否有松动													
5	电源是否正常													
6	设备运行有无异常杂音及振动													
7	操作系统是否灵敏,紧急开关能否及时止动													
8	指示仪表、指示灯是否完整正常													
9	气压是否正常													
	保养人													
	审核人													

说明:1.操作本机须有操作上岗证;2.每天开机前按要求对机器逐一进行检查和保养,检查完后在相应处打√。如有异常则在相应处打×。如未使用则用○表示。检查完后签名,主管监督审核;3.检查中发现异常,须向主管汇报,待异常排除后方可生产。

第三节　层别法

一、定义及分类

在实际生产中，影响质量变动的因素很多，如果不把这些因素区别开来，难以得出变化的规律，层别法是一个有效的工具。层别法（Stratification），又称数据分层法、分类法、分组法，它是指为区分所收集数据中各种不同的特性特征对结果产生的影响，将同一条件下收集的同性质数据归纳在一起，以个别特征加以分类统计。

从质量控制的角度来看，将层别法应用于每个阶段，可以获得更好的效果，如图 10-9 所示。

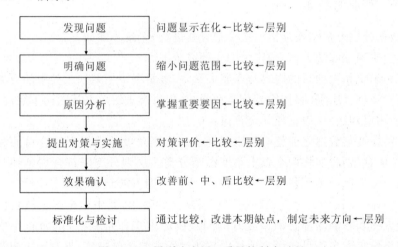

图 10-9　层别法应用于质量控制全过程

二、层别的对象和项目

(1) 有关人的层别。例如，工厂第一线生产人员，可以分为班别、组别、年龄别、男女别、教育程度别、健康条件别、资历别等。

(2) 设备的层别。采用不同设备生产相同的产品时，可以用设备别来作层别，还有放置不同地点可分为场所别、因机器年代的深浅有年代别，还有生产速度别、新旧型别等。

(3) 生产工艺的层别。例如，生产工艺可以分为顺序别、作业方法别、人工机械别；工艺条件方面有温度别、湿度别、压力别、浓度别等。作业方法不同，产品质量亦有差异，因此在生产时非常强调遵守操作标准的重要性。

(4) 时间的层别。可以分为小时别、日期别、周期别、月别、上下中旬别、季别、年别。如果是轮班还有上午班、下午班或日班、夜班别。有时因设备调整的关系也有调整前后别等。

(5) 原材料零件别。虽然是同一厂商供应的零件材料，但也应该依生产批次的不同而加以分类。其他还有因产地不同而有产地别，以及材质不同的材质别、等级别、大小别、重量别、制造工厂别、成分别、安全使用期间别等。

(6) 测量检查的层别。如测量所使用的仪器别、测量人员别、测量方法别、检查场所别等。

(7) 环境天候层别。有气温别、照明度别等。

(8) 制品的层别。包括新旧品、标准品和特殊品包装别、良品和不良品别等。

三、层别的制定

数据分层可根据实际情况按多种方式进行，大致步骤如下：

(1) 明确主题的方向，确定大的主题或范围。

(2) 确定相关项目的内容与隶属关系，一般情况下指某一大类中的分类。

(3) 详细其层别项目，按其分类列明，并将每类隶层关系逐项向下层展开。

使用层别法时，应记住几个重点：

(1) 在搜集数据之前就应使用层别法。层别角度的选择应结合目的和专业知识考虑，层别时勿将两个以上角度混杂分类。层别分类需符合周延和互斥原则，周延是指所分类别能包括内容，互斥是指类别不能互相包含。

(2) QC 手法的运用应该特别注意层别法的使用，其中柏拉图、查检表、散布图、直方图和管制图都必须以发现的问题或原因来作层别法，例如制作柏拉图时，如果设定太多项目或设定项目中其他栏所占的比例过高，就看不出问题的重心，这就是层别不良的缘故。另外直方图的双峰型或高原型都是层别的问题。

(3) 层别的对象具有可比性。层别后应比较和检定各作业条件是否有差异。

(4) 管理工作上也应该活用层别法。如果在管理工作上就用层别法的观念先作分类的工作，将会使得问题更加明确化，使问题更清楚。

四、层别法在首饰生产质量检验中的应用

【案例 10-6】 检验三名车磨打工人的首饰抛光质量，将不良率绘制成管制图，如图 10-10 所示。在总图中显示了不良率的总体状况，但是个人的不良率不能清晰显示出来。当采用操作者层别后，将每个工人的不良率分别制成管

制图,则可以清晰地显示了各人的质量状况,以及他们之间的差异。

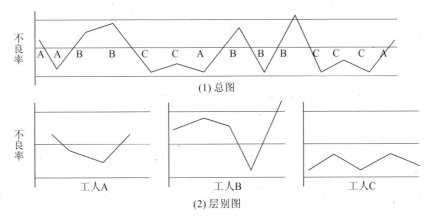

图 10-10 操作者层别图

第四节 柏拉图

一、定义及分类

柏拉图(Pareto Chart)是将某一时期收集的数据,从某一角度进行适当分类,形成依各类出现的大小顺序排列的图,是分析和寻找影响质量主要因素的图形,符合 20-80 原则。

柏拉图的使用要以层别法为前提,将层别法已确定的项目从大到小进行排列,再加上累积值的图形。它可以帮助我们找出关键的问题,抓住重要的少数及有用的多数,适用于记数值统计,有人称为 ABC 图,又因为柏拉图的排序从大到小,故又称为排列图。

柏拉图是把握重要要因或问题重点的有效工具,可收到事半功倍的效果,它具有如下作用:了解各项目对问题的影响度占多少;可明确重点改善项目是什么,大小顺序的内容是什么,占大多数的项目又是什么;订定改善目标的参考;可发掘现场的重要问题点。

柏拉图可以分为两类,一类是分析现象用柏拉图,它与不良结果有关,用来发现主要问题。例如,品质方面可从不合格、故障、顾客抱怨、退货、维修等进行分析;成本方面可从损失总数、费用等进行分析;交货期方面可从存货短缺、付款违约、交货期拖延等进行分析;安全方面可从发生事故、出现差错等进行分析。第二类是分析原因用柏拉图,它与过程因素有关,用来发现主要问题。例如,操作者方面可从班次、组别、年龄、经验、熟练情况等进行分析；机器方面可从设备、工具、模具、仪器等进行分析；原材料方面可从制造商、工厂、批次、种类等进行分析；作业方法方面可从作业环境、工序先后、作业安排等进行分析。

二、柏拉图的实施步骤

(1)收集数据,用层别法分类,计算各层别项目占整体项目的百分数。

(2)把分好类的数据进行汇总,由多到少进行排列,其他项最末位,并计算累计百分数。

(3)绘制横轴和纵轴刻度,纵轴的刻度要适当(能包含总不良率)。柏拉图有两个纵坐标,左侧纵坐标一般表示数量或金额,右侧纵坐标一般表示数量或金额的累积百分数,其最高尺度应涵盖合计数,且间距应一致。柏拉图的横坐标一般表示检查项目,按影响程度大小,从左到右依次排列。

(4)按各项目数量或金额出现的频数,对应左侧纵坐标画出并列直方柱状,各柱形距离要相同,并在横轴上记下项目名称。

(5)将各项目出现的累计频率,对应右侧纵坐标描出点子,并将这些点子按顺序连接成线。

(6)记录柏拉图名称、数据收集期间、目的、记录者必要事项。

(7)分析柏拉图。

三、应用要点及注意事项

(1)从已收集数据的查检表决定分类的角度,不要从两个或多个角度来分类,否则数据会混杂。如决定分类角度为不良项目,可先从结果分类着手,以便找出问题所在,然后再进行原因分类。分类时项目不要定得太少,5~9项较合适,如果分类项目太多,将不容易掌握问题的重心。超过9项可划入其他；如果分类项目太少,少于4项,做柏拉图无实际意义。

(2)一般把需优先解决的项目标示出来(累计影响度占70%~80%的项目),分析柏拉图只要抓住前面的2~3项就可以了。

(3)柏拉图要留存,把改善前与改善后的柏拉图排在一起,可以评估出改善效果。

(4)作成的柏拉图如果发现各项目分配比例差不多时,柏拉图就失去了意义,与柏拉图法则不符,应从其他角度收集数据再作分析。

(5)柏拉图是管理改善的手段而非目的,如果数据项别已经清楚者,则无需浪费时间制作柏拉图。

(6)其他项目如果大于前面几项,则必须加以分析层别,检讨其中是否有原因。

(7)柏拉图分析主要目的是从获得情报显示问题重点而采取对策,但如果第一位的项目依靠现有条件很难解决时,或者即使解决但花费很大,得不偿失,那么可以避开第一位项目,而从第二位项目着手。

四、柏拉图在首饰生产质量检验中的应用

【案例10-7】 某首饰厂对全年质量检验中发现的缺陷问题进行归类统计,得到如表10-5所示的结果。利用其中的数据,可制作成柏拉图,如图10-11所示。从中可以发现,该厂的主要生产缺陷集中在金枯、砂眼和粗糙三类,它们的累计影响度达到了76%。因此,要改善产品质量,应该重点采取措施解决这三类问题。

表10-5 某首饰厂的生产缺陷统计资料

不良项目	不良数	累计不良数	不良率(%)	累计不良率(%)	影响度(%)	累计影响度(%)
金枯	5 317	5 317	2.8	2.85	33	33
砂眼	3 925	9 242	2.1	4.95	25	58
粗糙	2 844	12 086	1.5	6.47	18	76
气孔	1 779	13 865	1.0	7.43	11	87
硬点	1 104	14 969	0.6	8.02	7	94
其他	926	15 895	0.5	8.51	6	100
合计	15 895		8.5		100	
总检查数	186 712					

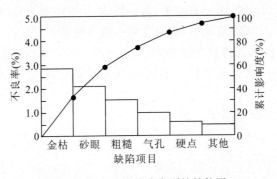

图10-11 首饰缺陷类别的柏拉图

第五节 散布图

一、定义及相关性

在质量管理过程中,经常需要对一些重要因素进行分析和控制,这些因素大多错综复杂地交织在一起,它们既相互联系,又相互制约;既可能存在很强的相关性,也可能不存在相关性。如何对这些因素进行分析?散布图法(Scatter Diagram)便是这样一种直观而有效的好方法,它是用来表示一组成对的数据之间是否有相关性的一种图表。通过做散布图,因素之间繁杂的数据就变成了坐标图上的点,其相关关系使一目了然地呈现出来。

因素之间的相关性可以用相关系数来定量表示,相关系数 r 的计算如下式:

$$r = \frac{S(xx)}{\sqrt{S(xx)S(yy)}} \tag{10-1}$$

$$S(xx) = \sum x^2 - \frac{(\sum x)^2}{n} \tag{10-2}$$

$$S(yy) = \sum y^2 - \frac{(\sum y)^2}{n} \tag{10-3}$$

$$S(xy) = \sum xy - \frac{\sum x \cdot \sum y}{n} \tag{10-4}$$

其中:x,y 为变量;n 为样本数。

当 $r \geqslant 0.8$ 时,两者为强相关。如 x 增大,y 显著地随之增大,两者为强正相关。如 x 增大,y 显著地减小,两者为强负相关。

当 $0.3 < r < 0.8$ 时,为一般相关;如 x 增大,y 缓慢地增大,则两者为一般正相关。如 x 增大,y 缓慢地减小,则两者为一般负相关。

当 $r < 0.3$ 时,两者的相关性弱,甚至不相关,即在某界限值之前 x 增大,y 随之增大或减小,在此界限之后 x 增大,y 又随之减小或增大;或者 y 不随 x 的增减而变化。

上述各相关情况如图 10-12 所示。

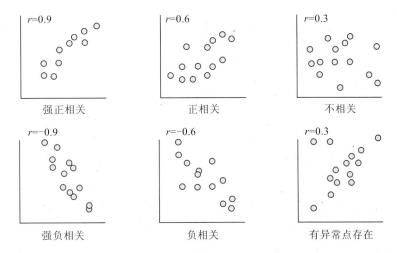

图 10-12 变量之间的典型相关情况

二、实施步骤及注意事项

(1)确定要调查的两个变量,收集相关的最新数据。

(2)找出两个变量的最大值与最小值,将两个变量描入 x 轴与 y 轴。

(3)将相应的两个变量,以点的形式标上坐标系,两点重复画◎,三点重复画⊙。

(4)记录图名、制作者、制作时间等项目。

(5)判读散布图的相关性与相关程度,主要是查看点的分布状态,判断变量 x 与 y 之间有无相关关系,若存在相关关系,再进一步分析是属于何种相关关系。

在制作散布图时,要注意以下事项:

(1)两组变量的对应数至少在 30 组以上,最好 50 组至 100 组,数据太少时,容易造成误判。

(2)通常横坐标用来表示原因或自变量,纵坐标表示效果或因变量,组距的计算以数据中的最大值减最小值再除以所需设定的组数求得。

(3)由于数据的获得常常因为 5M1E 的变化,导致数据的相关性受到影响,在这种情况下需要对数据获得的条件进行层别,否则散布图不能真实地反映两个变量之间的关系。

(4)当有异常点出现时,应立即查找原因,而不能把异常点删除。

(5)当散布图的相关性与技术经验不符时,应进一步检讨是否有什么原因造成假象。

三、散布图在首饰生产质量检验中的应用

当不知道两个因素之间的关系或两个因素之间关系在认识上比较模糊而需要对这两个因素之间的关系进行调查和确认时,可以通过散布图来确认二者之间的关系。它实际上是一种实验的方法。需要强调的是,在使用散布图调查两个因素之间的关系时,应尽可能固定对这两个因素有影响的其他因素,才能使通过散布图得到的结果比较准确。

【案例 10-8】 某首饰厂对铸粉的水粉比与铸件合格率之间的关系进行相关性分析,得到如表 10-6 所示的统计资料。从数据表较难得出它们之间的关系,将它们制作成散布图,如图 10-13 所示。从中可以看出在整个水粉比范围内,水粉比与铸件合格率呈现的是非线性关系,水粉比很低时,合格率低;随着水粉比增加,合格率增加,但是当水粉比超过一定值后,合格率又下降了。

表 10-6 水粉比与铸件合格率的统计数据

序号	水粉比	合格率	序号	水粉比	合格率
1	37	98	16	42	88
2	36	98	17	39	92
3	38	97	18	37	94
4	34	92	19	34	89
5	36	96	20	37	93
6	39	95	21	40	96
7	38	94	22	36	94
8	35	93	23	39	99
9	40	95	24	41	93
10	34	90	25	35	94
11	40	94	26	37	98
12	38	96	27	37	95
13	34	94	28	38	96
14	42	92	29	38	97
15	36	96	30	42	89

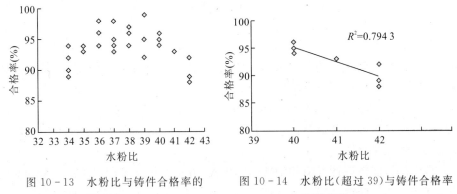

图10-13 水粉比与铸件合格率的散布图

图10-14 水粉比(超过39)与铸件合格率的散布图

如将水粉比超过39后的数据提取出来做散布图,如图10-14所示,则可以得出,当水粉比超过39后,两者之间呈现负相关关系,由式(10-1)~式(10-4),可以计算出相关系数为-0.79,说明铸件合格率与水粉比之间为一般负相关关系。

第六节 管制图

一、定义及分类

影响产品质量的因素很多,有静态因素也有动态因素,有没有一种方法能够即时监控产品的生产过程,及时发现质量隐患,以便改善生产过程,减少废品和次品的产出?管制图(Control Chart)就是这样一种以预防为主的质量控制方法,它利用现场收集到的质量特征值,绘制成控制图,通过观察图形来判断产品的生产过程的质量状况。管制图又名控制图、管理图,它是一种带控制界限的质量管理图表,可以提供很多有用的信息,是质量管理的重要方法之一。

生产过程中不可避免会出现波动,其原因分为偶然原因和异常原因两类,前者是指不易除去的大量微小原因,如同批原料波动,机器振动、熟手作业员微小变动等,后者是指可能发生大变动的一个或少数几个大原因,是可避免且必须除去的,例如原料群体不良,机器磨损,生手未训练等。运用管制图的目的之一,就是通过观察管制图上产品质量特性值的分布状况,分析和判断生产过程是否发生了异常,一旦发现异常,就要及时采取必要的措施加以消除,使生产过程恢复稳定状态。也可以应用管制图来使生产过程达到统计控制的状态,产品质量特性值的分布是一种统计分布,因此绘制管制图需要应用概率论的相关理论和知识。

管制图是对生产过程质量的一种记录图形,纵轴代表产品质量特性值(或由质量特性值获得的某种统计量);横轴代表按时间顺序(自左至右)抽取的各个样本号;图内有中心线(记为 CL)、上控制界限(记为 UCL)和下控制界限(记为 LCL)三条线。中心线是所控制的统计量的平均值,上下控制界限与中心线相距数倍标准差。多数的制造业应用三倍标准差控制界限,如果有充分的证据也可以使用其他控制界限。

常用的管制图有计量值和记数值两大类,分别适用于不同的生产过程,每类又可细分为具体的管制图。计量值是可以测量具体数值,如长度、重量等,对应的管制图有 $X—R$、$X—Rs$、X、R 等。X 为平均值,R 为全距(同组数据中最大值与最小值之差),Rs 为个别值。其中,$X—R$ 图使用最广。计数值是无具体数值,只有检测个数。如不良品个数、不合格数、废品数等。它包括 P 不良率管制图,Pn 不良数管制图,C 缺点数管制图,U 单位缺点数管制图等。

二、管制图的作法

制作管制图一般要经过以下几个步骤:按规定的抽样间隔和样本大小抽取样本;测量样本的质量特性值,计算其统计量数值;在管制图上描点;判断生产过程是否有并行。

1. $\bar{X}-R$ 管制图的作法

步骤 1:收集 100 个以上数据。

步骤 2:数据分组,并记录在管制图纸上,组的大小以 4 或 5 较佳。

步骤 3:计算各组 $\bar{X}$、R。

步骤 4:计算 CL、UCL、LCL。$\bar{X}$ 管制图中的 $CL=\bar{X}$,$UCL=\bar{X}+A_2R$,$LCL=\bar{X}-A_2R$,R 管制图中的 $CL=R$,$UCL=D_4R$,$LCL=D_3R$。其中,A_2、D_4、D_3 是与组数有关的系数,如表 10-7 所示。当 $n<6$ 时,D_3 不予考虑。

表 10-7 系数 A_2 与组数 n 的对应关系

组数	2	3	4	5	6
A_2	1.880	1.023	0.729	0.577	0.483
D_4	3.267	2.575	2.282	2.115	2.004
D_3					

步骤 5：在管制图上画出管制界限，并将数据打点，点间以折线连接。
步骤 6：判断是否为管制状态。

2. P 管制图的作法

步骤 1：决定每组抽样数 (n)，使每组约含有 1～5 个不良品。

步骤 2：收集数据使组数为 20～25 组。

步骤 3：计算各组的不良率 P，$P=\dfrac{X}{n}$。

步骤 4：计算平均不良率 $\bar{P}$，平均不良率应用加权平均数来计算（用不良数总数与全体样本总数之比）。

步骤 5：计算上下管制界限（各组 n 不一样大小时，分别计算出来）。管制上限 $\text{UCL}=\bar{P}+3\sqrt{\dfrac{\bar{P}(1-\bar{P})}{n}}$，中心线 $\text{CL}=\bar{P}$，管制下限 $\text{LCL}=\bar{P}-3\sqrt{\dfrac{\bar{P}(1-\bar{P})}{n}}$，其中 $\bar{P}$ 为平均不良率，n 为样本数。如果下限计算结果可能为负数，因为二项分配并不对称，且其下限为零，故当管制下限出现小于零的情况，应取 0 表示。

步骤 6：绘图并把各组 P 值点入。

步骤 7：判断是否为管制状态，标准偏差 $S=\sqrt{\dfrac{P(1-P)}{n}}$。

三、管制图的注意事项及分析

管制图为管理者提供了许多有用的生产过程信息，使用时应注意以下几个问题：

(1) 根据工序的质量情况，合理地选择管理点。管理点一般是指关键部位、关键尺寸、工艺本身有特殊要求、对下工序有影响的关键点，如可以选质量不稳定、出现不良品较多的部位为管理点。

(2) 根据管理点上的质量问题，合理选择管制图的种类。

(3) 使用管制图做工序管理时，应首先确定合理的控制界限。

(4) 管制图上的点有异常状态，应立即找出原因，采取措施后再进行生产，这是管制图发挥作用的首要前提。

(5) 控制线不等于公差线，公差线是用来判断产品是否合格的，而控制线是用来判断工序质量是否发生变化的。

(6) 管制图发生异常，要明确责任，及时解决或上报。

管制图作好后，可以用其来识别生产过程的状态和判断异常现象，主要是根据样本数据形成的样本点位置以及变化趋势进行分析和判断。失控状态主要表现为以下两种情况：样本点超出控制界限；样本点在控制界限内，但排列异常。

当数据点超越管理界限时,一般认为生产过程存在异常现象,此时就应该追究原因,并采取对策。排列异常主要指出现以下几种情况:

(1)连续七个以上的点全部偏离中心线上方或下方,这时应查看生产条件是否出现了变化。

(2)连续三个点中的两个点进入管理界限的附近区域(指从中心线开始到管理界限的三分之二以上的区域),这时应注意生产的波动度是否过大。

(3)点相继出现向上或向下的趋势,表明工序特性在向上或向下发生着变化。

(4)点的排列状态呈周期性变化,这时可对作业时间进行层次处理,重新制作管制图,以便找出问题的原因。管制图对异常现象的揭示能力,将根据数据分组时各组数据的多少、样本的收集方法、层别的划分不同而不同。不应仅仅满足于对一份管制图的使用,而应变换各种各样的数据收取方法和使用方法,制作出各种类型的图表,这样才能收到更好的效果。

四、管制图在首饰生产质量检验中的应用

【案例 10-9】 某首饰厂在批量生产某款金戒指时,客户要求严格限制金重并保持稳定。为此选定金重为管制项目,并决定用 $\bar{X}-R$ 管制图来控制该批产品的金重。

作法:每天每班组随机抽取 5 个样本测定,共收集最近生产的数据 125 个,将其数据依测定顺序及生产时间排列成 25 组,每组样本 5 个,每组样数 5 个,记录数据如表 10-8 所示。

对各样本组平均值 $\bar{X}$ 再求平均值:$\bar{\bar{X}}=2.37$;

对各样本组全距 R 求平均值:$\bar{R}=0.32$;

查系数表,当 $n=5$ 时,$A_2=0.577$,$D_4=2.115$,$D_3=0$;

由此可求得:

$\bar{X}$ 管制图上下限分别为:

$$CL=\bar{\bar{X}}=2.37$$
$$UCL=\bar{\bar{X}}+A_2\bar{R}=2.37+0.577\times 0.32=2.55$$
$$LCL=\bar{\bar{X}}-A_2\bar{R}=2.37-0.577\times 0.32=2.19$$

根据上述数据,可作出 $\bar{X}$ 管制图,如图 10-15 所示。

从图 10-15 可以看出,有两组数据明显超出控制界限,说明生产过程中存在异常现象,对这两组数据进行追踪,发现高于上限的那组样本是在注蜡时采用了过高的注蜡压力,导致蜡模产生了鼓胀变形而引起金重超标;而低于下限的那组样本则是铸件表面质量很差,经过大量打磨后导致金重偏轻的。

表 10-8　样本称重记录表　　　　　　　　（单位：g）

样本组	X_1	X_2	X_3	X_4	X_5	各样本组平均值 $\overline{X}$	各样本组全距 R
1	2.35	2.35	2.24	2.53	2.41	2.38	0.29
2	2.35	2.47	2.29	2.29	2.29	2.34	0.18
3	2.47	2.29	2.41	2.53	2.35	2.41	0.24
4	2.35	2.35	2.29	2.47	2.41	2.38	0.18
5	2.47	2.29	2.47	2.53	2.35	2.42	0.14
6	2.53	2.41	2.41	2.35	2.41	2.42	0.18
7	2.53	2.24	2.18	2.47	2.41	2.36	0.35
8	2.18	2.53	2.53	2.06	2.35	2.33	0.47
9	2.35	2.29	2.47	2.41	2.59	2.42	0.30
10	2.29	2.41	2.41	2.12	2.24	2.29	0.29
11	2.35	2.59	2.47	2.35	2.29	2.41	0.30
12	2.53	2.24	2.29	2.41	2.47	2.39	0.29
13	2.24	2.35	2.12	2.29	2.41	2.28	0.29
14	2.12	2.06	2.29	2.24	2.29	2.20	0.23
15	2.35	2.29	2.35	2.29	2.82	2.42	0.53
16	2.47	2.71	2.71	2.76	2.76	2.68	0.29
17	2.12	2.35	2.53	2.41	2.53	2.39	0.41
18	2.18	2.29	2.35	2.24	2.47	2.31	0.29
19	2.35	2.18	2.29	2.29	2.53	2.33	0.37
20	2.76	2.35	2.29	2.12	2.35	2.38	0.64
21	2.35	2.18	2.35	2.53	2.47	2.38	0.35
22	2.29	2.29	2.29	2.35	2.65	2.38	0.36
23	1.82	1.94	2.06	2.29	2.06	2.04	0.47
24	2.35	2.35	2.35	2.41	2.47	2.39	0.12
25	2.71	2.59	2.41	2.41	2.29	2.48	0.42

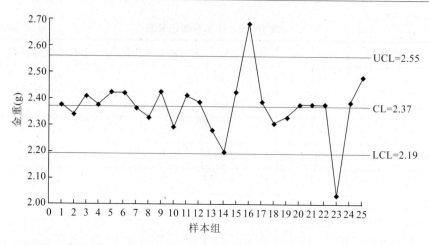

图 10-15　首饰金重的 $\bar{X}$ 管制图

R 管制图上下限分别为：

$CL = \bar{R} = 0.32$

$UCL = D_4 \bar{R} = 2.115 \times 0.32 = 0.68$

$LCL = D_3 \bar{R} = 0$

由此可作出 R 管制图，如图 10-16 所示。从图中可以看出，各样本组全距均落在控制界限范围内，说明每组样本在各自的生产条件下没有出现严重波动的情况。

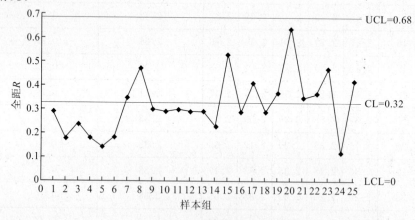

图 10-16　首饰金重的 R 管制图

【案例 10-10】　某首饰厂在检查公司执模工序在制品的一次合格率时，为确定产品质量是否处于管控状态，决定采用 P 控制图来观察。取 30 个样本，每个样本数为 50 个,这些样本是在一段时间的产品中随机抽取的。检验结果如表 10-9 所示。

表 10-9 首饰产品不良数统计表

样本号	不良数	样本号	不良数	样本号	不良数
1	8	11	5	21	10
2	16	12	24	22	18
3	9	13	12	23	15
4	14	14	7	24	15
5	10	15	13	25	26
6	12	16	9	26	17
7	15	17	6	27	12
8	8	18	5	28	6
9	10	19	13	29	8
10	5	20	11	30	10

计算结果如下:

平均不良率 $\bar{P} = \dfrac{\sum d_i}{\sum x_i} = 23.3\%$,此值为 CL。

用 $\bar{P}$ 作为真实过程不合格的估计值,可以计算管制上限和下限,如下:

$$\text{UCL} = \bar{P} + 3\sqrt{\dfrac{\bar{P}(1-\bar{P})}{n}} = 41.2\%$$

$$\text{LCL} = \bar{P} - 3\sqrt{\dfrac{\bar{P}(1-\bar{P})}{n}} = 5.4\%$$

根据上述数据,可作出不良率的 P 管制图,如图 10-17 所示。

从图 10-17 中可以看出,有两组样本的不良率超出了管制上限,调查发现该两组样本取自加班时段生产的产品,说明在组织生产时必须合理安排作息时间,并加强生产现场的检查与控制。

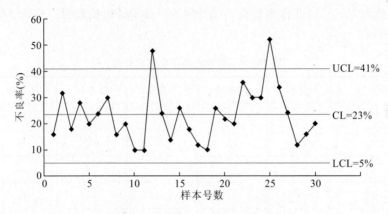

图 10-17 首饰不良率 P 管制图

第七节 直方图

一、定义

直方图(Histogram)又称柱状图、质量分布图,它是将某期间所收集的计量值数据经分组整理成次数分配表,并以柱形予以图形化,以掌握这些数据所代表的情况,一般用横轴表示数据类型,纵轴表示分布情况。

作直方图的目的就是通过观察图的形状,判断生产过程是否稳定,预测生产过程的质量。具体来说,作直方图的目的有:判断一批已加工完毕的产品;验证工序的稳定性;为计算工序能力搜集有关数据。

二、直方图的作法及注意事项

(1)收集和记录同一类型的数据,求出其最大值和最小值,计算极差(全距) $R=X_{max}-X_{min}$。

(2)将数据分成若干组,并做好记号。分组的个数称为组数,用 K 表示,$K=1+3.23\log N$,N 为测量个数。组数一般在 6~20 之间较为适宜。

(3)计算组距的宽度。组距宽度是用组数去除最大值和最小值之差,用 h 表示,$h=$ 极差 $R \div$ 组数 K。

(4)求出各组的上、下限值。各组的界限位可以从第一组开始依次计算,第一组的下界为最小值减去最小测定单位的一半,第一组的上界为其下界值加上组距。第二组的下界限位为第一组的上界限值,第二组的下界限值加上组距,就是第二组的上界限位,依此类推。

(5)计算各组的中心值,组中心值=(组下限值+组上限值)÷2。

(6)统计各组数据出现频数,作频数分布表。

(7)以组距为底长,以频数为高,作各组的矩形图。

在制作直方图时,要注意如下事项:

(1)制作直方图,需要比较多的数据。在数量不多的情况下,至少也应在50个以上。

(2)制作直方图首先要对资料进行分组,因此如何合理分组是其中的关键问题,要按组距相等的原则,确定分组数和组距两个关键数位。一般数据总数50~100、100~250以及250以上时,对应的组数为6~10、7~12以及10~20。

三、直方图的常见形态与判定

在画出直方图后要进一步对它进行观察和分析,通过直方图判断生产过程是否有异常,在判定时主要应着眼于图形的整个形状。常见的直方图分布图形大体上有六种,如图10-18所示。在正常生产条件下,如果所得到的直方图不是标准形状,就要分析其原因,采取相应措施。

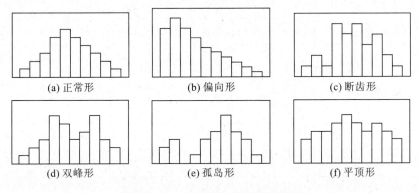

图10-18 常见的直方图分布形态

(1)正常形(又称对称形)。图形特点是中间高、两边低,呈山形,左右基本对称,说明工序处于正常稳定(见图10-18a)。

(2)偏向形。直方的顶峰偏向一侧,也叫偏坡形。当计数值与计量值只控制一侧界限时,常出现此形状,有时也因加工习惯造成这样的分布(见图10-18b)。

(3)断齿形。直方参差不齐,如犬牙交错的怪石,但整个图形的整体仍然是中间高,两边低,左右基本对称。这种情况不是生产上的问题,可能是分组过多或测量仪器精度不够,读数有误差所致(见图10-18c)。

(4)双峰形。图形如两座山峰,中间有一道狭谷。这往往是由于把来自两个总体的数据混在一起作图所致(见图10-18d)。

(5)孤岛形。在远离主分布中心的地方出现小的直方,形如孤岛。孤岛的出现揭示短时间内有异常因素在起作用,使加工条件起了变化。如原料混杂,更换厂家,操作疏忽,有不熟练的工人操作,或测量工具有误差(见图10-18e)。

(6)平顶形。直方呈平顶形,犹如一个高原,这往往是由于生产过程中有缓慢变化因素在起作用,如设备工具的磨拓,操作者的疲劳等(见图10-18f)。

四、直方图在首饰生产检验中的应用

【案例10-11】 某首饰厂批量生产925银手链,客户要求长度175mm,允许偏差为±12.5mm。为检查生产控制状况,随机抽取100条进行检测。按照分组的原则,检测数据可分为10组。在EXCEL表格中整理这些数据,得到表10-10。

表10-10 手链长度检测结果整理表　　　　　(单位:mm)

组号	A	B	C	D	E	F	G	H	I	J
1	170	177	169	173	168	177	175	176	174	167
2	183	176	177	175	177	175	176	182	170	177
3	174	170	182	179	177	175	177	173	179	180
4	176	178	173	178	172	175	173	174	176	169
5	169	182	174	177	172	172	176	180	177	182
6	166	181	165	173	180	171	171	168	178	178
7	182	183	180	174	175	176	177	172	182	172
8	173	175	171	166	179	177	176	183	175	173
9	169	176	172	174	170	174	168	175	176	174
10	177	180	166	173	172	180	167	179	176	180

利用EXCEL表格,在计算最大值、最小值、平均值和标准偏差的单元格内分别写入=MAX(A1:J10),=MIN(A1:J10),=AVERAGE(A1:J10)和=STDEVA(A1:J10)。确定后可以求出最大值为183,最小值为165,平均值为

175.0,标准偏差为 4.35。确定最小计量单位为 1mm。

极差 $R = 183 - 165 = 18$

组距宽度 $h = $ 极差 $R \div$ 组数 $K = 18 \div 10 = 1.8 \approx 2$(取测定单位的整数倍)

计算边界值：

最小组的下侧边界值为 $= X_{min} - $ 测定值最小单位 $\div 2 = 165 - 1 \div 2 = 164.5$

第 1 组下限值：164.5

第 1 组上限值：$164.5 + 2 = 166.5$

第 1 组中心值：165.5

第 2 组下限值：166.5

第 2 组上限值：$166.5 + 2 = 168.5$

第 2 组中心值：167.5

……

第 10 组下限值：182.5

第 10 组上限值：$182.5 + 2 = 184.5$

第 10 组中心值：183.5

利用 EXCEL 表格中的 COUNTIF 函数计算频数，将表 10-10 中的数据一个个与各限值区间对应起来，计入所在组内，如表 10-11 所示。

表 10-11 各数据组的上下限值及频数表

组号	下限值(mm)	上限值(mm)	中心值(mm)	频数
1	164.5	166.5	165.5	4
2	166.5	168.5	167.5	5
3	168.5	170.5	169.5	8
4	170.5	172.5	171.5	10
5	172.5	174.5	173.5	16
6	174.5	176.5	175.5	20
7	176.5	178.5	177.5	16
8	178.5	180.5	179.5	11
9	180.5	182.5	181.5	7
10	182.5	184.5	183.5	3

根据上述结果,可以制作直方图,在图上标注出数据个数,平均值和标准偏差等作图信息,并将规格要求的上下限画在图上,如图 10-19 所示。

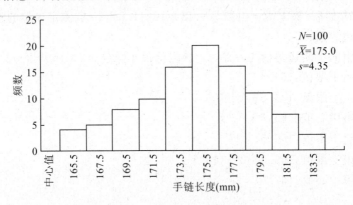

图 10-19 手链长度的直方图

可以看出,直方图呈现正常的形态,说明工厂的生产基本处于正常稳定状态。这点也可以从工程能力指数反映出来,由于规格要求为 162.5~187.5mm,则可以计算出工厂的工程能力指数为:

工程能力指数 $=(187.5-162.5)\div 6s=0.958$

附录 已颁布的珠宝首饰相关标准

一、相关的国际/国外先进标准

EN 28653:1993 《Jewellery. Ring - sizes. Definition, measurement and designation》
ISO 8654:1987 《Colours of gold alloys—Definition, range of colours and designation》
ISO 8653 - 1986 《Jewellery—Ring - sizes—Definition, measurement and designation》
ISO/TR 11211 - 1995 《Grading polished diamonds—Terminology and classification》
JIS S 4700 - 1998 《Jewellery—Ring - sizes—Definition, measurement and designation》
DIN58681 - 1 Bb. 1 - 1981 《Label for jewellery; example for label - datas》
DIN 58681 - 1 - 1981 《Label for jewellery; label for jewellery of multiple production》
EN 1904 - 2000 《Precious metals - The finenesses of solders used with precious metal jewellery alloys》
ASTM E 562 - 2002 《Standard Test Method for Determining Volume Fraction by Systematic Manual Point Count》
ISO 10713 - 1992 《Jewellery—Gold alloy coatings》
ISO 9202 - 1991 《Jewellery—Fineness of precious metal alloys》
JIS H 8622 - 1993 《Electroplated coatings of gold and gold alloy for decorative purposes》
ASTM B 561 - 1994 《Standard Specification for Refined Platinum》
ASTM B 589 - 1994 《Standard Specification for Refined Palladium》
EN 12472 - 2005 《Method for the simulation of wear and corrosion for the detection of nickel release from coated items》
EN 1811 - 1998 《Reference test method for release of nickel from products intended to come into direct and prolonged contact with the skin》
EN 31427 - 1994 《Determination of silver in silver jewellery alloys - Volumetric (potentiometric) method using potassium bromide》
CEN/TR 14547 - 2005 《Sampling schemes for third party conformity assessment of fineness in precious metal articles》
CR 12471 - 2002 《Screening tests for nickel release from alloys and coatings in items that come into direct and prolonged contact with the skin》
ISO 11490 - 1995 《Determination of palladium in palladium jewellery alloys—

Gravimetric determination with dimethylglyoxime》

ASTM B 735 – 2005 《Standard Test Method for Porosity in Gold Coatings on Metal Substrates by Nitric Acid Vapor》

ASTM E 1335 – 2004 《Standard Test Methods for Determination of Gold in Bullion by Cupellation》

ASTM E 1446 – 2005 《Standard Test Method for Chemical Analysis of Refined Gold by Direct Current Plasma Emission Spectrometry》

IS 1418:1999 《Method for assaying of gold in gold and gold alloys》

ISO 11426 – 1997 《Determination of gold in gold jewellery alloys—Cupellation method (fire assay)》

JIS H 6310 – 2005 《Methods for determination of gold in gold jewellery alloys》

ISO 11210 – 1995 《Determination of platinum in platinum jewellery alloys—Gravimetric method after precipitation of diammonium hexachloroplatinate》

ISO 11489 – 1995 《Determination of platinum in platinum jewellery alloys—Gravimetric determination by reduction with mercury(I) chloride》

JIS H 6312 – 2005 《Methods for determination of platinum in platinum jewellery alloys》

ISO 11490 – 1995 《Determination of palladium in palladium jewellery alloys—Gravimetric determination with dimethylglyoxime》

JIS H 6313 – 2006 《Palladium jewellery alloys—Method for determination of palladium》

ISO 11427 – 1993 《ISO 11427 Technical Corrigendum 1 – 1994》

ISO 13756 – 1997 《Determination of silver in silver jewellery alloys—Volumetric (potentiometric) method using sodium chloride or potassium chloride》

JIS H 1181 – 1996 《Methods for chemical analysis of silver bullion》

JIS H 6311 – 2002 《Methods of determination of silver in silver jewellery alloys》

二、相关的国家标准

GB/T 16552 – 2010 《珠宝玉石　名称》

GB/T 16553 – 2010 《珠宝玉石　鉴定》

GB/T 16554 – 2010 《钻石分级》

GB/T 18303 – 2008 《钻石色级比色目视评价方法》

GB/T 18781 – 2008 《珍珠分级》

GB 11887 – 2012 《首饰　贵金属纯度的规定及命名方法》

GB/T 18043 – 2013 《首饰　贵金属含量的测定　X射线荧光光谱法》

GB/T 19719 – 2005 《首饰　镍释放量的测定　光谱法》

GB/T 1423 – 1996 《贵金属及其合金密度的测试方法》

GB/T 14459 – 2006 《贵金属饰品计数抽样检验规则》

GB/T 11888 – 2001 《首饰指环尺寸的定义、测量和命名》

GB/T 23885-2009 《翡翠分级》
GB/T 9288-2006 《金合金首饰 金含量的测定 灰吹法(火试金法)》
GB/T 19720-2005 《铂合金首饰 铂、钯含量的测定 氯铂酸铵重量法和丁二酮肟重量法》
GB/T 11886-2001 《首饰含银量化学分析方法》
GB/T 17832-2008 《银合金首饰 银含量的测定 溴化钾容量法(电位滴定法)》
GB/T 19718-2005 《首饰镍含量的测定火焰原子吸收光谱法》
GB/T 28748-2012 《珠宝玉石饰品产品元数据》
GB/T 28796-2012 《工艺水晶饰品》
GB/T 8930-2001 《合质金锭》
GB/T 28802-2012 《玉器雕琢通用技术要求》
GB/T 28019-2011 《饰品 六价铬的测定 二苯碳酰二肼分光光度法》
GB/T 28020-2011 《饰品 有害元素的测定 X射线荧光光谱法》
GB/T 28021-2011 《饰品 有害元素的测定 光谱法》
GB/T 28485-2012 《镀层饰品 镍释放量的测定 磨损和腐蚀模拟法》
GB 28480-2012 《饰品 有害元素限量的规定》
GB/T 21198.1-2007 《贵金属合金首饰中贵金属含量的测定 ICP光谱法 第1部分:铂合金首饰 铂含量的测定 采用钇为内标》
GB/T 21198.2-2007 《贵金属合金首饰中贵金属含量的测定 ICP光谱法 第2部分:铂合金首饰铂含量的测定采用所有微量元素与铂强度法》
GB/T 21198.3-2007 《贵金属合金首饰中贵金属含量的测定 ICP光谱法 第3部分:钯合金首饰钯含量的测定采用钇为内标》
GB/T 21198.4-2007 《贵金属合金首饰中贵金属含量的测定 ICP光谱法 第4部分:999‰贵金属合金首饰贵金属含量的测定差减法》
GB/T 21198.5-2007 《贵金属合金首饰中贵金属含量的测定 ICP光谱法 第5部分:999‰银合金首饰银含量的测定差减法》
GB/T 21198.6-2007 《贵金属合金首饰中贵金属含量的测定 ICP光谱法 第6部分:差减法》
GB/T 19445-2004 《贵金属及其合金产品的包装、标志、运输、贮存》
GB/T 18996-2003 《银合金首饰中含银量的测定 氯化钠或氯化钾容量法(电位滴定法)》
GB/T 1423-1996 《贵金属及其合金密度的测试方法》
GB/T 1425-1996 《贵金属及其合金熔化温度范围的测定 热分析试验方法》
GB/T 15072.2-1994 《贵金属及其合金化学分析方法 银合金中银量的测定》
GB/T 15072.1-1994 《贵金属及其合金化学分析方法 金、钯合金中金量的测定》
GB/T 15072.3-1994 《贵金属及其合金化学分析方法 金、铂、钯合金中铂量的测定》
GB/T 15072.4-1994 《贵金属及其合金化学分析方法 钯、银合金中钯量的测定》

GB/T 15072.5-1994 《贵金属及其合金化学分析方法 金、钯合金中银量的测定》
GB/T 15072.6-1994 《贵金属及其合金化学分析方法 铂、钯合金中铱量的测定》
GB/T 15072.10-1994 《贵金属及其合金化学分析方法 金合金中镍量的测定》
GB/T 16921-2005 《金属覆盖层 覆盖层厚度测量 X射线光谱法》
GB/T 17722-1999 《金属盖层厚度的扫描电镜测量方法》
GB/T 11066.1-1989 《金化学分析方法 火试金法测定金量》
GB/T 11066.2-1989 《金化学分析方法 火焰原子吸收光谱法测定银量》
GB/T 12305.6-1997 《金属覆盖层 金和金合金电镀层的试验方法 第六部分:残留盐的测定》
GB/T 15249.1-1994 《合质金化学分析方法 火试金重量法测定金量》
GB/T 17362-1998 《黄金饰品的扫描电镜X射线能谱分析方法》
GB/T 17363-1998 《黄金制品的电子探针定量测定方法》
GB/T 17364-1998 《黄金制品中金含量的无损定量分析方法》
GB/T 17373-1998 《合质金化学分析取样方法》
GB/T 17723-1999 《黄金制品镀层成分的X射线能谱测量方法》

三、相关的行业标准

QB/T 1689-2006 《贵金属饰品术语》
QB/T 2062-2006 《贵金属饰品》
QB/T 1690-2004 《贵金属饰品质量测量允差的规定》
QB/T 4114-2010 《千足金镶嵌首饰镶嵌牢度》
QB 1131-2005 《首饰 金覆盖层厚度的规定》
QB 1132-2005 《首饰 银覆盖层厚度的规定》
QB/T 1133-1991 《首饰金覆盖层厚度的测定方法 化学法》
QB/T 1134-1991 《首饰银覆盖层厚度的测定方法 化学法》
QB/T 1135-2006 《首饰 金、银覆盖层厚度的测定 X射线荧光光谱法》
QB/T 1734-2008 《金箔》
QB/T 2630-2004 《金饰工艺画》
QB/T 2631-2004 《金饰工艺画 金层含金量与厚度测定 ICP光谱法》
QB/T 4365-2012 《碳化钨饰品》
QB/T 4183-2012 《鸡血石制品 分级》
QB/T 4184-2012 《观赏石摆件 命名及鉴定》
QB/T 4442-2012 《摆件 术语》
QB/T 4443-2012 《铂、钯饰品合金成分》
QB/T 1656-1992 《铂首饰化学分析方法 钯、铑、铂量的测定》
YS/T 371-2006 《贵金属合金化学分析方法总则及一般规定》
YS/T 372.1-2006 《贵金属合金元素分析方法 银量的测定 碘化钾电位滴定法》

YS/T 372.2-2006　《贵金属合金元素分析方法　铂量的测定　高锰酸钾电流滴定法》
YS/T 372.3-2006　《贵金属合金元素分析方法　钯量的测定　丁二肟析出 EDTA 络合滴定法》
SN/T 3249-2012　《仿真饰品铅、镉、钡含量的测定火焰原子吸收光谱法》
SN/T 3249.2-2012　《仿真饰品　第 2 部分:铅、镉、钡、锑、汞含量的测定　电感耦合等离子体原子发射光谱法》
SN/T 3249.3-2012　《仿真饰品　第 3 部分:锑、汞含量的测定　原子荧光光谱法》
SN/T 0367-1995　《出口贵金属检验规程》
DB35/T 733-2007　《足金弹簧扣手镯中弹簧片长度》
HDB/DZ 001-2004　《钻石加工贸易单耗标准》
HDB/HJ 001-2005　《黄金首饰、K(黄)金首饰及 K(黄)金镶嵌首饰加工贸易单耗标准》
HDB/HJ 002-2005　《铂金首饰、铂金镶嵌首饰加工贸易单耗标准》

参 考 文 献

曹楚南.腐蚀电化学原理(第二版)[M].北京:化学工业出版社,2004
曹人平,肖士民.镀铑工艺研究[J].材料保护,2004,37(9):23-24
陈国桢,肖柯则,姜不居.铸件缺陷和对策手册[M].北京:机械工业出版社,2004
陈美怡,厉松春,李自德,等.艺术品石膏型铸造[J].特种铸造及有色合金,1988(2):17-22
陈琦,彭兆弟.铸造质量检验手册(第二版)[M].北京:机械工业出版社,2014
陈治良.简明电镀手册[M].北京:化学工业出版社,2008
冯立明,王玥.电镀工艺学[M].北京:化学工业出版社,2010
富珍.统计过程控制(SPC)技术在质量管理中的应用研究及实现[D].武汉理工大学硕士学位论文,2006
葛文,孙仲鸣.首饰表面处理工艺(电镀)影响因素探讨[J].珠宝科技,1999(3):35-36
耿健.工艺质量标准缺失:珠宝首饰消费维权的尴尬[J].世界标准信息,2005(9):96-98
郭文显,袁军平.工艺饰品表面处理技术[M].北京:化学工业出版社,2011
国家质量技术监督局职业技能鉴定指导中心组.珠宝首饰检验[M].北京:中国标准出版社,1999
国家质量监督检验检疫总局.GB 11887-2008 首饰贵金属纯度的规定及命名方法[S].北京:中国标准出版社,2009
何纯孝,罗雁波,李亚楠,等.贵金属二元合金相图研究的新进展和展望[J].贵金属,2001,22(2):49-60
何纯孝.贵金属合金相图及化合物结构参数[M].北京:冶金工业出版社,2007
何培之.铸造材料化学[M].北京:机械工业出版社,1981
胡汉起.金属凝固原理[M].北京:机械工业出版社,1991
黄应钦.18K白色金合金中间合金的制备及其细化性能的研究[D].广东工业大学,2006
黄云光,王昶,袁军平.首饰制作工艺[M].武汉:中国地质大学出版社,2010
嵇永康,周延伶,等.贵金属和稀有金属电镀[M].北京:化学工业出版社,2009
姜不居.熔模精密铸造[M].北京:机械工业出版社,2007
金英福.首饰铸件浇注系统的优化设计[J].铸造,2009,58(7):747-749
金英福.完善首饰精密铸造模型的工艺实践[J].铸造技术,2006,27(5):454-457
荆其诚,焦书兰,喻柏林.色度学[M].北京:科学出版社,1979
况平.品质过程控制:产品检验·不良品控制·品质认证[M].北京:化学工业出版社,2012
雷卓.添加Si、Co对18K黄色金合金组织与性能的影响[D].广东工业大学,2007

李海波,余晓艳.硼砂在珠宝首饰加工中的应用[J].宝石和宝石学杂志,2004,6(4):39-41

李昇.金属表面艺术装饰处理[M].北京:化学工业出版社,2008

李在清,喻柏林,焦书兰.颜色测量基础[M].北京:技术标准出版社,1980

郦振声.现代表面工程技术[M].北京:机械工业出版社,2007

梁基谢夫主编.金属二元系相图手册[M].郭青蔚译.北京:化学工业出版社,2009

林秀雄.品质管制[M].深圳:海天出版社,2004

刘世敏.现代测试技术在珠宝检测中的应用[J].中国宝玉石,2005(3):94-95

刘晓丽.影响X荧光光谱仪测量准确度的几个因素[J].计量与测试技术,2012,30 SI:138-143

马守献.黄金珠宝质量参差不齐 生产经营企业应当自律[J].轻工标准与质量,2001(4)

毛继东.规范传统工艺,促进技术进步[J].上海标准化,1996(3):52-53

潘锦华.艺术品铸造中的硅橡胶模制造技术[J].铸造,2005,54(1):81-82

全国首饰标准化技术委员会.GB11887-2008《首饰 贵金属纯度的规定及命名方法》宣贯教材[M].北京:中国标准出版社,2010

申柯娅,王昶,袁军平.珠宝首饰鉴定[M].北京:化学工业出版社,2009

宋维锡.金属学[M].北京:冶金工业出版社,2004

苏界红.首饰失蜡铸造中的气孔成因分析[J].铸造技术,2004(1):70-71

孙仲鸣,葛文,陈昌益.首饰铸造中的常见缺陷机理研究[J].超硬材料工程,1999(1):36-38

谭德睿,陈美怡.艺术铸造[M].上海:上海交通大学出版社,1996

唐致远,郭鹤桐,于英浩.防银变色及其机理的研究[J].电镀与精饰,1999,5(3):9-12

田达成.精密铸造实用新技术与质量检测实物全书[M].北京:当代中国音像出版社,2005

汪毅飞,张云鸿.珠宝首饰浇铸饰品中缺陷的补焊工艺[J].珠宝科技,1995(3):49,54

王昶,袁军平.K红金首饰颜色问题的探讨[J].黄金,2009,8(30):5-8

王晋海,窦明.颜色管理的标准化(Ⅱ)[J].现代涂料与涂装,2005,8(2):50-54

王音青,缪曜昌.首饰铸粉性能研究[J].宝石和宝石学杂志,2004(6):30-32

魏竹波,周继维.金属清洗技术(第二版)[M].北京:化学工业出版社,2007

吴玉,於红,马兰凤.电子天平测量贵金属饰品质量的几点思考[J].上海计量测试,2006(5):37-38

向雄志,白晓军,黄应钦等.饰品金合金微量添加元素研究现状[J].铸造,2006,55(7):668-671

徐洲,赵连城.金属固态相变原理[M].北京:科学出版社,2004

许文渊,郑巧荣.从金银首饰损坏案例分析得到的启示[J].珠宝科技,1996(4):25-27

杨如增,廖廷宗.首饰贵金属材料及工艺学[M].上海:同济大学出版社,2002

叶久新,文晓涵.熔模精铸工艺指南[M].长沙:湖南科学技术出版社,2006

余平.关于铂金首饰失蜡铸造工艺的若干问题[J].中国宝玉石,2006,62:63-65

袁军平,李卫,王昶,等.首饰镍过敏问题评述[J].黄金,2012,33(3):7-10
袁军平,申柯娅.抗变色银合金的研究进展[J].番禺职业技术学院学报,2005.4(2):36-38
袁军平,王昶,申柯娅.蜡镶铸造技术在首饰制作中的应用研究[J].宝石和宝石学杂志,2006(3):26-29
袁军平,王昶,申柯娅.首饰蜡镶铸造中宝石失色问题的探讨[J].宝石和宝石学杂志,2005,7(2):25-26
袁军平,王昶.首饰K金补口的性能要求浅析[J].广州番禺职业技术学院学报,2009,8(2):54-58
袁军平.K红金首饰脆裂问题的探讨[J].黄金,2009,30(6):5-8
袁军平.关于镍漂白金合金的若干问题[J].特种铸造及有色合金,2009(9):878-880
张立同,曹腊梅.近净形熔模精密铸造理论与实践[M].北京:国防工业出版社,2007
章晓兰,廖立兵,梁育林.贵金属首饰品精铸原料的研制[J].矿物岩石地球化学通报,1998,17(2):127-129
中国表面工程协会电镀分会组织.电镀前处理与后处理[M].北京:化学工业出版社,2009
中国铸造协会编.熔模铸造手册[M].北京:机械工业出版社,2002
钟朝嵩.应用Excel的统计品管与解析[M].广州:广东经济出版社,2008
周冰.QC手法运用实务:衡量企业品质管理水准的基础工具[M].厦门:厦门大学出版社,2009
周丙常.质量控制图与过程能力指数有关问题研究[D].西北工业大学硕士学位论文,2005
周全法.贵金属深加工及其应用[M].北京:化学工业出版社,2002
朱先琦.分类规则及其在铸件质量管理中的应用研究[D].合肥工业大学硕士学位论文,2005
[日]铁健司著.质量管理统计方法[M].韩福荣,顾力刚译.北京:机械工业出版社,2006
Bell E. Know the disease before trying the cure. Quality casting:identify the defects[J]. Gold Bulletin,2001,31(2):2-9
Bell E. Sprues,feed sprues and gates[J]. Gold Technology,2002,36:3-11
Corti C W. Metallurgy of microalloyed 24 carat golds[J]. Gold Bulletin,1999,32(2):39-47
EN 1811:1998+A1:2008. Reference test method for release of nickel from products intended to come into direct and prolonged contact with the skin[S]. Brussel:European Committee for Standardization,2008
EN 1811:2011. Reference test method for release of nickel from all post assemblies which are inserted into pierced parts of the human body and articles intended to come into direct and prolonged contact with the skin [S]. Brussel:European Committee for Standardization,2011
EN12472:2005. Method for the simulation of wear and corrosion for the detection of nickel release from coated items[J]. Brussel:European Committee for standardization,2005

EN1811:1998. Reference test method for release of nickel from products intended to come into direct prolonged contact with the skin[S]. Brussel:European Committee for Standardization,1998

European Communities. European directive 94/27/EC of 30 June 1994 amending for the 12th time council Directive 76/769/EEC on the approximation of the laws, regulations and administrative provisions of the Member States relating to restrictions on the marketing and use of dangerous substances[J]. Official Journal of the European Communities,1994,37:1-2

Grimwade M F. Causes and prevention of defects in wrought alloys[J]. Gold Technology,2002,36:12-15

Hisatsune K,Tanaka Y,Udoh K,et al. Three stages of ordering in CuAu[J]. Intermetallics,1995(3):335-339

Horton P J. Investment powders and investment casting[J]. gold technology,2000(28):12-17

Ian Mckeer. Stone-in-place casting: the investment perspective. The Santa Fe symposium on Jewelry Manufacturing Technology[C]. New Mexico, America: Met-Chem Research Publishing Co. ,2004:293-314

Ingo G M, Faccenda V, Chiozzini G. $CaSO_4$ bonded investment for casting of gold-based alloys: Study of the thermal decomposition. The Santa Fe Symposium on Jewelry Manufacturing Technology[C]. New Mexico,America:Met-Chem Research Publishing Co. ,1999:163-180

JP. Menné Torkil. Metal allergy-A Review on Exposures, Penetration, Genetics, Prevalence, and Clinical Implications[J]. Chemical Research in Toxicology,2010,23:309-318

Kinneberg D J. Stephen R williams origin and effects of impurities in high purity gold[J]. Gold Bulletin,1998,31(2):58-67

Klotz F,Grice S. Live and let die(struck)[J]. Gold Technology,2002,36:16-22

Lamontagne N. An overview of white metal casting and finishing. The Santa Fe Symposium on Jewelry Manufacturing Technology[C]. New Mexico, America: Met-Chem Research Publishing Co. , 1996:17-64

Liden C,Norberg K. Nickel on the swedish market, follow-up after implementation of the nickel directive[J]. Contact Dermatitis,2005,52(1):29-35

McCloskey J C, Aithal S, Welch P R. Silicon microsegregation in 14K yellow gold jewelry alloys[J]. Gold Bulletin 2001,34(1):3-13

McCloskey J C, Hermes H. The application of lean manufacturing and theory of constraints principles in jewelry manufacturing operations[J]. Gold Technology,2002,34:3-11

Ning Y T. Properties and applications of some gold alloys modified by rare earth additions[J].

Gold Bulletin,2005,38(1):3-8

Normandeau G,Roeterink R. The optimization of silicon alloying additions in carat gold casting alloys[J]. Gold Technology,1995(15):4-15

Ott D. Properties of melt and thermal processes during solidification in jewellery casting[J]. Gold Bulletin 2000,33(1):25-32

Poliero M. White gold alloys for investment casting[J]. Gold Bulletin,2001,31(2):10-20

Raub C J,Ott D. Gold casting alloys:the effect of zinc additions on their behaviour[J]. Gold Bulletin,1983,16(2):46-51

Raykhtsaum G,Agarwal D P. Nickel release tests—How well do they work[J]. Gold Technology,2001,32:2-6

Reti A M. Understanding sterling silver. The Santa Fe Symposiumon Jewelry Manufacturing Technology[C],New Mexico,America:Met-Chem Research Publishing Co. 1997:339-356

Schuster,Hubert. Problems,causes and their solutions on stone-in-place casting process: latest developments. The Santa Fe symposium on Jewelry Manufacturing Technology[C], New Mexico, America:Met-Chem Research Publishing Co. ,2000:315-312

Schwartz C H. Chemical and physical properties of investment. The Santa Fe Symposium on Jewelry Manufacturing Technology[C]. New Mexico,America:Met-Chem Research Publishing Co. ,1987:99-105

Shiraishi T,Ohta M,Nakagawa M,et al. Effects of small silver addition to AuCu on the AuCuI ordering process and age-hardening behaviours[J]. Journal of Alloys and Compounds, 1997,(257):306-312

Siu WaiChung. Improvement of product quality and production process performance in jewellery manufactruring through "integrated craftsmanship"[J]. Transactions of Nanjing University of Aeronautics & Astronautics,1998,15(1):71-77

The Commission of European Communities. Commission Directive 2004/96/EC of 27 September 2004 amending Council Directive 76/769/EEC as regards restrictions on the marketing and use of nickel for piercing post assemblies for the purpose of adapting its Annex I to technical progress[J]. Official Journal of the European Union,2004,301:51-52

Yuan J P,Li W,Guo W X. Research of color and discoloration resistance of 18K rosy gold for ornaments[J]. Advanced Materials Research,2011,239:3 284-3 289